研究生教学用书

现代功率变换技术

主　编　郑　征　陶海军
副主编　张国澎　李绍令　荆鹏辉

郑州大学出版社

内容提要

本书共分为6章,主要内容包括现代功率变换技术的概念和应用、现代功率开关器件的工作原理与驱动、高频 DC-DC 功率变换器、PWM 整流器和多电平 PWM 变换器的电路拓扑结构、工作原理分析及其调制算法、数学建模、控制系统设计分析等。为加强学生对工程设计思想和方法的理解,训练研究型思维,提升创新能力,引入仿真实例和工程应用案例等。同时,为拓宽学生视野,提供了一定量的数字资源。

本书可以作为电气专业"现代功率变换技术"课程或者"现代电力电子技术"课程的教学用书或参考书,也可以作为从事相关专业技术开发和设计工作的工程技术人员的参考资料。

图书在版编目(CIP)数据

现代功率变换技术 / 郑征,陶海军主编. -- 郑州：郑州大学出版社, 2024. 9. -- ISBN 978-7-5773-0579-0

Ⅰ. TM761

中国国家版本馆 CIP 数据核字第 2024JT7903 号

现代功率变换技术
XIANDAI GONGLÜ BIANHUAN JISHU

策划编辑	许久峰	封面设计	苏永生
责任编辑	许久峰	版式设计	苏永生
责任校对	王瑞珈	责任监制	李瑞卿

出版发行	郑州大学出版社	地　　址	郑州市大学路40号(450052)
出 版 人	卢纪富	网　　址	http://www.zzup.cn
经　　销	全国新华书店	发行电话	0371-66966070
印　　刷	郑州宁昌印务有限公司		
开　　本	787 mm×1 092 mm　1 / 16		
印　　张	12.25	字　　数	285 千字
版　　次	2024 年 9 月第 1 版	印　　次	2024 年 9 月第 1 次印刷
书　　号	ISBN 978-7-5773-0579-0	定　　价	45.00 元

本书如有印装质量问题,请与本社联系调换。

前言
QIANYAN

随着社会文明发展进程的加快,人类对不同形式的电能需求愈发强烈。功率变换技术已渗透到人类生活的各个方面,成为现代工业、信息和通信、新能源、交通等领域的支撑科学技术。随着科技的进步,电力电子器件的性能和电力电子电路理论及控制技术取得了长足的发展,但目前系统介绍现代功率变换技术知识和内容的研究生教材不多。针对上述情况,课程团队组织了本书的编写工作,在新型变换电路理论研究基础之上,加强工程案例、设计思路、设计方法方面的内容,适应我国大力发展专业硕士学位人才培养需求,同时注重课程思政元素的融入,通过讲授国产先进半导体器件和功率变换技术,增强文化和科技自信。

本书共包括6章内容。第1章介绍了现代功率变换技术的概念及技术经济意义、现代功率开关器件和控制技术的发展以及典型应用场合。第2章重点讲解了常用的现代功率开关器件电力场效应晶体管和绝缘栅双极型晶体管的工作原理、特性、参数、驱动、保护等,同时介绍了目前快速发展的宽禁带半导体器件。第3章讲述了高频DC-DC功率变换器的基本电路和理论,重点介绍了移相全桥软开关变换器和双向有源桥直流变换器的结构、原理和特性,并给出了直流变换器的控制系统设计方法。第4章介绍了高功率因数PWM整流器的拓扑结构、工作原理、数学建模以及锁相环技术。第5章介绍了多电平逆变器概念、多电平PWM逆变器的拓扑结构和调制技术,并以级联H桥变频器为例进行设计与仿真。第6章以静止无功发生器为例,从硬件和软件两方面介绍了工程案例的设计思路及过程。为加强对工程设计思想和方法的理解,在部分章节中给出设计案例及仿真验证。

本书强调学生的工程实践能力和分析问题能力的培养。在内容体系的安排上,针对研究生教学的特点,在本科生教材《电力电子技术》的基础上,抓住电力电子技术研究的系统理论和关键技术问题,较为全面地阐述了现代功率开关器件发展、新型电路拓扑结构、数学建模、控制系统设计、软开关技术、多电平技术等内容,为现代功率变换技术研究提供了理论和技术基础。本书引入仿真案例和工程应用案例,加深学生对理论的理解,训练研究型思维,提升工程设计能力和创新能力。同时,本书中各电路工作原理及波形分析详细易懂,便于读者自学。

本书由河南理工大学郑征、陶海军主编,具体编写分工为:第1章由郑征编写,第2章由张国澎、陶海军编写,第3章由陶海军、荆鹏辉编写,第4章由陶海军编写,第5章由张国澎、李绍令编写,第6章由张国澎编写由。全书由郑征负责统稿。

本书参考了国内外专家学者的著作、论文等资料,并得到了河南省英才计划——中原教学名师项目(编号为 ZYYCYU202012088)资助。在此一并表示衷心的感谢!

由于现代功率变换技术发展迅速及编者水平和参阅资料有限,书中难免有疏漏或不妥之处,恳切也希望广大读者来函批评指正。编者邮箱:zhengzh@ hpu. edu. cn。

编　者
2024 年 5 月

目录
MULU

第1章 绪论 ········· 1
1.1 现代功率变换技术及其意义 ········· 1
1.2 现代功率开关器件和控制技术 ········· 4
1.3 现代功率变换器的应用领域 ········· 11
1.4 本章小结 ········· 15

第2章 现代功率开关器件 ········· 17
2.1 功率开关器件概述 ········· 17
2.2 电力场效应晶体管 ········· 19
2.3 绝缘栅双极型晶体管 ········· 24
2.4 宽禁带半导体开关器件 ········· 28
2.5 功率开关器件散热设计 ········· 32
2.6 本章小结 ········· 39

第3章 高频 DC-DC 功率变换器 ········· 41
3.1 DC-DC 功率变换器概述 ········· 41
3.2 移相全桥软开关直流变换器 ········· 48
3.3 双有源桥直流变换器 ········· 55
3.4 PWM 直流变换器磁性元件的工作特性 ········· 62
3.5 开关电源设计实例 ········· 65
3.6 本章小结 ········· 78

第4章 高功率因数 PWM 整流器 ········· 80
4.1 PWM 整流器概述 ········· 80
4.2 PWM 整流器工作原理 ········· 83

4.3　三相电压型PWM整流器数学建模 …………………………………… 92
   4.4　三相PWM整流器控制系统设计 ……………………………………… 97
   4.5　锁相环技术 ……………………………………………………………… 103
   4.6　实例仿真 ………………………………………………………………… 110
   4.7　本章小结 ………………………………………………………………… 117

第5章　多电平PWM逆变器 ………………………………………………… 119
   5.1　PWM逆变器概述 ……………………………………………………… 119
   5.2　多电平PWM逆变器拓扑结构 ………………………………………… 121
   5.3　多电平逆变器SPWM调制技术 ……………………………………… 131
   5.4　多电平高压变频器 ……………………………………………………… 139
   5.5　本章小结 ………………………………………………………………… 149

第6章　工程案例设计 ………………………………………………………… 150
   6.1　SVG工作原理与设计流程 …………………………………………… 150
   6.2　SVG的硬件设计 ………………………………………………………… 153
   6.3　SVG的软件设计 ………………………………………………………… 161
   6.4　实验与结果分析 ………………………………………………………… 184
   6.5　本章小结 ………………………………………………………………… 187

参考文献 ………………………………………………………………………… 188

第1章 绪 论

1.1 现代功率变换技术及其意义

1.1.1 现代功率变换技术的概念

现代功率变换技术就是利用现代功率开关器件组成新型电路拓扑对电能进行高效变换和控制的技术,实现高效率、高品质功率变换与控制。通常,功率变换器包含功率输入、功率输出和控制部分三个环节,如图1-1所示,功率输入经过功率变换器,产生所需的功率输出。

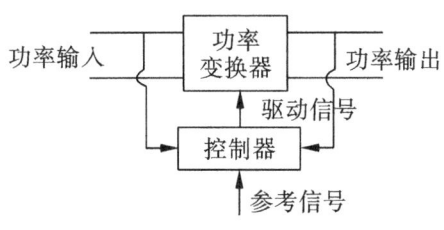

图1-1 变换器控制框图

现代功率变换技术概念

控制器模块是功率处理系统中不可或缺的一部分,控制部分包含三个方面的功能:

1.1.1.1 对电能形态变换的控制

例如,在交流-直流(Alternating Current-Direct Current,AC-DC)变换器中,把固定的交流电变换成固定或可调的直流电,实现从交流到直流的电能变换。图1-2所示为一个三相脉冲宽度调制(Pulse Width Modulation,PWM)整流电路的拓扑结构,通过对开关器件的PWM信号施加控制,实现AC-DC电能形态的变换。

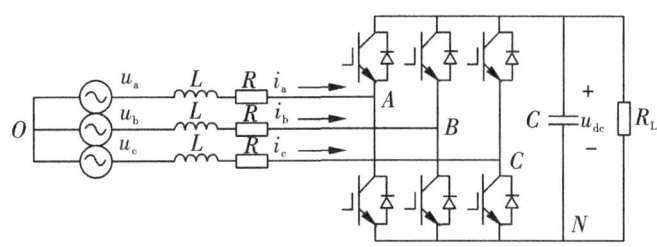

图1-2 三相电压型PWM整流器主电路拓扑

1.1.1.2 对电能传送方向的控制

例如,在双向 DC-DC 变换器中,电能通过控制可以实现双向流动。其实质是针对变换器两端的能量实现实时动态的变换,以满足输入、输出的平衡,而从结构来说,相当于是两个(降压或升压)功能电路的集合。例如,基于 Buck-Boost 的双向 DC-DC 变换器的主电路结构如图 1-3 所示。通过控制

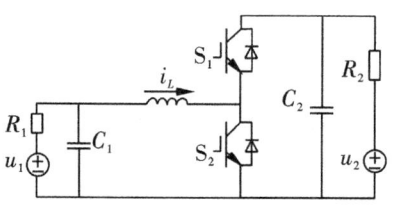

图 1-3 基于 Buck-Boost 的双向 DC-DC 变换器主电路拓扑

开关 S_1 和 S_2,达到双向直流升压与降压的目的:在升压运行时,S_2 动作,S_1 截止,变换器工作在 Boost 状态;在降压运行时,S_1 动作,S_2 截止,变换器工作在 Buck 状态。

1.1.1.3 对电能质量指标的控制

电能指标包括电压或者电流的幅值、频率、波形等。以有源电力滤波器为例,其主要由谐波及无功电流检测电路、控制电路、PWM 功率逆变电路三部分组成,如图 1-4 所示。其基本原理是从补偿电流 i_{La}、i_{Lb}、i_{Lc} 中检测出谐波电流,由补偿装置产生一个与该谐波电流大小相等而极性相反的补偿电流 i_{ah}、i_{bh}、i_{ch},从而使电网电流 i_a、i_b、i_c 只含基波分量。有源电力滤波器能对频率和幅值变化的谐波进行补偿,且补偿特性不受电网阻抗的影响。

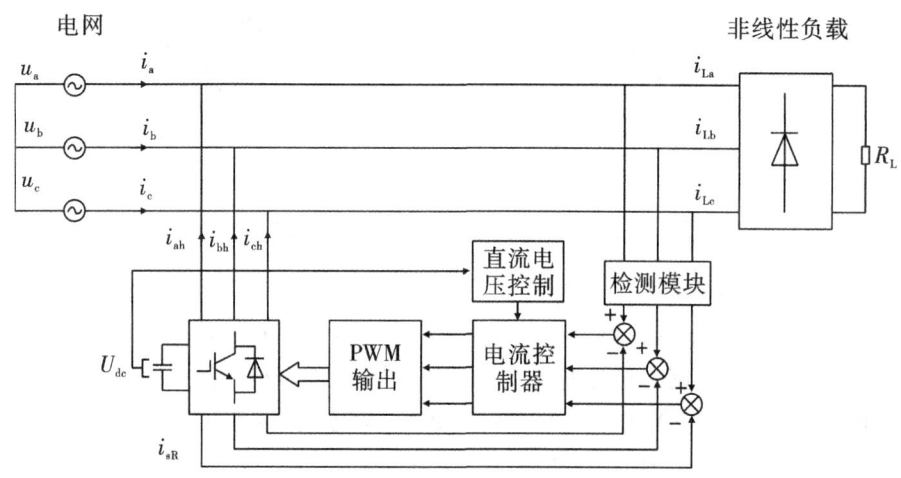

图 1-4 有源电力滤波器原理

此外,在应用中转换效率是衡量功率变换器整体性能的一项重要指标。变换器的转换效率是输出功率 P_{out} 与输入功率 P_{in} 之比,即 $\eta = P_{out}/P_{in}$。功率变换器的功率损耗则为输入功率 P_{in} 和输出功率 P_{out} 的差值,即 $P_{loss} = P_{in} - P_{out}$。

如果变换器的转换效率仅有 50%,那么意味着变换器所损失的功率等于输出功率,这部分功率转换为热能而被浪费掉,这是变换器一定要解决的问题。如果需要提高效率,即提高输出功率 P_{out} 与输入功率 P_{in} 之比,那么就意味着需要减小两者之间的差值,即

减小功率损耗 P_{loss}。效率高低是衡量一个给定变换器设计是否成功的重要标准,大功率封装变换器的设计目标可描述为:高密度功率转换、体积小、质量轻、温升低。

1.1.2 现代功率变换技术的意义

为应对气候变化、环境污染以及能源危机的挑战,"发展新能源"和"实现碳中和"已成为我国的重大战略目标。在高效利用可再生能源的基础上进一步提高能效和节能,是满足我国现代化能源增长需求的重要保障,是实现建设美丽中国和应对气候变化目标的重要前提。因此,现代功率变换技术必将在这场能源革命中发挥越来越重要的作用。功率变换装备的广泛应用,具有更高的发展需求和更加广阔的发展空间,促使现代功率变换技术和相关产业从单一装备走向系统化、从单模块到多模块交叉成网、从功率变换到能量变换的趋势发展。

在电力系统中,公用电网提供的电源是频率固定的某一标准等级的单相或三相交流电源。但是,用电设备的类型、功能不同,对电能的电压、频率要求各不相同。机械加工中的感应加热设备,适宜用中频或高频交流电源供电;化学工业中的电解、电镀,需要低压直流电源供电;通信设备大都需要 48 V 低压直流电源;许多高新技术设备要由恒频、恒压的正弦波交流不间断电源(Uninterruptible Power Supply, UPS)供电;要求调速的直流电动机,则需要由可调直流电压供电,而已得到广泛应用的交流电动机变频调速则要由三相交流变频、变压电源供电。有的设备要求电源是高质量的正弦波,而发射机、快速充电设备等则要求有大功率脉冲电源。为了满足一定的生产工艺和流程的要求,确保产品质量,降低能源消耗,提高经济效益,供电电源的电压、频率甚至波形都必须满足各种用电设备的不同要求。凡此种种,都要求能将发电厂生产的单一频率和电压的电能变换为各个用电设备最佳工作情况所需要的另一种特性和参数(频率、电压、相位和波形)的电能,供负载使用,可使电设备获得更好的技术特性和更大的经济效益。例如:

1.1.2.1 电机变频节能方面

(1)调速节能。由流体力学知识可知,P(功率)=Q(流量)×p(压力),流量 Q 与转速 n 的一次方成正比,压力 p 与转速 n 的平方成正比,功率 P 与转速 n 的立方成正比,如果水泵的效率一定,当要求调节流量下降时,转速 n 可成比例地下降,而此时轴输出功率 P 成立方关系下降,即水泵电机的耗电功率与转速近似成立方比的关系。

(2)无功补偿节能。无功功率增加线损和设备的发热,更主要的是功率因数的降低导致电网有功功率降低,大量的无功电能消耗在线路当中,设备使用效率低下,浪费严重,由公式 $P = S\cos\phi$,$Q = S\sin\phi$,其中,S 为视在功率,P 为有功功率,Q 为无功功率,$\cos\phi$ 为功率因数。由此可知,$\cos\phi$ 越大,有功功率 P 越大,普通水泵电动机的功率因数为 0.6~0.7,使用变频调速装置后,由于变频器内部滤波电容的作用,$\cos\phi \approx 1$,从而减少了无功损耗,增加了电网的有功功率。

(3)软启动节能。由于电动机为直接启动或 Y/D 启动,启动电流等于 5~8 倍额定电流,这样会对机电设备和供电电网造成严重的冲击,还会对电网容量要求过高。使用变频节能装置后,利用变频器的软启动功能将使启动电流从零开始,最大值也不超过额定电流,减轻了对电网的冲击和对供电容量的要求,延长了设备和阀门的使用寿命。

1.1.2.2 电力输电节能方面

在幅员辽阔的国土上大功率远距离输电是不可避免的,为了提高输电能力、效率,确保系统稳定性,现今各国广泛采用远距离直流输电。发电站的发电机是三相交流同步发电机,产生频率固定为 50 Hz 或 60 Hz 的交流电,用电设备也大多是交流电负载。这就需要在发电站处先将交流电变换为直流电,经远距离直流传输后再将直流电变换成 50 Hz 或 60 Hz 的交流电。电力经过交流变直流,又经过直流变交流,当然要增加变流设备投资。但采用高压直流输电时,输电线路造价低,线路只有较小的电阻压降而无电抗压降,同时直流输电又不存在电力系统的稳定问题而能增大输电功率。因此,尽管增加了电力变换环节,但远距离高压直流输电在技术经济上仍是当今远距离输电的最佳方案。我国在高压直流输电技术方面取得了重要的进展。已经成功研发出具有自主知识产权的特高压直流输电技术,并在多个工程建设中得到应用。同时,柔性直流输电技术也正在逐步推广应用,在可再生能源并网、城市电网供电等方面具有广泛的应用前景。

1.1.2.3 电气照明节能方面

电厂发电总量的 10% ~ 15% 消耗在电气照明上,如果采用高频功率变换器(又称为电子镇流器)对荧光灯供电,不但电-光转换效率进一步提高,光质显著改善,灯管寿命延长 3 ~ 5 倍,可节电 50%,而且其质量仅为工频电感式镇流器的 10%。电子镇流器的技术关键就是高频功率变换器。

当今世界环境保护问题日趋严重,应用高频功率变换技术可以使电气设备质量减轻、体积变小,节省大量铜、钢等原材料。广泛采用功率变换技术以后,还可以节省大量的电力,这就可以节约大量资源和一次能源,从而改善人类的生活环境。

此外,如果在电力系统的适当位置设置功率变换器或电力补偿控制器,并进行实时的控制,就可以改变电力系统中节点电压的大小和相位,补偿电力网路的阻抗,减小甚至消除电力系统中的谐波,优化电力系统中的有功、无功潮流,并对正常运行和故障时电力系统的功率平衡要求予以快速补偿,这将能显著提高输电系统的极限传输功率能力,改善电力系统运行的技术特性、安全可靠性和经济性。因此,现代功率变换和控制技术具有重大的技术、经济意义。

1.2 现代功率开关器件和控制技术

1.2.1 现代功率开关器件

现代功率变换器包含主电路拓扑和控制回路两大基本环节,主电路拓扑是实现功率变换的载体,而其中的功率开关器件是基础环节,正是由开关器件在电路中的开关作用得以完成能量的过渡过程,实现对电能的传递与控制。开关器件对功率变换器的总价值、尺寸、质量和技术性能起着至关重要的作用,图 1-5 给出了功率开关器件的发展时间轴。

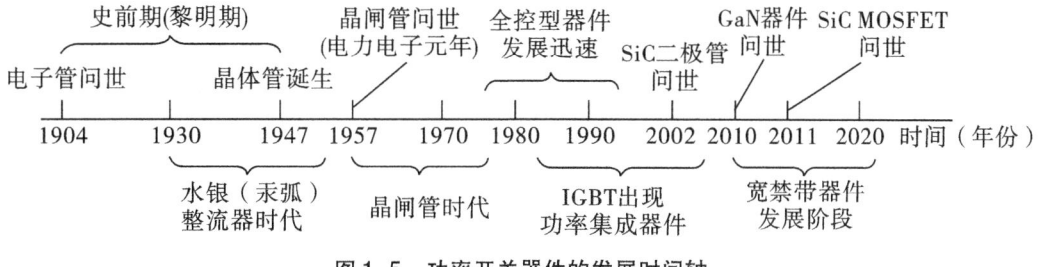

图 1-5 功率开关器件的发展时间轴

功率开关器件可以大致划分为三阶段:

1.2.1.1 第一阶段——半控型器件

20 世纪 50 年代,美国通用电气(GE)公司发明的晶闸管(Silicon Controlled Rectifier, SCR)的问世,标志着电力电子技术的开端。此后,晶闸管的派生器件越来越多,到了 70 年代,已经派生了快速晶闸管、逆导晶闸管、双向晶闸管、光控晶闸管等半控型器件,功率越来越大,性能日益完善。目前最高的功率等级为 12 kV/6 kA,并且因为晶闸管可以光触发,因此它很容易就可实现串联连接。我国以晶闸管为代表的功率开关器件的产业已成熟,种类齐全,质量可靠,产品技术水平已居世界前列,例如,5 英寸 7 200 V/3 000 A 和 6 英寸 8 500 V/(4 000~4 750 A)电控晶闸管以及 5 英寸 7 500 V/3 125 A 光控晶闸管已实现了产业化,并已经成功用于高压直流输电和无功补偿等领域。但是,晶闸管本身工作频率较低(一般低于 400 Hz),大大限制了它的应用。此外,关断这些器件,需要强迫换相电路,使得整体质量和体积大、效率和可靠性低。

1.2.1.2 第二阶段——全控型器件

随着关键技术的突破以及需求的发展,早期的小功率、低频、半控型器件发展到了现在的超大功率、高频、全控型器件。由于全控型器件可以控制开通和关断,大大提高了开关控制的灵活性。自 20 世纪 70 年代后期以来,门极可关断晶闸管(Gate Turn-Off Thyristor,GTO)、电力晶体管(Giant Transistor,GTR 或 Bipolar Junction Transistor,BJT)及其模块相继实用化。此后各种高频全控型器件不断问世,并得到迅速发展。这些器件主要有电力场效应晶体管(Power Metal Oxide Semiconductor FET,功率 MOSFET)、绝缘栅双极型晶体管(Insulated Gate Bipolar Transistor,IGBT)、集成门极换流晶闸管(Integrated Gate-Commutated Thyristor,IGCT)、静电感应晶体管(Static Induction Transistor,SIT)和静电感应晶闸管(Static Induction Thyristor,SITH)等。现代功率开关器件仍然在向大功率、易驱动和高频化的方向发展。

20 世纪 70 年代功率 MOSFET 研究成功,它是典型的多数载流子器件,其静态驱动损耗近于零,而开关速度极快。可是,对于标准的 MOSFET 工艺,其开关频率和功率容量的乘积,器件耐压和电流容量之间的矛盾受到材料极限的限制。其通态电阻 R_{ds} 正比于 $U_B^{2.5}$ (U_B 为最大漏源电压),因此高压功率 MOSFET 通态电阻较大,在开关电源中的应用受到很大局限。尽管如此,功率 MOSFET 在各类开关电源、3C(中国强制性产品认证)产品中占有巨大的市场。特别是超级结技术引入到 MOSFET 后,上述材料极限已被突破。这类器件的设计理念是通过在有源层内引入三维 PN 结结构,降低 PN 结周围的最大电场值。以 SJ-MOSFET 为例,它在寄生二极管的有源层中采用了垂直 PN 细条的三维结构,能维持相同的阻断电压,但是由于通过减小垂直 PN 条的宽度,可以大幅度提高 N 型导电区的掺杂浓度,导通电阻得以成比例地减小。采用这个方法,当前最优秀的超结场效应晶体管(CoolMOS)器件的单位面积导通电阻已经降低到相同电压等级传统 MOS 器件的 1/10 以下,开关、驱动损耗可降低 50%左右,该器件的问世为功率 MOSFET 的更广泛应用开辟了新的天地。

自 1985 年进入实际应用以来,IGBT 已经成为主流功率开关器件,在 10~100 kHz 的中压、中电流应用范围占有十分重要的地位。IGBT 及其模块[包括智能功率模块(Intelligent Power Module,IPM)]已经涵盖了 0.6~6.6 kV 的电压和 1~3 500 A 的电流范围,应用 IGBT 模块的 100 MW 级的逆变器也已有商品问世。IGBT 是一种电压全控器件,它的开通和关断可以通过门极驱动实现。IGBT 相对比较容易驱动并具有低的门极驱动功率,采用 IGBT 制作的变流器具有较高的功率密度和较低的成本。虽然高功率的 IGBT 模块具有一些优良的特性,例如,能实现 di/dt 和 du/dt 的有源控制、有源箝位、易于实现短路电流保护和有源保护等,但是高导通损耗、低硅有效面积利用率、损坏后会造成开路等缺点局限了 IGBT 模块在高功率变流器中的实际应用。

集成门极换流晶闸管(IGCT)是一种新型的功率开关器件,它的最重要特点是有一个引线电感极低的与管饼集成在一起的门极驱动器。与常规 GTO 晶闸管相比,它具有许多优良的特性,例如,损耗低、开关速度快、关断可靠、易于应用等。这些优点保证了 IGCT 可以以较低的成本,紧凑、可靠、高效率地用于 300 kVA~10 MVA 变流器,而不需要串联或并联。目前,IGCT 已达到 9 kV/6 kA 研制水平,而 6.5 kV 或者是 6 kA 的器件已经开始供应市场了。如用串联方式,逆变器功率可扩展到 100 MVA 范围而用于电力设备。因此,IGCT 可望成为高功率、高电压、低频变流器的优选功率开关器件之一。但是,从本质上讲,IGCT 仍属于 GTO 系列,它主要是克服了 GTO 实际应用中存在的门极驱动的难题。而 IGCT 门极驱动电路中包含了许多驱动用的 MOSFET 和储能电容器,因此实际上它仍旧需要消耗较大的门极驱动功率,影响系统的总效率。

当前,传统的硅基功率开关器件已经逼近了由于寄生二极管制约而能达到的硅材料极限,为突破目前的器件极限,有两大技术发展方向:一是采用各种新的器件结构;二是采用宽禁带材料的半导体器件,如碳化硅(SiC)或氮化镓(GaN)器件。

1.2.1.3 第三阶段——宽禁带半导体开关器件

宽禁带半导体材料主要指氮化镓(GaN)、碳化硅(SiC)、氮化铝(AlN)、氧化锌(ZnO)、氧化镓(Ga_2O_3)和金刚石等。从宽禁带半导体材料和器件的研究与应用情况来看,当前材料和应用技术发展最快的是 SiC 和 GaN 半导体材料,而目前对 ZnO、金刚石和 AlN 等的研究仅限于对材料的制备技术的研究,表1-1 给出了 Si、SiC、GaN 三种不同材料半导体参数对比。

表1-1 Si、SiC、GaN 三种不同材料半导体比较

材料	Si	SiC	GaN
禁带宽度 E_g/eV	1.1	3.2	3.4
电子迁移率 μ/(cm/V_s)	1 500	900	2 000
临界击穿电场 E_c/(MV/cm)	0.3	2.0	3.3
饱和电子速度 V_s/(10^7 cm/s)	1.0	2.0	2.5
热导率 K/(W/cm)	1.5	4.5	>1.5

(1)碳化硅功率开关器件。碳化硅功率开关器件的重要优势在于具有高压(达数十千伏)、高温(大于500 ℃)特性,突破了硅基功率半导体器件电压(数千伏)和温度(小于150 ℃)限制所导致的严重系统局限性。随着碳化硅材料技术的进步,各种碳化硅功率开关器件相继被研发,由于受成本、产量以及可靠性的影响,碳化硅功率开关器件率先在低压领域实现了产业化,目前的商业产品电压等级为 600~1700 V。随着技术的进步,高压碳化硅器件已经问世,并持续在替代传统硅器件的道路上取得进步。随着高压碳化硅功率开关器件的发展,19.5 kV 的碳化硅二极管,3.1 kV 和 4.5 kV 的门极可关断晶闸管(GTO),10 kV 的碳化硅 MOSFET 和 13~15 kV 碳化硅 IGBT 等研发成功。碳化硅器件已经在诸如高电压整流器以及射频功率放大器等领域有了商业应用。它们的研发成功以及未来可能的产业化,将在高压领域开辟全新的应用。

在 SiC 功率开关器件制造方面,全球有超过 30 家公司具有 SiC 功率开关器件及相关产品的生产、设计、制造和销售能力,最具代表性的企业是美国科锐(CREE)公司、德国英飞凌(Infineon)公司、日本罗姆(ROHM)株式会社。我国开展 SiC 器件布局的企业有泰科天润半导体科技(北京)公司、中车时代电气公司、中国电子科技集团公司第五十五研究所、中国电子科技集团第十三研究所、全球能源互联网研究院等,国内已具备 600~3 300 V 的 SiC SBD 批量制备能力。总体来讲,全球 SiC 产业格局呈现美国、欧洲、日本三足鼎立态势。其中,美国全球独大,全球 SiC 材料产量的 70%~80% 来自美国公司;欧洲拥有完整的 SiC 衬底、外延、器件以及应用产业链;日本在 SiC 模块和应用开发方面绝对领先。我国已具备完整的 SiC 产业链,SiC 相关企业已逐步进入国际市场竞争行列。

(2)氮化镓功率开关器件。GaN 与 SiC 一样,与硅材料相比具有许多优良特性,但是由于它最初必须用蓝宝石或 SiC 晶片作为衬底材料制备,限制了其快速发展。后来,在 LED 照明应用市场的有力推动下,GaN 异质结外延工艺技术的发展产生了质的飞跃,2012 年 GaN-on-Si 外延片问世,为 GaN 材料及器件大幅度降低成本开辟了广阔的道路,

随之 GaN 功率开关器件也得到业界热捧。由于 GaN 器件只能在异质结材料上制造,其只能制作横向结构的功率开关器件,耐压一般在 1 kV 以内,所以在低压应用要求较苛刻的场合可能会与硅基功率开关器件形成竞争态势。

在 GaN 功率开关器件制造方面,国际上美国(宜普)公司、加拿大 GaN Systems 公司、日本 Panasonic(松下)公司等供应商均可提供 200 V 以下和 600 V/650 V 的器件产品,日本丰田合成株式会社宣布研制成功 1 200 V 的 GaN 器件。国内苏州能讯公司、江苏能华公司、江苏华功半导体公司、杭州士兰集成电路公司等企业均已布局 GaN 功率开关器件。总体来说,日本主导了国际 GaN 单晶衬底、异质外延和光电器件技术,并占有 GaN 单晶衬底绝大部分的市场份额。在 GaN 射频器件和功率开关器件领域,美、日等半导体企业均开展产业布局,且占有主要市场份额。我国已具备 GaN 的完整产业链,且半导体照明应用领先国际,但功率开关器件、射频器件方面,尚处于企业布局、产品研发阶段,产品较国际水平尚有一定差距。

功率变换器的主电路拓扑是随着功率开关器件的更新而发展的,相控电路适用于晶闸管等半控型器件,PWM 电路和谐振电路适用于各种全控型开关器件。当前功率变换器基本拓扑的研究已相对比较成熟,当前的研究主要是应用于各种特定场合的组合拓扑,包括各种多电平电路拓扑,以提高变换器的效率、功率密度、可靠性和降低成本。

1.2.2 现代功率控制技术

1.2.2.1 PWM 控制技术

脉宽调制(PWM)控制技术就是通过对一系列脉冲的宽度进行调制,来等效地获得所需要的波形(含形状和幅值)。它主要利用采样控制理论中的面积等效原理,即冲量相等而形状不同的窄脉冲加在具有惯性的环节上时,其效果基本相同。

如图 1-6 所示,把正弦半波分为 N 等份,就可以把正弦半波看成是由 N 个彼此相连的脉冲序列所组成的波形。这些脉冲宽度相等,都等于 π/N,但幅值不等,且脉冲顶部不是水平直线,而是曲线,各脉冲的幅值按正弦规律变化。如果把上述脉冲序列利用相同数量的等幅值而不等宽的矩形脉冲代替,使矩形脉冲的中点和相应正弦波部分的中点重合,且使矩形脉冲和相应的正弦波部分面积(冲量)相等,就得到图 1-6 右图的脉冲序列,这就是正弦脉冲宽调制(Sinusoidal Pulse Width Modulation,SPWM)调制技术。

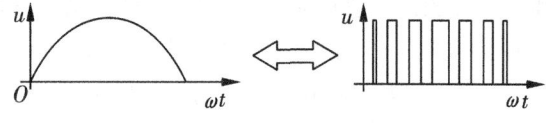

图 1-6 用 PWM 波等效正弦波

1.2.2.2 软开关技术

考虑开关管的开关过程,开关管的开通和关断需要时间。开关管开通时,其电流上升很快;开关管关断时,其电压上升很快。这种开关方式为"硬开关",会产生很大的功率损耗与电磁干扰。为了减小开关变换器的体积和质量,必须提高开关频率,但开关损耗也随之增加,这不仅降低了变换器效率,还导致散热器体积、质量的增加。而软开关能够减小开关损耗。

如图 1-7 所示,开关管开通时,其电流慢慢增加,近似为零电流开通;关断时,需要提前将其电流减小到零,是真正的零电流关断。开关过程被软化了,称为"软开关"。软开关技术可以减小开关管的开关损耗,提高变换效率。

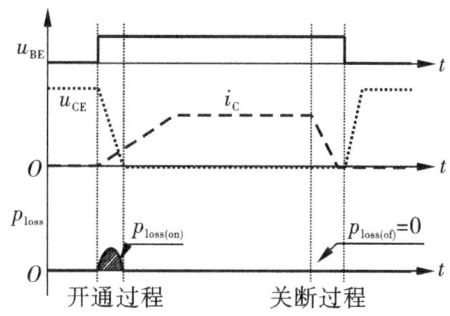

图 1-7 零电流开关波形(ZCS)

1.2.2.3 多电平控制技术

在移相多重化电路中,移相变压器体积大、结构复杂,而且输入电流的质量受串并联重数的限制。20 世纪 80 年代以来,人们发展了多电平电路。多电平电路主要有二极管箝位型、飞跨电容型、级联 H 桥型等结构。

图 1-8 所示为两电平和三电平逆变电路输出线电压 U_{AB} 和相电压 U_{AN} 波形。两电平逆变电路的输出线电压有 $\pm U_d$ 和 0 三种电平。三电平逆变电路的输出线电压有 $\pm U_d$、$\pm U_d/2$ 和 0 五种电平。与两电平逆变电路相比,三电平逆变电路输出电压谐波可大大减少。

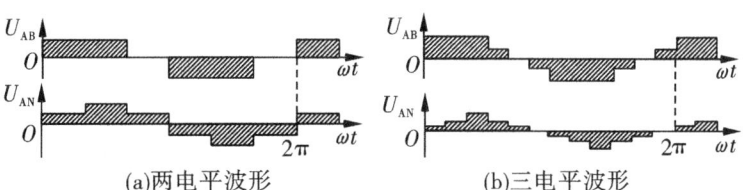

图 1-8 两电平和三电平逆变电路输出线电压和相电压波形

1.2.2.4 组合控制技术

在大功率 DC/DC 变换场合,若采用多电平电路(尤其大于 3 个电平),拓扑结构比较复杂,此时可以组合 DC/DC 变换器,由 n 个基本单元组成,这些单元包括 Buck 电路,Boost 电路,正激电路、反激电路、半桥及全桥电路等。其组合方式共有四种,即输入并联输出并联(Input-Parallel Output-Parallel,IPOP)、输入串联输出并联(Input-Series Output-Parallel,ISOP)、输入并联输出串联(Input-Parallel Output-Series,IPOS)、输入串联输出串联(Input-Series Output-Series,ISOS),通过使用低电压、大电流等级的开关管来实现高电压大功率电能的变换,由于电压等级低的开关管的开关速度快,可以提高电路工作频率和功率密度。

图 1-9 所示为输入串联输出并联组合结构,适用于高输入电压低输出电压场合,主要优点是:可以选用耐压等级低的电力电子器件,降低反向恢复时间,提高电路工作频

率,降低变压器和滤波器件体积;减小高频变压器的变比,提高一次侧绕组耦合程度,降低寄生电感;每个单元的功率为总功率的 $1/n$,便于单元化和散热设计;对并联单元的驱动信号进行交错控制,可以使输出电流纹波幅值降低 50%,频率增加 1 倍,大大降低滤波器件体积,同时提高系统的动态响应和功率密度。

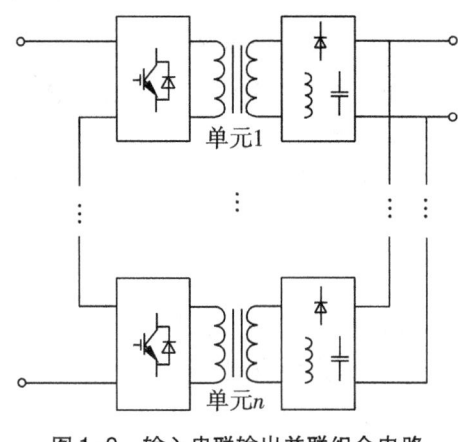

图 1-9 输入串联输出并联组合电路

1.2.2.5 同步整流技术

所谓同步整流(Synchronous Rectification,SR),是指在开关电源中,采用开关管代替二极管来实现整流的功能,其目的是降低整流电路的导通损耗。用来作为整流管的开关管一般称为同步整流管,它需要有较低的导通压降。同步整流通常应用于输出电压低、输出电流大的开关电源中,因为整流二极管的导通压降接近于输出电压,其导通损耗已成为电源总损耗的主要部分。采用同步整流管代替二极管,利用其较低的导通压降,可以大大降低损耗,提高电源的效率。

如半桥可逆斩波电路中,当工作在 Boost 模式时,S_1 作为主开关管工作,S_2 作为同步开关管工作,S_1 和 S_2 互补导通,并且设有死区时间,防止上下管直通。其具体原理是:当 S_1 导通时,S_2 关断,如图 1-10(a)所示,电感储能;当 S_1 关断,S_2 续流导通时,如图 1-10(b)所示,向负载供电。

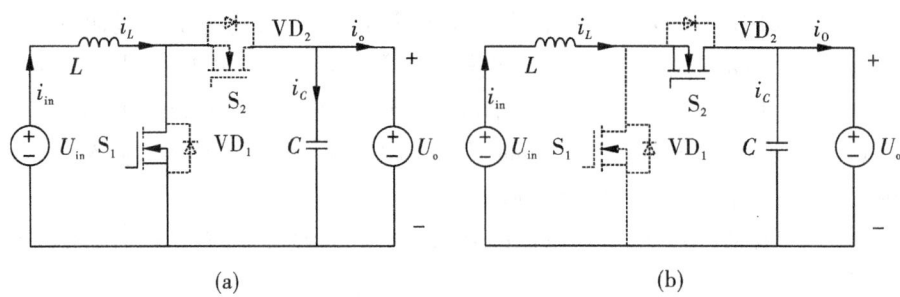

图 1-10 Boost 模式等效电路

1.3 现代功率变换器的应用领域

现代功率变换器的应用范围十分广泛,几乎涵盖现代社会的各个方面。它不仅应用于一般工业,还广泛应用于计算机与通信系统、交通运输、电力系统、新能源发电、航天与家用电器等领域。功率等级可以小于 1 W,例如便携式电池供电系统的 DC-DC 降压变换器;可以是几十瓦、几百瓦,例如计算机和办公设备的开关电源;也可以是兆瓦,例如大功率变频器、并网逆变器;甚至可以是千兆瓦,例如高压直流输电系统中的整流装置和逆变装置。鉴于功率变换技术在科学技术和经济发展中的重要作用,以下主要从一般工业、电源装置、交通运输、电力系统、新能源发电等几个领域加以阐述。

现代功率变换技术应用

1.3.1 一般工业领域

工业中大量应用各种交直流电动机,直流电动机有良好的调速性能,为其供电的可控整流电源或直流斩波电源都是功率变换装置。如今,变频技术的迅速发展,使得交流电动机的调速性能可与直流电动机相媲美,变频调速已成为当代交流电机调速的潮流,变频器在钢铁、有色金属、石油、机械、电力、纺织及煤炭等行业得到普遍应用。大至数兆瓦的各种轧钢机,小到几百瓦的数控机床的伺服电动机,以及矿山牵引等场合都广泛采用交直流调速技术。近年来一些对调速性能要求不高的大型鼓风机等也采用了变频装置,以达到节能的目的。

随着功率变换技术和高性能微处理器的发展,变频器的性价比越来越高,体积也越来越小,同时朝着高性能化、高质量化、无电力公害化的方向发展。针对传统变频器存在的诸多问题,双 PWM 变频器越来越受到功率变换技术领域学术界的重视,特别是国家大力号召"节能减排"的今天,其应用前景更加光明。

双 PWM 变频器电路框图如图 1-11 所示。由图 1-11 可见,双 PWM 变频器由网侧和负载侧两个 PWM 变流器组成,形成背靠背的双 PWM 变流电路,虽然前后两个变流器的主电路结构相同,但是两者的控制思路却截然不同,各自功能相对独立。网侧变换器的主要功能是实

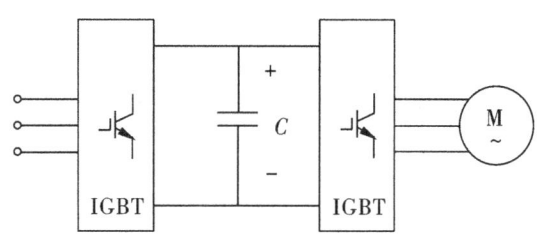

图 1-11 双 PWM 变频器电路框图

现交流侧输入功率因数可控并保持直流母线电压稳定,为负载侧变换器提供高精度的稳定直流电源。负载侧变换器主要功能是为电动机提供高质量的交流供电电源和相应的速度控制功能,如矢量控制、直接转矩控制等。

由于 PWM 整流技术的优点及其控制理论的成熟,科技工作者将 PWM 整流器应用于交流传动系统的研究中,开展了双 PWM 变频调速系统的研究,瑞士 ABB(阿西布朗勃法瑞)公司、

美国 GE 公司、韩国收获(SOHO)株式会社、日本富士电机株式会社等公司都有成熟的双 PWM 变频调速系统产品。

1.3.2 电源装置领域

电源装置可以将其他形式的能量转换成负载所需的电能,按用途不同可分为开关电源、逆变电源、交流稳压电源、直流稳压电源、通信电源、UPS 等。

保证任何情况下的正常供电是金融、通信、交通、军事、工业控制等部门和行业的重要基础。为此一些重要的部门除了工业电网正常供电还需要配备 UPS。当市电因故障停电时,能够通过 UPS 继续向负载供电,以保证供电质量。UPS 按工作方式分类,主要有后备式 UPS 和在线式 UPS。

在线式 UPS 典型结构如图 1-12 所示。在市电正常运行时,市电经过整流器整流为直流,一方面给蓄电池充电,以保证蓄电池的电量充足,另一方面通过逆变器重新将直流电源逆变成高质量恒压恒频(Constant Voltage and Constant Frequency,CVCF)正弦波电源。在电网因故障停电时,整流器停止工作,由蓄电池经逆变器向负载输出与交流电源频率、相位保持同步的 220 V 交流电。转换开关保证市电异常或逆变故障时切换负载供电。

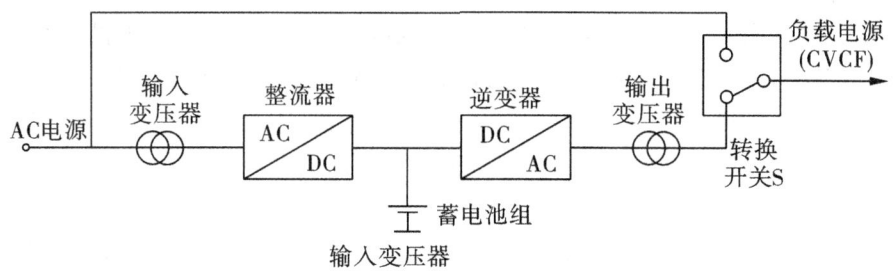

图 1-12 在线式 UPS 典型结构

随着工业设备的大容量化和高性能化,对电源质量有了更高的要求。如数字电路需要的 5 V、3.3 V 和 2.5 V 等,模拟电路需要的±12 V、±15 V 和±24 V 等,都要求通过专门的电源装置来提供,常需要电源装置能达到一定的稳定精度,且能够提供足够大的电流。现有的电源主要有线性稳压电源和开关电源两大类。与线性稳压电源相比,开关电源具有体积小、效率高、质量轻等一系列优点,在各种电子设备中得到了广泛的应用。开关电源是利用现代功率变换技术,控制功率半导体器件开通和关断的时间比率,维持恒定输出电压的一种电源。但是,开关电源也存在着电路复杂、射频干扰、电磁干扰大的缺点。随着功率变换技术的发展,上述缺点正在被逐步克服。

图 1-13 所示为一个隔离型开关电源的结构。50 Hz 单相交流电或三相交流电经 EMI 防电磁干扰滤波器,进行整流滤波,然后将滤波后的直流电压经逆变电路变换为数十或数百千赫兹的高频方波或准方波电压,通过高频变压器隔离并降压(或升压)后,再经高频整流、滤波电路,最后输出直流电压。通过采样、比较、放大及控制、驱动电路,控制变换器中功率开关管的占空比,便得到稳定的输出电压。

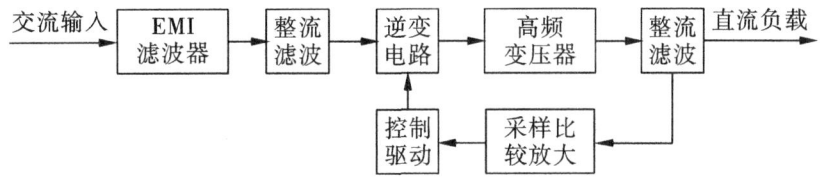

图 1-13　隔离型开关电源结构

功率变换元件工作于开关方式,功率损耗明显减小,使得开关电源的效率较高(可达 90% 以上)。同时由于采用高频变换技术以及高频隔离变压器取代线性电源中的工频变压器,所以电路中的电感、电容等滤波元件和变压器的体积和质量都大大减小。采用高于 20 kHz 这一人耳的听觉极限频率,运行噪声大大减小,另外开关电源效率高,需要的散热器也较小。因此,在同等功率的条件下,开关电源的体积和质量仅为线性电源和相控电源的 1/10。

1.3.3　交通运输领域

电气化铁道中广泛采用功率变换技术。在磁悬浮列车中,功率变换技术更是一项关键技术,除牵引电动机传动外,车辆中的各种辅助电源也都离不开功率变换技术。飞机、船舶需要很多不同要求的电源,因此航空和航海都离不开功率变换技术。如果把电梯也算作交通运输工具,那么它也需要功率变换技术,以前的电梯大都采用直流调速系统,而近年来交流变频调速已成为主流。

我国高速铁路的发展可以追溯到 2008 年,当时第一条 350 km/h 的京津城际铁路投产运营,此后我国高铁经历了飞速的发展,目前高速铁路运营里程已经超过 4 万千米,成为世界上高速铁路里程最长、运营速度最高的国家之一。我国高速铁路在技术上也不断取得突破,掌握了高速铁路的各项关键技术,包括列车控制、牵引供电、运营管理等。同时,中国高速铁路也在积极推进自主创新,研发出具有自主知识产权的高铁技术和设备,成为世界上少数几个能够提供完整高铁技术的国家之一。我国客运专线运行的高速动车组速度为 200~350 km/h,采用电力牵引交流传动系统,如图 1-14 所示,牵引变流器由预充电单元、四象限变流器、中间直流侧电路、牵引逆变器组成。中车时代电气公司是中国中车公司旗下股份制企业,也是我国唯一一家全面掌握晶闸管、整流管、IGCT、IGBT、SiC 器件及功率组件全套技术的厂家,中车时代电气公司自主生产的 IGBT 在高速铁路领域得到了广泛应用。

1.3.4　电力系统领域

众所周知,电力系统能否正常、快速地运行,是关系我们生活质量的重要因素。如今,随着科学技术的发展,很多功率变换设备开始投入电力系统的应用中,使得电力系统能够高效、稳定地运行。

高压直流(High Voltage DC,HVDC)输电技术在长距离、大容量输电时有很大的优

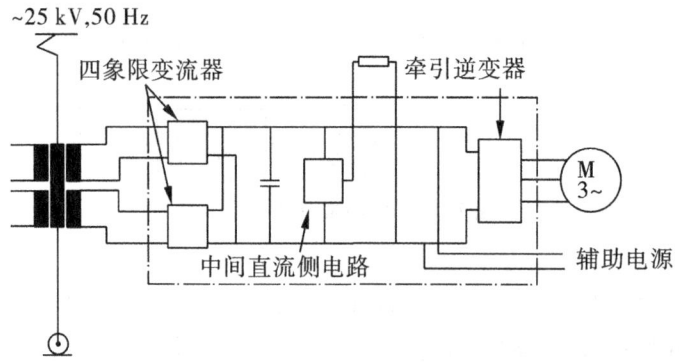

图 1-14 电力牵引交流传动系统示意图

势,其送电端的整流阀和受电端的逆变阀通常采用晶闸管变流装置。柔性交流输电技术(Flexible AC Transmission System,FACTS)是采用功率变换装置和技术对电力系统的电压、相位差、阻抗、潮流等参数以及网络结构进行快速控制,以提高输电线路输送能力、提高电力系统稳定水平、降低输电损耗的一种新技术。静止无功发生器(Static Var Generator,SVG)的功能是快速调节电压,产生和吸收电网的无功功率,同时可以抑制电压闪变。

目前在国际上正在进行一场解放电力系统的创新——智能电网。大量新能源电力集中或分布接入电网后,其具有的随机性和间歇性特征导致新能源电力的不可控性及波动性,从而使得传统电力系统无法适应大量新能源接入的需求,由此提出了从传统电网转变为智能电网的需求。目前国际范围尚未形成统一的智能电网定义,中国国家电网公司将其提出的坚强智能电网描述为:以特高压电网为骨干网架、各级电网协调发展的坚强网架为基础,以通信信息平台为支撑,具有信息化、自动化、互动化特征,包含电力系统的发电、输电、变电、配电、用电和调度六大环节,涵盖所有电压等级,实现"电力流、信息流、业务流"的高度一体化融合,具有坚强可靠、经济高效、清洁环保、透明开放和友好互动内涵的现代电网。智能电网将推动电力市场的发展,将使电力市场的发电方与供电方从垄断走向社会化,促进分散供电系统的发展,且有利于采用可再生能源、环保发电技术。

从技术层面来讲,智能电网核心技术包含信息技术、通信技术和功率变换技术。电力市场的引入将出现按质论价的电能供应方式,产生对电力品质改善装置的强大需求,如 UPS、静止无功补偿装置(Static Var Compensator,SVC)、静止无功发生器(SVG)、动态电压恢复器(Dynamic Voltage Rectorer,DVR)、有源电力滤波器(Active Power Filter,APF)、限流器、电力储能装置、微型燃气发电机等。可再生能源、环保发电等分散发电技术将需要交直流变流装置。电力市场将使柔性交流输电技术全面应用成为现实,带动高压直流输电、背靠背装置、统一潮流控制器(Unified Power Flow Controller,UPFC)等功率变换技术的应用。

1.3.5 新能源发电领域

伴随着煤炭、石油等传统能源的日益紧缺以及治理环境污染的紧迫性,建设大型光伏电站、大型风电场等新能源发电站就显得尤为重要。在新能源体系中,太阳能发电和风力发电所占的比例最大,并且有资料显示美国、欧洲等西方发达地区在未来发展中都会逐步加大新能源发电所占的比例。中国作为能源消耗大国,新能源开发得到了更多重视,我国新能源发电主要遵循"集中开发、中高压并网"和"分散开发、低压就地接入"相结合的原则。

以光伏发电为例,光伏电站作为最具规模化开发和商业化发展前景的新能源,越来越受到重视。由于光伏阵列输出的是低压直流电,目前大型光伏电站普遍采用光伏逆变器并联结构集中并网,进而通过送端配电站实现高压远距离交流输电,图1-15所示为光伏电站的基本框架。光伏阵列输出的直流电经并网逆变器转换为交流电,多组并网逆变器之间并联连接,然后提供给用户。这种方案的优点在于:光伏电站中每台并网逆变器仅通过并网点相连,能够避免并网逆变器之间产生环流,而且每台并网逆变器一般来自同一生产厂家,彼此之间的差异较小,例如当一台并网逆变器出现故障时,剩余各台仍能正常工作,从而便于对每台并网逆变器进行独立控制。

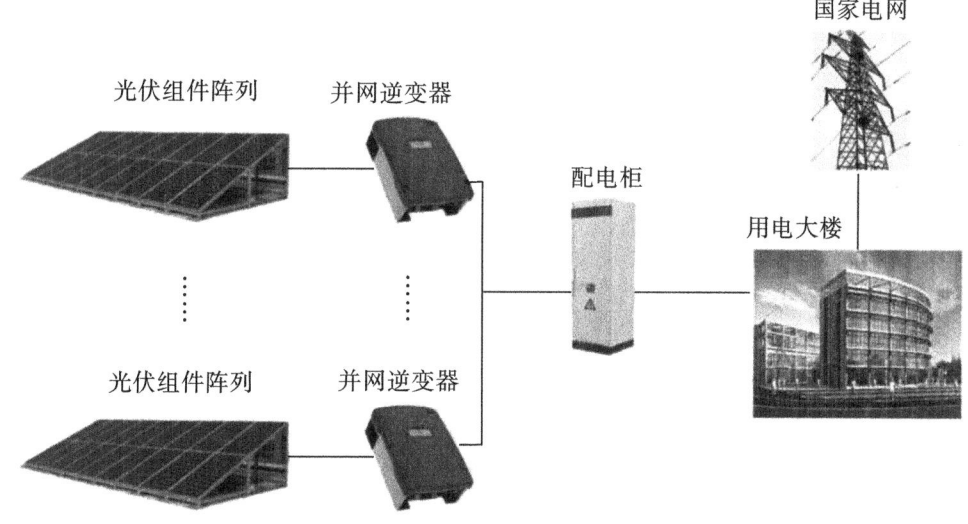

图1-15 光伏电站的基本框架

总之,随着人们对美好生活的追求,现代功率变换技术已经渗透我们日常生活、交通运输、电力系统、工业生产、航空航天等领域,是一门新兴交叉学科。

1.4 本章小结

现代功率变换技术作为一门新兴交叉学科,已渗透到人类生活的各个方面。现代功率开关器件经历从结型控制器件到场控器件的发展历程,大功率、高频化、高效率、驱动场控化成为功率开关器件发展的重要特征。现代功率变换技术与现代功率开关器件、现代控制理论等同步发展,利用现代功率开关器件组成新型电路拓扑对电能进行高效变换和控制的技术,实现高效率、高品质用电。

我国已形成上千亿元的现代功率变换产品市场,支撑着数十万亿元的信息、通信、机电、能源、交通、家电等产业。当今世界正面临能源、环境的双重压力,特别是正在和平发展中的国家面临的史无前例的严峻挑战。现代功率变换技术是智能制造、新能源、智能电网、现代交通的核心技术,在推动科学技术和经济的发展中发挥着越来越重要的作用。

第 2 章 现代功率开关器件

2.1 功率开关器件概述

功率开关器件主要分为功率分立器件(Power Discrete Device,PDD)与功率集成电路(Power Integrated Circuit,PIC)两大类,见图2-1。功率分立器件主要包括功率二极管、功率晶体管及晶闸管。其中,功率晶体管又包括功率双极型晶体管、功率金属-氧化物半导体场效应晶体管(Metal-Oxide-Semiconductor Field-Effect Transistor,MOSFET)以及绝缘栅双极型晶体管。功率集成电路包括智能功率集成电路(Smart Power Integrated Circuit,SPIC)和高压集成电路(High Voltage Integrated Circuit,HVIC)。从工作机制与组成来分,功率二极管、功率双极性晶体管以及晶闸管均属于双极型器件,功率MOSFET属于单极型器件,IGBT则属于复合型器件。

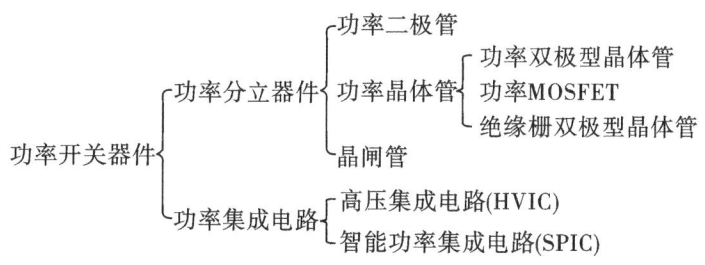

图 2-1 功率开关器件分类

功率集成电路是把驱动、控制、保护电路和功率器件集成在了一起。目前,电源管理集成电路(Power Management Integrated Circuit,PMIC)也被纳入 PIC 的范畴。将功率器件与其过电压、过电流、过热等传感与保护电路及驱动和控制电路等集成于同一芯片,可形成智能功率集成电路;或通过模块的形式封装在一起形成智能功率模块(Intelligent Power Module,IPM)。

图 2-2 给出了电力半导体分立器件的分类及其派生系列器件。按材料不同来分,目前主要有硅器件和宽禁带半导体器件。按器件结构不同来分,有对称(Symmetry)型与非对称(Asymmetry)型,或者非穿通(Non-Punch Through,NPT)型与穿通(Punch Through,PT)型,逆导型与逆阻型等。按制作工艺不同来分,功率二极管可分为功率肖特基二极管(Power Schottky Diode,PSD)、外延快恢复二极管及双扩散整流二极管;功率晶体管可分为功率双极型晶体管、功率 MOSFET 及复合型 IGBT;晶闸管可分为普通晶闸管、快速晶闸管、门极关断晶闸管(GTO)、集成门极换流晶闸管(IGCT)、MOS 控制晶闸管(MOS-

Control Thyristor,MCT)、MOS关断晶闸管(MOS Turn-off Thyristor,MTO)及发射极关断晶闸管(Emitter Turn-off Thyristor,ETO)等,其中IGCT、MTO以及ETO都是由GTO派生的集成器件。宽禁带半导体器件主要包括碳化硅器件和氮化镓器件。

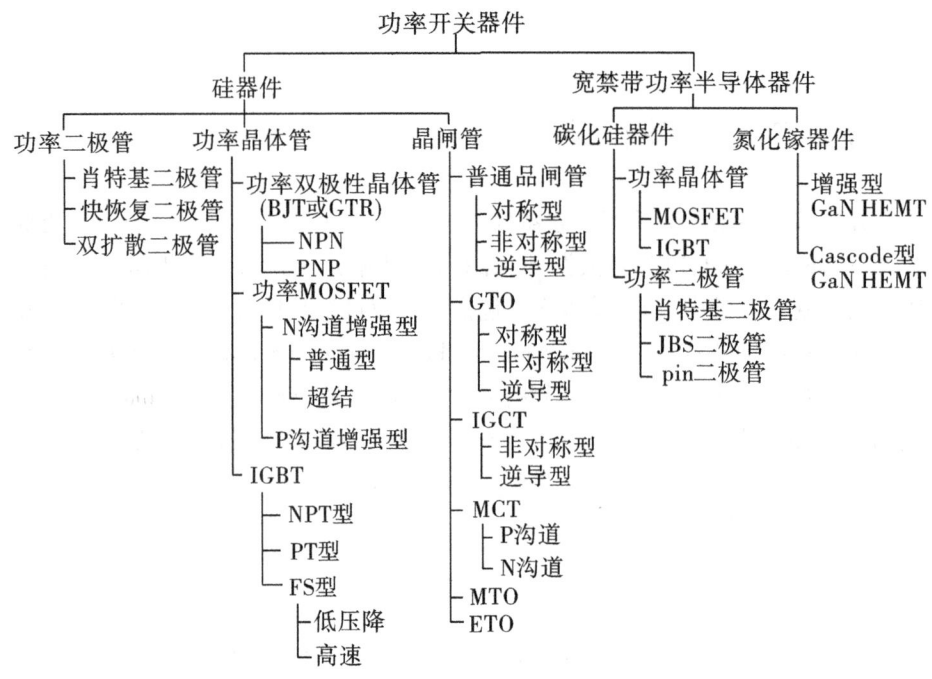

图2-2 电力半导体分立器件的分类及其派生器件

双极型器件用电流来控制,输入阻抗低,驱动功率大。由于导通期间内部有少数载流子(简称少子)存储,会发生电导调制效应,所以通态压降低,电流容量大,阻断电压高。同时开关速度慢,容易发生热集中或二次击穿,导致安全工作区(Safe Operating Area,SOA)较窄。

功率MOSFET用电压控制,输入阻抗高,驱动功率小。导通期间内部无少子存储,所以开关速度快,同时导通电阻较高,使得阻断电压和电流定额也较小。导通电阻具有正的温度系数,不会发生热集中,故SOA较宽。

MOS-双极型复合器件是将MOS型器件和双极型器件有机地结合成一体,用MOS型器件作为输入端,双极型器件作为输出端,实现用很小的功率来驱动或控制很大的功率,具有双极型和MOS型器件的共同优点。

电力电子系统要求电力半导体器件必须工作在一个很宽的功率和频率范围。如图2-3(a)所示,电力半导体器件的应用场合与工作频率有关。大功率系统,如高压直流输电的电力传输、电力机车牵引等,需要兆瓦级功率控制,工作频率相对较低。随着工作频率增加,器件的功率容量逐渐下降,如典型的微波器件的处理功率仅为100 W。对现有的硅器件而言,晶闸管更适合低频率、大功率使用,IGBT 适合中频率、中功率使用,功率 MOSFET 适合高频率、小功率使用。

电力半导体器件应用的另一种分类方法是依据电流和电压处理需求来划分,如图 2-3(b) 所示。晶闸管处理的电流和电压分别在 2 kA 和 6 kV 以上,单个器件就可以控制 10 MW 以上的功率。这些器件适合 HVDC 输电的电力传输和电力机车牵引应用。对于工作电压要求在 300～3 000 V 范围、电流处理能力较强的功率系统应用,IGBT 是最佳选择。当电流要求在 1 A 以下时,PIC 可以提供更多的功能,如电信系统与显示驱动等。当电流超过几安时,用性价比高的功率 MOSFET,更适用于汽车电子和开关电源。总之,没有单个器件结构能适合所有的应用,所以未来的器件创新仍有很大的空间。

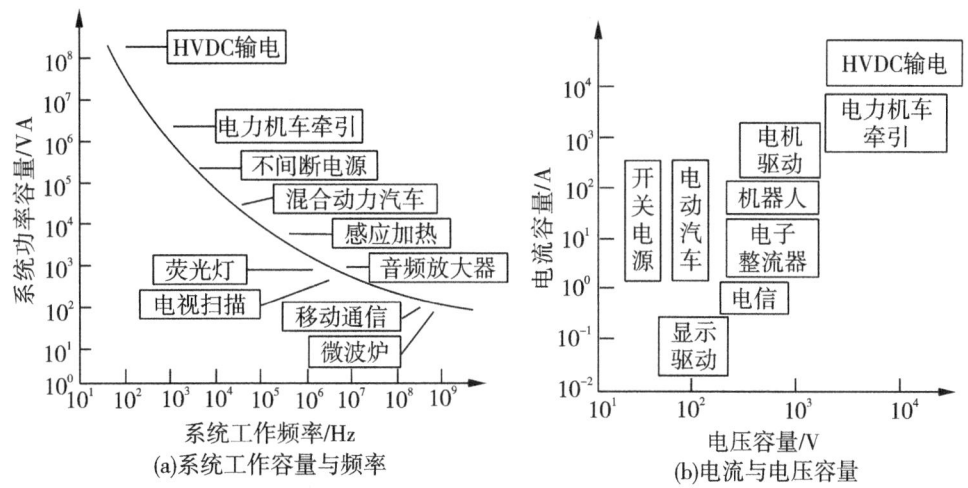

图 2-3 电力半导体器件的应用

2.2 电力场效应晶体管

电力场效应晶体管(MOSFET)属于场效应晶体管器件,是一种单极型电压控制器件,在导通状态下,仅有多数载流子工作,与双极型电流控制型器件相比所需要的驱动功率非常小,并且显著减小了开关时间,因而很容易达到 100 kHz 以上的开关频率。功率 MOSFET 是低压范围(如小于 200 V)最好的开关器件,但随着电压的升高,由于其导通电阻随着耐压的 2.5 次方急剧上升,所以损耗也相应增加,这给高压功率 MOSFET 的应用带来很大困难。

功率 MOSFET 按导电沟道可分为 P 沟道和 N 沟道,按栅极电压幅值又可分为耗尽型和增强型。耗尽型 MOSFET,当栅源极电压 U_{GS} 为零时漏源极之间就存在导电沟道;增强型 MOSFET,对于 N(P)沟道器件,栅源极电压大于(小于)零时才存在导电沟道。由于 N 沟道增强型应用最为广泛,本节将主要介绍这类 MOS 管。

2.2.1 工作原理

2.2.1.1 场效应晶体管的结构和原理

场效应晶体管是一种单胞结构,处理功率等级小。功率场效应晶体管由多个场效应晶体管组成,处理功率等级大。两者导电机制相似,但在结构上差异很大。下面以N沟道场效应晶体管为例,说明场效应晶体管的结构和导电机制。

N沟道场效应晶体管的结构与工作时的电路接法如图2-4(a)所示。把一块低掺杂的P型半导体作为衬底,在衬底上面的左右两边用扩散法,形成两个高掺杂的N^+区,再在P型半导体上生成很薄的一层氧化膜——二氧化硅绝缘层。然后,在两个高掺杂的N^+区上端,用光刻的方法去掉氧化膜,露出N^+区。最后,在两个N^+区的表面以及它们之间的二氧化硅表面各自喷涂一层金属膜,分别作为源极(S极)、栅极(G极)和漏极(D极)。它的电气符号如图2-4(b)中虚线圈内部所示,其中箭头方向表示由P(衬底)指向N(沟道),垂直短画线代表沟道,短画线表明在未加适当栅极电压之前漏极与源极之间无导电沟道。

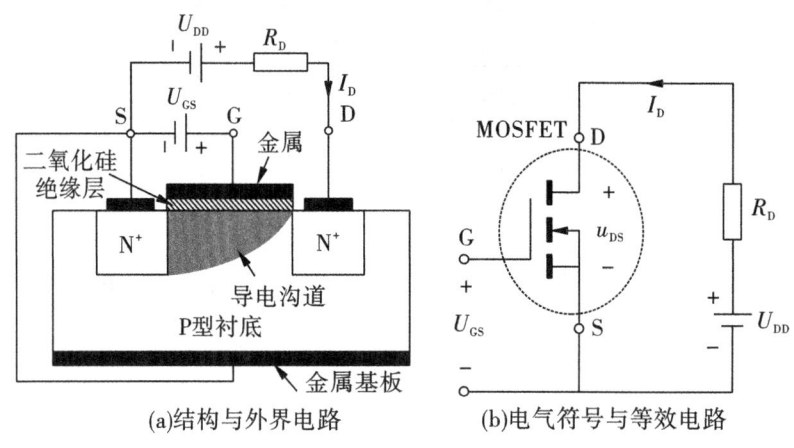

(a)结构与外界电路　　(b)电气符号与等效电路

图2-4　场效应晶体管结构与工作电路

由图2-4(a)可见,即使在漏、源极之间加上正或负电压,由于漏、源极之间属于N-P-N结构,总有一个PN结处于反向阻断状态,不可能产生电流。通常在制造时,将衬底和源极短接,如图2-4(a)所示。栅极金属极板与P型半导体衬底之间由二氧化硅绝缘层隔离,相当于一个电容。在G、S极之间加一可调正电压U_{GS},当U_{GS}从零逐渐升高时,栅极、衬底之间的电场逐渐加强,在栅极极板上存储正电荷,这个电场将排斥P型半导体中的多数载流子(空穴)远离栅极,同时从P型半导体中吸引少数载流子(电子)聚集到栅极下的P型半导体表面上。当电压U_{GS}大到一定值时,在P型半导体表面吸引了众多的自由电子,如图2-4(a)所示。这些电子的浓度超过空穴浓度,从而使P型半导体反型为N型半导体,因此称为"反型层"。这样漏极和源极被反型层连通,形成导电沟道,这就是感生沟道。如果U_{GS}进一步加大,形成沟道的电子也进一步增多,沟道加厚,沟道电阻减小。

当栅、源极之间形成沟道以后,如果在漏、源极之间加上正的 U_{DD},如图 2-4(a)所示,此时将产生漏极电流 I_D。在规定的 U_{DD} 作用下,产生最小规定漏极电流的栅-源电压,称为开启电压 U_T,即门槛电压。由于这类场效应管在 $U_{GS}=0$ 时,$I_D=0$,只有在 U_{GS} 大到一定值以后,才产生导电沟道,形成漏极电流,所以通常将这类场效应管称为增强型场效应管。如果将衬底由 P 型半导体改为 N 型半导体,源区和漏区改为 P 型区,其他结构相同,即构成增强型 P 沟道 MOSFET,工作原理与 N 沟道相似。常用 MOSFET 大多属于 N 沟道增强型,一般不用 P 沟道晶体管。因为空穴的迁移率比电子迁移率低,相同沟道尺寸下,P 沟道晶体管比 N 沟道晶体管的导通电阻大。

2.2.1.2 功率 MOSFET 的结构和原理

由图 2-4(a)可以看出,场效应晶体管三个电极在一个平面上,沟道不能做得很短,沟道电阻大。而且,导电沟道是由表面感应电荷形成的,沟道电流是表面电流,要加大电流容量,就要加大芯片的面积,这样的结构很难实现大电流。为了提高载流能力,场效应晶体管需要在结构上加以改进。目前常用的功率 MOSFET 结构包括垂直导电和超结两种。

(1)垂直导电场效应晶体管。在 BJT 中,集电极电流由集电极纵向流到发射极,在相同的电流密度情况下,与平面结构相比,体积大大减小。垂直导电场效应晶体管(VMOSFET)参考了 BJT 的结构,图 2-5(a)给出了 N 沟道 VMOSFET 的内部结构,从中可以看出,它的栅极和源极在顶部,漏极在芯片下部。具体为:在高掺杂 N^+ 衬底上外延生长一层 N^- 层,再在 N^- 层上用扩散法形成 P 型本体与 N^+ 源区。然后,芯片表面经氧化形成氧化膜,在氧化膜上光刻出栅极和源极,再在氧化膜上喷涂金属电极。漏极从底部连出,栅极在源极之间,源极将 P 型本体和 N^+ 源区短接。通过扩散工艺精确控制沟道长度,使沟道电阻减小。采用低掺杂的 N^- 漂移区(外延层),提高了漏-源击穿电压。由于沟道面积比平面结构大而短,所以提高了载流能力。根据所采用的工艺和芯片单元形状的不同,VMOSFET 有垂直 V 形槽 MOSFET(VVMOSFET)、垂直 U 形槽 MOSFET(VUMOSFET)、垂直双扩散 MOSFET(VD MOSFET)等不同结构。

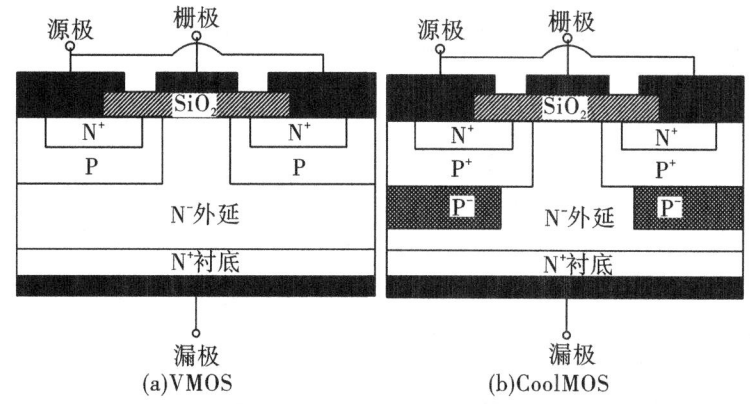

图 2-5 功率 MOSFET 的结构

(2) 超结场效应晶体管(CoolMOS)。MOSFET 在作为开关管应用时,其通态损耗所占比重通常较大,而导通电阻是影响通态损耗的重要因素。但是,击穿电压(额定电压)和导通电阻始终是一对矛盾。因为高耐压要求具有低浓度、较厚的漂移区,但这会导致漂移区电阻升高,所以 MOSFET 的导通电阻大大增加。因此,在 VMOSFET 结构中,高击穿电压和低导通电阻很难兼得。超结全称为超级 PN 结,超结器件结构的核心在于漂移区中交替的 P/N 层结构。超结结构的 N 沟道 MOSFET 结构如图 2-5(b)所示,与 VMOSFET 结构相比,它在 N⁻外延层插入 P⁻型区,即在漂移区形成 P⁻型区和 N⁻型区横向交替排列的结构。超结 MOSFET 利用多个 P/N 结构作为高压漂移层,提高了漂移区的掺杂浓度,大大降低了导通电阻,同时不改变器件的击穿电压值。超结功率 MOSFET 又称为 CoolMOS,其突出优点是,在其工作范围内(耐压 600~900 V),相对于传统技术,在相同的芯片面积上,其导通电阻降低了 80% 以上,且具有高开关速度。

MOSFET 动静态
特性及参数

2.2.2 MOSFET 典型驱动

2.2.2.1 脉冲变压器隔离型驱动

高速开关的 MOSFET 可采用脉冲变压器的形式驱动。图 2-6 所示为工作在 250 kHz 以上典型的栅控驱动方法。这是一个自激工作反激式变换器,工作频率由铁芯的特性决定,一般使用高频磁芯,二极管 VD_1 防止功率 MOS 管的栅极出现负尖峰电压;栅极串 100 Ω 电阻防止发生寄生振荡;稳压管 VD_2 可以使漏极电压抑制在功率 MOS 管额定击穿电压以下,以防功率 MOS 管被电压击穿。

图 2-7 是带隔离变压器的互补信号驱动电路。图 2-7 中,T_{r1}、T_{r2} 受 U_G 控制。当 U_G 高电平时,T_{r1} 导通经隔直电容 C,高频脉冲变压器 T 原边产生正跳脉冲,副边绕组输出感应脉冲使主 MOS 管 T_{r3} 导通。U_G 低电平时,T_{r2} 导通,T_{r3} 关断。该电路的优点是结构简单、可靠,当 U_G 占空比变化时,驱动的关断能力不受影响;电路单电源 U_C 工作,依靠 C 和 T 的特性,使 T_{r3} 有负偏压,使 T_{r3} 可靠关断,抗干扰能力强。但这种电路存在一定缺陷,输出脉冲电压幅值会随着 U_G 占空比的变化而变化,因此电路中加入了稳压二极管 VD_1、VD_2 以稳定 MOS 管栅源电压,此驱动电路比较适合占空比固定或变化不大的场合。

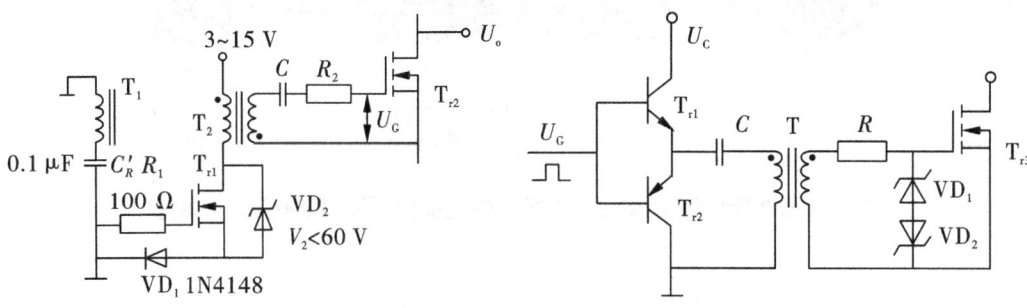

图 2-6 自激工作反激式变换器   图 2-7 有隔离变压器的互补信号驱动电路

2.2.2.2 自举集成芯片 IR2110

IR2110 是国际整流器公司开发生产的 MOSFET 和 IGBT 专用驱动芯片,它兼有光耦隔离(体积小)和电磁隔离(速度快)的优点,是中小功率变换装置中驱动器件的首选型号。

IR2110 采用 HVIC 和闩锁抗干扰 CMOS 制造工艺,DIP-14 脚封装,管脚排布如图 2-8 所示。它具有独立的低端和高端输入通道;悬浮电源采用自举电路,其高端工作电压可达 500 V,$dV/dt = \pm 50$ V/ns,15 V 下静态功耗仅 116 mW;输出的电源端(3 脚,即功率器件的栅极驱动电压)电压范围为 10~20 V;逻辑电源电压范围为(脚 9)5~15 V,可方便地与晶体管-晶体管逻辑电路(Transistror-Transistor Logic,TTL)、CMOS 电平相匹配,而且逻辑电源地和功率地之间允许有±5 V 的偏移量;工作频率高,可达 500 kHz;开通、关断延迟小,分别为 120 ns 和 94 ns;图腾柱输出峰值电流为 2 A。

IR2110 的内部功能框图如图 2-8 所示。它由三个部分组成:逻辑输入、电平平移及输出保护。如上所述,IR2110 的特点可以为功率变换装置的设计带来许多方便。尤其是高端悬浮自举电源的成功设计,可以大大减少驱动电源的数目,三相桥式变换器仅用一组电源即可。IR2110 不能产生负偏压,驱动 IGBT 时,由于密勒效应的存在,在开通与关断时刻,集电极与栅极间的寄生电容有充放电电流,容易在栅极上产生干扰。特别是在大功率情况下,关断电流较大,IR2110 驱动输出阻抗不够小,沿栅极灌入的电流会在驱动电压上叠加,形成比较严重的毛刺干扰。如果该干扰超过 IGBT 的最小开通电压,会导致 IGBT 的再次开通。因此,IR2110 驱动 IGBT 时,需要专门设计泄放电路,将密勒效应产生的电流快速地泄放掉。本节仅就 IR2110 对 MOS 管的典型驱动进行介绍。

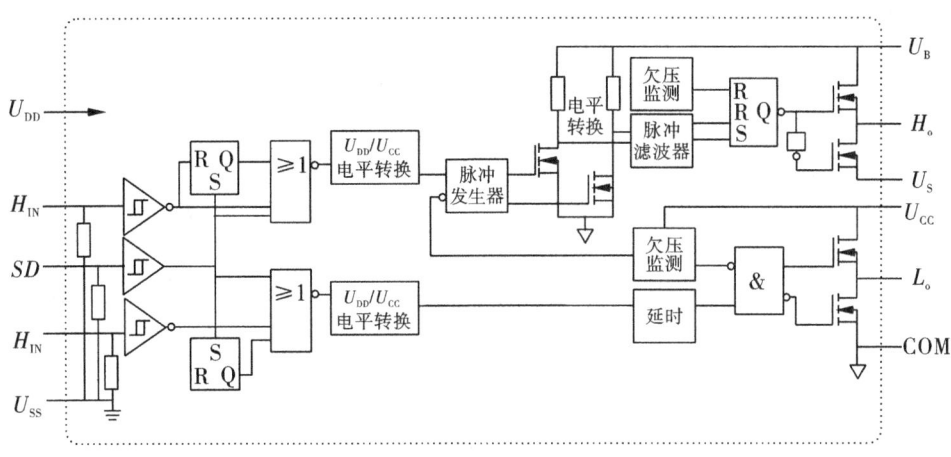

图 2-8 IR2110 内部功能框图

IR2110 用于驱动 MOS 管半桥的电路如图 2-9 所示。图 2-9 中 C_1、VD 分别为自举电容和二极管,C_2 为 U_{CC} 的滤波电容。假定在 S_1 关断期间 C_1 已充到足够的电压($U_{C_1} \approx U_{CC}$)。当 H_{IN} 为高电平时 V_{M_1} 开通,V_{M_2} 关断,U_{C_1} 加到 S_1 的门极和发射极之间,C_1 通

过 V_{M_1}，R_{g_1} 和 S_1 栅极电容 $C_{g_{c1}}$ 放电，$C_{g_{c1}}$ 被充电。此时 U_{C_1} 可等效为一个电压源。当 H_{IN} 为低电平时，V_{M_2} 开通，V_{M_1} 断开，S_1 栅电荷经 R_{g_1}、V_{M_2} 迅速释放，S_1 关断。经短暂的死区时间 (t_d) 之后，L_{IN} 为高电平，S_2 开通，U_{CC} 经 S_2 给 C_2 充电，迅速为 C_2 补充能量。如此循环反复。IR2110 外围电路具体参数设计如下：

(1) 自举电容的设计。开通时，需要在极短的时间内向门极提供足够的栅电荷。假定在器件开通后，自举电容两端电压比器件充分导通所需要的电压（10 V，高压侧锁定电压为 8.7 V/8.3 V）要高；再假定在自举电容充电路径上有 1.5 V 的压降（包括 V_{VD_1} 的正向压降）；最后假定有 1/2 的栅电压（栅极门槛电压 $U_{G(th)}$ 通常 3～5 V）因泄漏电流引起电压降。综合上述条件，工程上可用下式计算：

$$C_1 > \frac{2Q_g}{U_{CC} - 10 - 1.5} \quad (2-1)$$

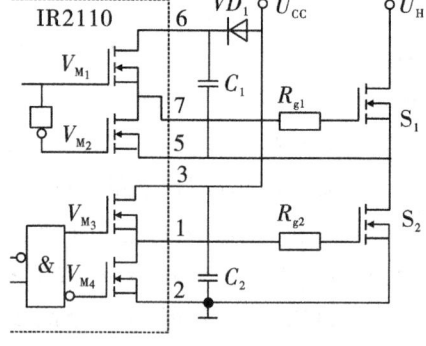

图 2-9 半桥驱动电路

例如，功率 MOS 管 IRFP450 充分导通时所需要的栅电荷 $Q_g = 150$ nC，$U_{CC} = 15$ V，根据式(2-1)可得 $C_1 > 0.086$ μF。可取 $C_1 = 0.1$ μF 或者更大的容量。考虑到自举电路的漏电流，电容尽量选择非电解电容，如耐压大于 35 V 的钽电容。

自举电容选择时，要考虑到悬浮驱动的最宽导通时间，当最长的导通时间结束时，功率器件的门极电压 U_{GS} 仍必须足够高，即必须满足工程经验公式。在自举电容的充电路径上，分布电感影响了充电的速率。下管的最窄导通时间应保证自举电容能够充足够的电荷。因此从最窄导通时间考虑，自举电容的容量应足够小。

综上所述，在选择自举电容大小时应综合考虑，既不能太大影响窄脉冲的驱动性能，也不能太小而影响宽脉冲的驱动要求。从功率器件的工作频率、开关速度、门极特性进行选择，估算后经调试而定。

(2) 自举二极管的选择。自举二极管是自举电路中的重要器件，它应能承受直流干线上的高压，如半桥电路上管导通且近似等于电源干线电压时就会发生此现象。二极管承受的电流是栅极电荷与开关频率之积。为了减少电荷损失，应选择反向漏电流小的快恢复二极管。

MOSFET 的过电流保护

2.3 绝缘栅双极型晶体管

绝缘栅双极型晶体管（IGBT）是由电力晶体管（BJT）和绝缘栅型场效应管（MOS）组成的复合全控型电压驱动式功率半导体器件，兼有 MOSFET 的高输入阻抗和 GTR 的低导通压降两方面的优点。GTR 饱和压降低，载流密度大，但驱动电流较大；MOSFET 驱动功率很小，开关速度快，但导通压降大，载流密度小。IGBT 综合了以上两种器件的优点，驱动功率小而饱和压降低。非常适合应用于直流电压为 600 V 及以上的变流系统,如交流电机、变频器、开关电源、照明电路、牵引传动等领域。

在 IGBT 得到大力发展之前,功率场效应管 MOSFET 被用于需要快速开关的中低压场合,晶闸管、GTO 被用于中高压领域。MOSFET 虽然有开关速度快、输入阻抗高、热稳定性好、驱动电路简单的优点,但是,在 600 V 或更高电压的场合,其导通电阻随着击穿电压的增加会迅速增加,使得其功耗大幅增加,存在着不能得到高耐压、大容量元件等缺陷。双极晶体管具有优异的低正向导通压降特性,虽然可以得到高耐压、大容量的元件,但是它要求的驱动电流大,控制电路非常复杂,而且开关速度不够快。

IGBT 正是顺应这种要求而开发的,它是由 MOSFET(输入级)和 PNP 晶体管(输出级)复合而成的一种器件,既有 MOSFET 器件驱动功率小和开关速度快的特点(控制和响应),又有双极型器件饱和压降低而容量大的特点(功率级较为耐用),频率特性介于 MOSFET 与功率晶体管之间,可正常工作于几十千赫频率范围内。基于这些优异的特性,IGBT 一直广泛使用在超过 600 V 电压的应用中,模块化的 IGBT 可以满足更高的电流传导要求,其应用领域不断提高,今后将有更大的发展空间。

2.3.1 工作原理

图 2-10(a)所示为一个 N 沟道增强型绝缘栅双极晶体管结构,N^+ 区称为源区,附于其上的电极称为发射极 E。器件的控制区为栅区,附于其上的电极称为栅极 G。沟道在紧靠栅区边界形成。IGBT 电气符号如图 2-10(b)所示。

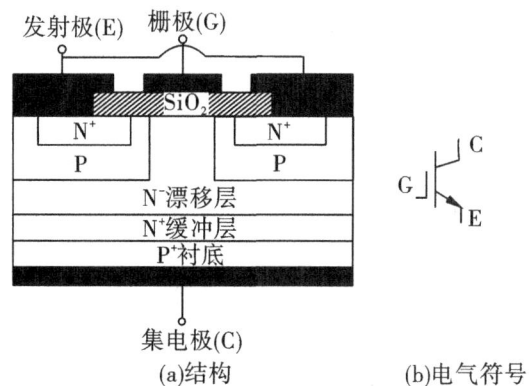

(a)结构　　　　　(b)电气符号

图 2-10　N 沟道增强型绝缘栅双极晶体管结构与电气符号

在 C、E 两极之间的 P 型区(包括 P^+ 和 P^- 区,沟道在该区域形成)称为亚沟道区。而在漏区另一侧的 P^+ 区称为漏注入区,它是 IGBT 特有的功能区,与漏区和亚沟道区一起形成 PNP 双极晶体管,起发射极的作用,向漏极注入空穴,进行电导调制,以降低器件的通态电压。附于漏注入区上的电极称为集电极 C。

IGBT 的开关作用是通过加正向栅极电压形成沟道,给 PNP(原来为 NPN)晶体管提供基极电流,使 IGBT 导通。反之,加反向门极电压消除沟道,切断基极电流,使 IGBT 关断。IGBT 的驱动方法和 MOSFET 基本相同,只需控制输入极 N⁻沟道 MOSFET,因此具有高输入阻抗特性。

IGBT 与 MOSFET 不同,内部没有寄生的反向二极管,在封装时,将反并联快恢复二极管与 IGBT 封装在一起,IGBT 选型时需根据需要加以区分。

IGBT 的理想等效电路及实际等效电路如图 2-11 所示。

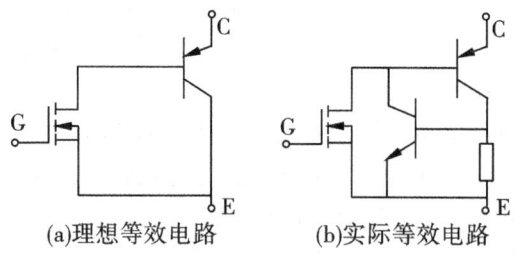

图 2-11 IGBT 的理想等效电路及实际等效电路

由等效电路可将 IGBT 作为对 PNP 双极晶体管和功率 MOSFET 进行达林顿连接后形成的单片型 Bi-MOS 晶体管。因此,在门极、发射极之间外加正电压使功率 MOSFET 导通时,PNP 晶体管的基极、集电极就连接上了低电阻,从而使 PNP 晶体管处于导通状态,与功率 MOSFET 相比,有极低的通态电阻。

使门极、发射极之间的电压为 0 V 时,首先功率 MOSFET 处于断路状态,PNP 晶体管的基极电流被切断,从而处于断路状态。

IGBT 动静态特性及参数

2.3.2 IGBT 典型驱动

2.3.2.1 光耦驱动电路

IGBT 可以采用分立元件搭建的驱动电路,其核心元件通常为专用的光耦驱动器,比较常见的有美国 Agilent(安捷伦)公司的 HCPL316、HCPL3120,日本 TOSHIBAC(东芝)公司的 TLP250,美国 Texas Instruments(TI)(德州仪器)公司的 UCC21710、UCC21750 等。其中,HCPL316、UCC21710 以及 UCC21750 具备软关断、故障监测等功能。下面将以 HCPL316 元件为例,介绍这类驱动电路的搭建方法与工作原理。

HCPL316 最高可驱动 150 A/1 200 V 等级的 IGBT;采用光耦隔离,具有故障状态的反馈输出;兼容 CMOS/TTL 信号,开关延迟小于 500 ns,最高工作频率 2 MHz;当 IGBT 发生过流故障时,能够实现 IGBT 的软关断;具有故障安全防护功能;V_{CE}电压欠饱和监测,电源低电压滞环锁定;用户可配置正相、反相、自动复位、自动关闭等;供电电压 15～30 V,一般采用正负供电,即 $V_{CC2}=15$ V,$V_{EE}=-8$ V;芯片工作温度-40～100 ℃。

芯片典型应用接线如图 2-12 所示,输入信号从 V_{IN+}输入经内部光耦隔离放大后,由 V_{OUT}端输出驱动 IGBT,FAULT 引脚用于输出故障信号。C_{BLANK}反映了当 IGBT 过流时,从检测到故障到保护开始动作的反应时间。R_G为 IGBT 的门极电阻,起到限流的作用,过大的门极电阻会影响 IGBT 的开关速度,具体需根据 IGBT 的说明书进行选择。

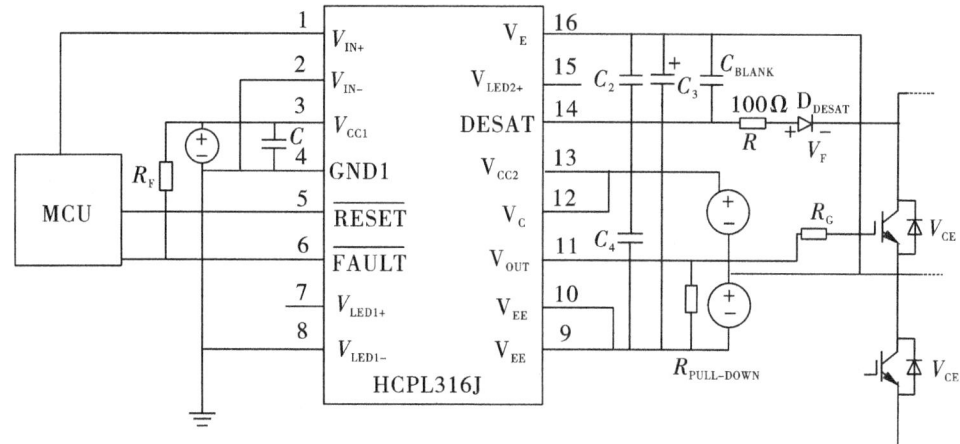

图 2-12 HCPL316J 典型应用

2.3.2.2 混合集成驱动电路

目前,IGBT 的驱动多采用专用的混合集成驱动电路,比较常见的有日本 Mitsubishi (三菱)公司的 M57962L,日本 Fuji(富士)公司的 EXB 系列。这些专用驱动电路抗干扰能力强、工作速度快,同时集成了完善的保护功能。当检测到 IGBT 过流时,采用"软慢关断"的方法减少 IGBT 两端的尖峰电压,并向控制板发出故障信号,从而有效地保护 IGBT 的运行安全。下面将以 M57962L 模块为例,介绍这类专用混合集成驱动电路的构成与工作原理。M57962L 驱动模块的内部原理如图 2-13 所示。

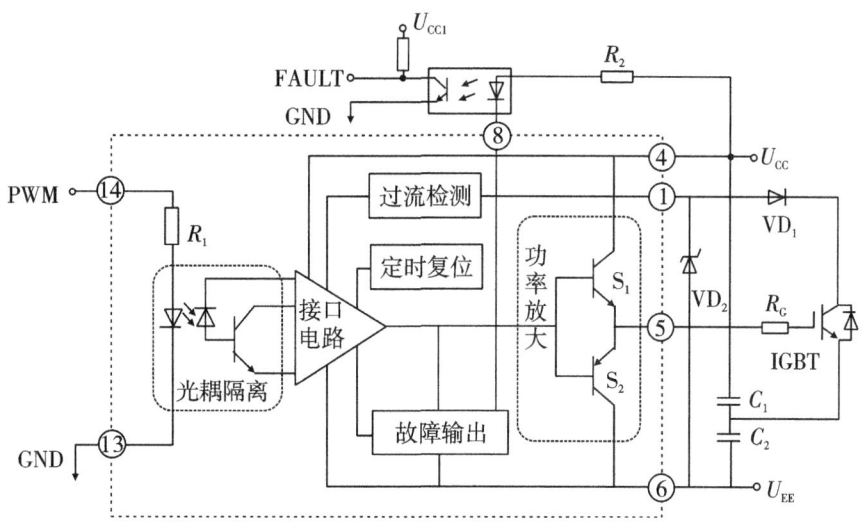

图 2-13 M57962L 驱动模块原理

驱动模块包含四个部分:光耦隔离电路、功率放大电路,定时复位电路,过流检测电路以及故障输出电路。采用双电源供电,以确保 IGBT 的可靠通断,供电电压的极值为

+18 V/−15 V,一般取+15 V/−10 V;信号输入端为 TTL 门电平,信号输入电压为−1~7 V,信号传输延迟在 1.5 μs 以下,适合在 20 kHz 左右的开关频率运行。

M57962L 的外部接线如图 2-13 所示。当向 14 引脚施加高电平信号时,光耦隔离电路将输入的高电平信号送至接口电路,若 IGBT 没有发生过流故障,接口电路会将该信号继续传递至功率放大电路中。M57962L 的功率放大电路由图腾柱电路构成,高电平信号使得图腾柱电路的上管 S_1 导通,进而将 4 引脚所接的电源正电压 U_{CC} 通过 5 管脚输出到 IGBT 的栅极,IGBT 导通。同理,当向 14 引脚施加零电平信号时,若 IGBT 没有发生过流故障,图腾柱电路的下管 S_2 导通,6 引脚所接的电源负电压 U_{EE} 通过 5 引脚输出到 IGBT 的栅极,IGBT 关断。当 IGBT 发生过流故障时,若 14 引脚施加高电平信号,过流检测模块会使接口电路输出低电平,在 IGBT 的栅极输出负电压 U_{EE},驱动电路进入封闭性保持软关断过程。同时,在 8 引脚输出低电平,给主控制板发送故障信号。在故障保护动作发生后,只有当定时复位电路的定时器计时结束(定时器的计时时间为 1~2 ms),且 14 引脚施加零电平信号时,驱动模块的内部电路才能恢复正常状态。

2.4 宽禁带半导体开关器件

在半导体工业中,随着不同时期新材料的出现,半导体的应用先后经历了几次飞跃,首先是硅材料的发现使半导体在微电子领域的应用获得突破性进展,之后砷化镓材料的研究使半导体的应用进入到光电子领域。借助于微电子技术的长足发展,以硅器件为基础的电力电子技术因大功率场效应晶体管(功率 MOSFET)和绝缘栅双极晶体管(IGBT)等电力电子器件的全面应用而日臻成熟,这些器件的开关性能已经随其结构设计和制造工艺的日趋完善而接近硅材料的理论极限,依靠硅器件继续完善和提高功率变换装置与系统性能的潜力已十分有限。因此,新一代的宽禁带半导体材料进入人们的视野,其中最有意义的是碳化硅、氮化镓和氧化锌。这些材料的共同特点是它们的禁带宽度在 3.3~3.5 eV 之间,约为硅材料禁带宽度的 3 倍,比砷化镓的禁带宽度也大了 2 倍以上,因而它们一般具有高的击穿电场、高的热导率、高的电子饱和速率及更高的抗辐射能力,特别适合制作高温、高频及大功率器件,因此称这类材料为宽禁带半导体材料,也称高温半导体材料。由于这些特殊性质,其潜在应用前景备受关注。

宽禁带功率器件具有以下特点:①禁带宽度宽,约为硅材料的 3 倍,具有更加好的抗辐射特性和耐高温特性;②击穿场强高,约为硅材料的 10 倍,故可以承受更高的击穿电压;③电子饱和漂移速度快,约为硅材料的 3 倍,因此开关速度更快,能以更高的开关频率工作;④热导率高,其中 GaN 材料的热导率约为硅材料的 1.5 倍,而 SiC 的热导率约为硅材料的 3.27 倍,因而散热性能更好,有利于减小散热器的体积和质量;⑤熔点高,GaN 材料的熔点约为硅材料的 1.2 倍,SiC 材料的熔点约为硅材料的 1.91 倍,故具有更强的耐高温能力。

2001 年,德国 Infineon 公司推出了第一只商用 SiC 肖特基二极管。与硅基二极管相比,SiC 肖特基二极管的反向恢复电流小。时隔10年,2010年12月日本ROHM公司推出了 600 V 和 1 200 V 的 SiC MOSFET,2011 年 1 月美国 CREE 公司推出了 1 200 V 的 SiC MOSFET。之后,1700 V 和 3 300 V 的商用 SiC MOSFET 逐渐推出。SiC MOSFET 的开关频率可达几十甚至几百千赫,有望逐渐取代硅基 IGBT。2010 年,美国 EPC 公司率先推出单体 GaN 晶体管。目前,GaN 器件主要分为低压和高压两大系列。低压系列的 GaN 器件主要有 15 V、40 V、100 V、300 V 等多个电压等级,高压系列主要有 600 V 和 650 V 两个等级。GaN 器件的开关频率可达几兆赫甚至几十兆赫,有望逐渐取代硅基 MOSFET。

2.4.1 碳化硅肖特基二极管

肖特基二极管主要应用于高频和快速开关的场合中。许多金属可以在硅或砷化镓半导体上建立肖特基势垒。肖特基二极管是通过将半导体的掺杂区域(通常 N 型)连接如金、银或铂等金属制成的。与 PN 结二极管不同,肖特基二极管有一个金属半导体结,其结构及图形符号如图 2-14 所示。肖特基二极管仅靠多数载流子工作。因为没有少数载流子,所以没有类似 PN 结二极管中的反向漏电流。金属区域在很大程度上被导带电子占用,N 型半导体区域是轻度掺杂的。当正向偏置时,N 区的高能电子被注入金属区域并迅速消耗多余的能量。由于没有少数载流子,它是一种快速开关二极管。碳化硅肖特基二极管具有以下特点:①最低的开关损耗,得益于低反向恢复电荷;②稳定性不受浪涌电流影响,可靠性高、耐用;③更低的系统成本,得益于散热需求的减小;④更高的频率设计和提升了的功率密度。这些器件还具有低器件电容,因而提升了整个系统的效率,尤其在开关频率较高的情况下。

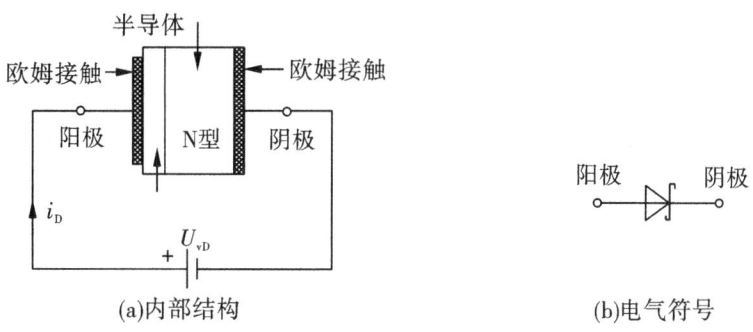

图 2-14 碳化硅肖特基二极管的内部结构和电气符号

2.4.2 碳化硅 MOSFET

高压 MOSFET 有两个主要限制:一是低沟道迁移率导致器件附加的导通电阻,从而增加了功率损耗;二是栅氧化层的不可靠性和不稳定性,特别是在长时间和高温情况下。制造的问题也限制了 SiC MOSFET 的发展速度。SiC 技术已经获得了巨大的进步,目前可以制造出的性能远胜于 Si MOSFET,特别是在大功率高温方面。新一代的 SiC MOSFET

将漂移层的厚度削减为原来的1/10,同时使得掺杂系数增加为原来的10倍,使得漂移电阻减小为等效Si MOSFET的1/100。SiC MOSFET相比硅器件具有明显的优势,它通过更高的工作频率使得系统的效率达到前所未有的高度,并减小了系统的尺寸、质量以及成本。对于额定电压为1.2 kV,额定电流为10~20 A的SiC MOSFET,其通态电阻通常为80~160 mΩ。

典型的SiC MOSFET结构单元的横截面如图2-15所示。由于N漂移区和P阱区之间的反向PN结的作用,器件应该正常处于关断状态。栅极、源极之间的正向开启电压可使器件击穿PN结,从而导通。N层和P层的尺寸和浓度决定了MOSFET的特性,比如额定电压、电流。

美国Cree公司已经制造出额定电流为10 A,额定电压为10 kV的SiC MOSFET芯片,用于120 A半桥模块。同最先进的6.5 kV Si IGBT相比,10 kV的SiC MOSFET有着更好的性能。SiC MOSFET可以挑战IGBT,成为在高压电力电子场合的新选择。

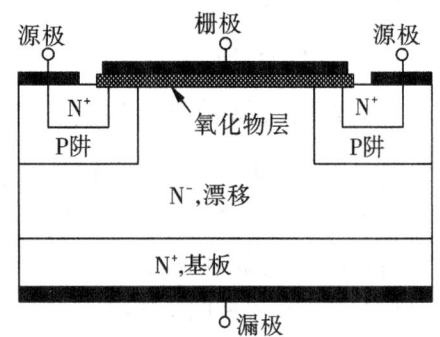

图2-15 典型的SiC MOSFET结构单元的横截面

2.4.3 碳化硅IGBT

在过去的20年里,基于Si的IGBT在很宽的电压、电流范围内表现出了优良的性能。在高压应用场合,IGBT凭借其简单的门极驱动要求,以及在Si领域的巨大成功而受到欢迎。最近几年,SiC MOS结构已经出现,它具有高额定电压以及低界面电荷密度,为SiC IGBT的出现做了准备。学者们已经围绕4H-SiC功率MOSFET做了大量的研究工作,其阻断电压可高达10 kV。对于10 kV以上的应用场合,双极型器件由于其电导调制效应而更受青睐,如SiC IGBT,由于自身具有MOS管的栅极特性和优越的开关性能,而比晶闸管在这种场合更具吸引力。目前,业界已用4H-SiC成功制作了具有高阻断电压的N沟道IGBT和P沟道IGBT。与10 kV的MOSFET相比,这类IGBT在漂移层具有很强的电导调制效应,通态电阻得到了显著的降低。SiC P沟道IGBT有很多优点,例如,通态电阻很低,温度系数为正,开关速度快,开关损耗低,以及安全工作区更大,因此它非常适合应用于大功率、高频场合。4H-SiC P沟道IGBT的横截面和等效电路如图2-16所示。结构、尺寸以及N^+层和P^+层的浓度将决定IGBT的特性,比如电压、电流。

2.4.4 增强型GaN HEMT

氮化镓(GaN)作为新型的半导体材料,具有极高的电子迁移率。因此,用氮化镓材料制成的晶体管又称为氮化镓高电子迁移率晶体管(High Electron Mobility Transistor, GaN HEMT),简称为GaN HEMT。目前市场上主要有以GaN Systems公司为代表的增强

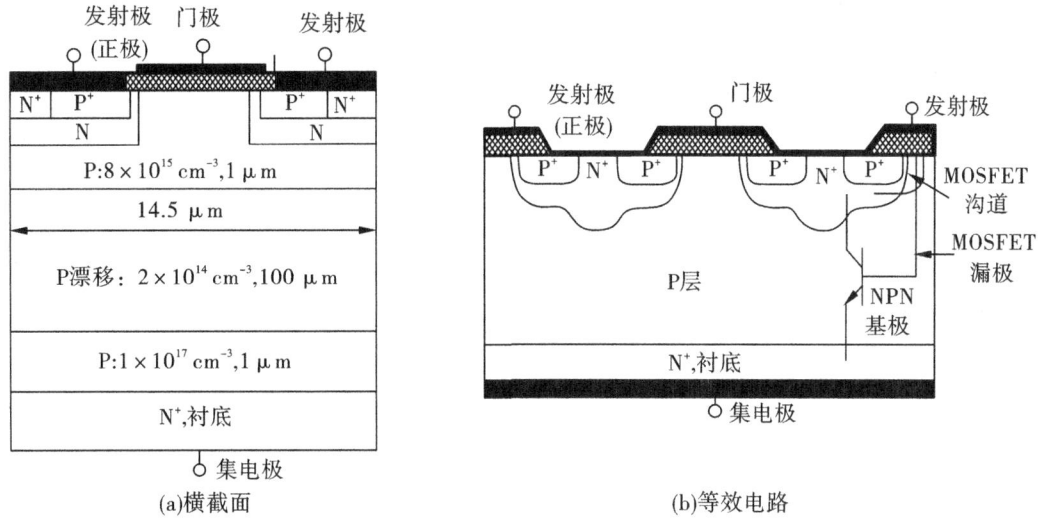

图 2-16　4H-SiC P 沟道 IGBT 的横截面和等效电路

型 GaN HEMT 以及以美国 Transphorm 公司为代表的耗尽型 GaN HEMT。为了克服耗尽型器件带来的负压关断的缺陷，Transphorm 公司利用增强型的 Si MOSFET 和耗尽型 GaN HEMT 组成一个共栅共源增强型复合结构的 GaN HEMT，简称 Cascode GaN HEMT。Cascode GaN HEMT 主要利用 Si MOSFET 来控制 GaN HEMT 的开通关断，从而导致器件无法充分发挥 GaN 材料的高频特性。增强型 GaN HEMT 和 Cascode 型 GaN HEMT 的图形符号如图 2-17 所示。

(a)增强型GaN HEMT电路符号　(b)Cascode型GaN HEMT电路符号

图 2-17　增强型 GaN HEMT 和 Cascode 型 GaN HEMT 的图形符号

加拿大 GaN Systems 公司的增强型 GaN HEMT 基本结构如图 2-18 所示。由图 2-18 可以看出，该 GaN 器件是横向结构的，到目前为止，垂直结构的 GaN 器件尚未在商业水平上生产。加拿大 GaN Systems 公司的 GaN HEMT 以 Si 材料作为衬底，在 Si 衬底之上分别为 GaN 缓冲层以及 AlGaN 缓冲层。由于 AlGaN 缓冲层和 GaN 缓冲层材料的禁带宽度不同，所以，在两者之间会形成一个异质结，该异质结决定了 GaN HEMT 的工作机制及基本特性。GaN HEMT 主要通过控制异质结中二维电子气(2DEG)的浓度来控制其开通和关断。

增强型 GaN HEMT 也是一个电压型控制器件，由于 GaN HEMT 的沟道可以双向流通，所以，可以通过在 GaN HEMT 的栅-源极或栅-漏极施加正向电压从而改变开关管内部 2DEG 的浓度,控制器件的开通关断。增强型 GaN HEMT 的开通关断原理如图 2-19 所示。当 GaN HEMT 的栅-源极施加的正向电压 U_{GS} 达到开关管的阈值电压时,栅极下方 AlGaN 层的禁带宽度会大于 GaN 层的禁带宽度,导致 AlGaN 层中的电子进入 GaN 层,此时 GaN HEMT 异质结的 2DEG 通道会导通,将漏极和源极连接在一起,形成导电沟道。通过改变在栅-源极所施加电压 U_{GS} 的大小来改变 2DEG 的浓度,从而改变开关管沟道导通电阻的大小。当 GaN HEMT 的栅-源极所施加的电压 U_{GS} 小于开关管的阈值电压时,GaN HEMT 异质结的 2DEG 不会形成导通沟道,此时开关管处于关断状态。一般而言,为了保证电路运行的可靠性,会采用 0 V 或者负压来关断开关管。

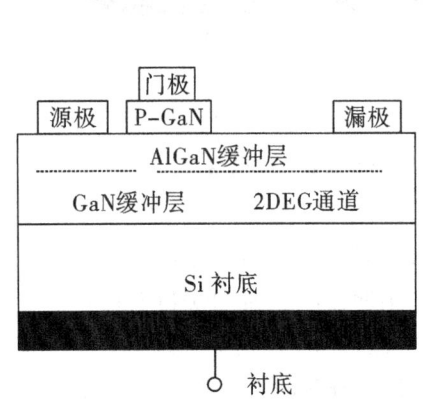 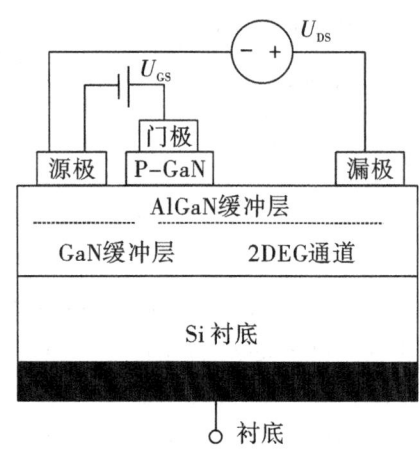

图 2-18 增强型 GaN HEMT 的结构图　　图 2-19 增强型 GaN HEMT 开通关断原理

2.5 功率开关器件散热设计

功率变换器中开关器件功率损耗产生的热量必须被带出并在环境中散发。虽然变压器、电抗也有功率损耗,但半导体功率开关器件产生的功率损耗发热问题最为严重,因其较小的体积导致较小的热容量,其温度很容易快速上升。高温时半导体开关的电特性变坏,如阻断电压降低,关断时间延长。严重过热可能导致半导体器件短时间内毁坏。为防止过热损坏,半导体功率开关器件必须装有散热器,并至少保持自然通风冷却。开关器件产生的热量由管壳经散热器传至周围空气中。

功率损耗与结温是影响功率开关器件安全运行的两个重要参数,设计者应对其在各种运行条件下的变化规律有充分的了解。功率开关器件热设计的主要任务就是根据器件的功率损耗与热平衡条件计算出所需散热器的热阻,继而根据散热器的材料、形状、表面状况、冷却介质等设计和选择合适的散热器,以保证器件安全、可靠地工作。

2.5.1 开关器件的功率损耗

器件的功率损耗是指器件在单位时间内消耗的能量,而耗散功率则是指散热器在单位时间内散失的能量。当电力电子系统稳定工作时,器件的功率损耗和散热器的耗散功率将达到平衡,从而使器件的温度保持恒定,即系统达到了热平衡状态。对于连续功率脉冲运行的器件,其热平衡通常是指平均耗散功率与平均功率损耗相等时的平衡状态。

对矩形功率脉冲,其平均功率损耗 P_d 为

$$P_d = \frac{P_p t_{on}}{T_s} = P_p D \tag{2-2}$$

式中,P_p 是脉冲幅值;t_{on} 是脉冲宽度;T_s 是脉冲周期;D 是占空比,$D = t_{on}/T_s$。

对于任意波形的连续脉冲,可利用具有记录功能的数字示波器记录负载在特定温度下的一个完整开关周期中的瞬时电压 $u(t)$ 和电流 $i(t)$,然后利用图解积分法求出一个周期中的平均功率损耗 P_d,即

$$P_d = \frac{1}{T_s} \int_0^{T_s} u(t)i(t) dt \tag{2-3}$$

实际器件中,平均功率损耗 P_d 通常包括通态损耗、开关损耗、断态漏电损耗以及门极损耗等。下面对常见功率器件中的上述各功耗成分的计算方法进行简要介绍。

2.5.1.1 通态损耗

通态损耗是指器件在导通状态时的稳态损耗。当器件工作在低频条件(一般指其开关频率在数百赫兹以内)时,通态损耗是器件损耗中的主要组成部分。

功率器件在通过矩形连续电流脉冲时,其通态损耗一般用平均通态损耗 $P_{T(AV)}$ 进行描述,而平均通态损耗 $P_{T(AV)}$ 可用器件通态压降 U_{on}、电流脉冲的幅值 I_p 及占空比 D 表示为

$$P_{T(AV)} = I_p U_{on} D \tag{2-4}$$

对于 MOSFET 器件,由于生产厂家在数据手册中给出的多是通态电阻而不是通态压降,所以,平均通态损耗 $P_{T(AV)}$ 可由如下公式计算得到:

$$P_{T(AV)} = I_{DS}^2 R_{DS(on)} \tag{2-5}$$

式中,I_{DS} 为漏极电流;$R_{DS(on)}$ 为 MOSFET 器件的通态电阻,且 $R_{DS(on)}$ 是温度的函数,即

$$R_{DS(on)}(T_j) = R_0[1 + \alpha(T_j - 25)] \tag{2-6}$$

式中,R_0 是 $R_{DS(on)}$ 在 25 ℃时的额定值;α 是其温度系数。

另外,获得器件通态平均功耗更简捷的方法是查看厂家提供的产品手册上的 $P_{T(AV)} - I_{T(AV)}$ 特性曲线。通过该曲线,可以直接查到对应平均电流的通态平均功耗,给器件设计带来极大方便。

2.5.1.2 开关损耗

开关损耗包括开通损耗和关断损耗。一般而言,多数器件的关断时间 t_{off} 远大于开通时间 t_{on},即关断损耗在开关损耗中占主导地位,因此可将开通损耗忽略不计。下面通过对关断损耗的讨论,来介绍开关损耗的计算方法。

功率器件关断过程中的典型电流波形和电压波形如图 2-20 和图 2-21 所示。其中,

图 2-20(a)表示感性负载时的情况,图 2-21(a)表示阻性负载时的情况。由于开通、关断时的电压、电流波形较复杂,难以精确地对电压、电流瞬时值乘积的积分进行求解,所以常把开关时间间隔(关断时间 t_{off} 或开通时间 t_{on})内的电流和电压波形按下述方式进行线性近似处理,从而简化开关损耗的计算过程。

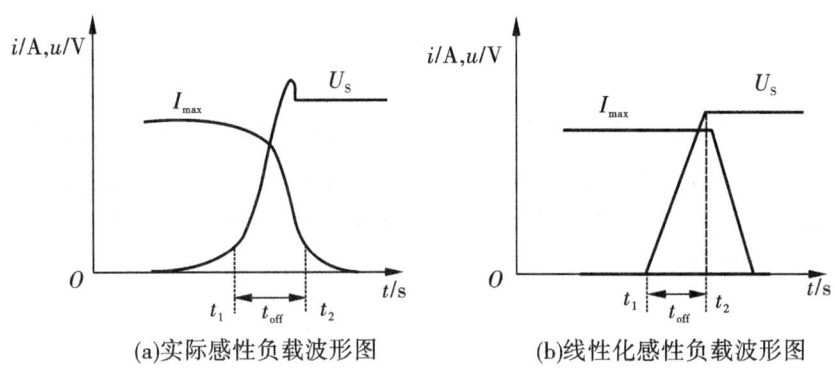

(a)实际感性负载波形图　　(b)线性化感性负载波形图

图 2-20　感性负载关断过程中的电流和电压波形图

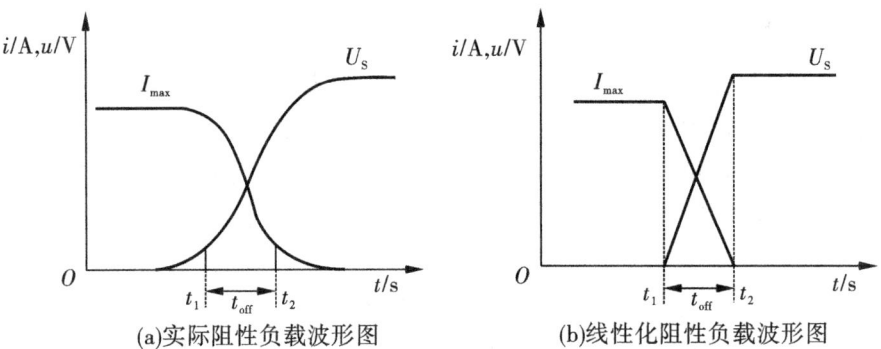

(a)实际阻性负载波形图　　(b)线性化阻性负载波形图

图 2-21　阻性负载关断过程中的电流和电压波形

对感性负载,电流不可突变,故在整个关断时间 t_{off} 期间,可近似认为电流 I_{max} 保持不变,器件电压从零线性上升至 U_S。线性近似后的波形如图 2-20(b)所示,由此不难求取其感性负载时的关断损耗 P_{off}

$$P_{off} = f_S \int_0^{\frac{1}{f_S}} u(t)i(t)dt = f_S \int_{t_1}^{t_2} \frac{U_S}{t_{off}}(t-t_1)I_{max}dt = \frac{U_S I_{max}}{2} t_{off} f_S \qquad (2-7)$$

式中,$t_2 = t_1 + t_{off}$;U_S 和 I_{max} 分别表示断态电压和最大电流;f_S 表示开关频率;t_{off} 表示关断时间。

对阻性负载,在 t_1 时刻,电流从 I_{max} 开始线性下降,并在 t_2 时刻下降到零;器件电压在 t_1 时刻从 0 线性上升,并在 t_2 时刻上升到 U_S。线性近似后的波形如图 2-21(b)所示,由此不难求取其阻性负载时的关断损耗 P_{off} 为

$$P_{off} = f_S \int_0^{\frac{1}{f_S}} u(t)i(t)dt = f_S \int_{t_1}^{t_2} \frac{U_S}{t_{off}}(t-t_1)\left(-\frac{I_{max}}{t_{off}}\right)(t-t_2)dt = \frac{U_S I_{max}}{6} t_{off} f_S \qquad (2-8)$$

另外，开通损耗 P_{on} 的计算与关断损耗 P_{off} 相似，只需将式(2-7)、式(2-8)中的 t_{off} 换为 t_{on} 即可。这样，由 $P_{on}+P_{off}$ 即求出器件的开关损耗。

有些器件会在产品手册中给出单次开通、关断的损耗 E_{on}、E_{off} 和相关参数的关系曲线，从中查出特定电流对应的单次开关损耗后，即可利用以下两式计算出器件开关损耗中所对应的开通损耗 P_{on} 和关断损耗 P_{off}。

$$P_{on} = E_{on}f_S \qquad (2-9)$$

$$P_{off} = E_{off}f_S \qquad (2-10)$$

2.5.1.3 断态损耗

断态损耗是指器件处于关断状态时，由于存在漏电流导致的损耗。通常器件的断态损耗可忽略不计，但是，若断态电压 U_S 很高，仍有可能产生较大的断态损耗 P_D。理论上，P_D 也应通过求解漏电流与阻断电压瞬时值乘积的积分得到。但由于断态损耗远小于通态损耗，所以一般可由下式粗略估算：

$$P_D = U_{Rm}I_K \qquad (2-11)$$

式中，U_{Rm} 是正向或反向峰值电压；I_K 为峰值电压对应的平均漏电流。

2.5.1.4 门极损耗

门极损耗指器件开关过程中消耗在晶闸管门极、晶体管基极或绝缘栅双极型晶体管 IGBT 栅极等上的功率。一般情况下，这部分的功率损耗与器件的其他部分损耗相比可以忽略不计，但对于门极可关断晶闸管（GTO）、电力晶体管（GTR）等通态电流比较大的功率器件则需要特殊考虑。这是因为：GTO 关断大电流所需的控制极关断电流较大；而 GTR 正向电流增益较小，当集电极电流较大时，基极电流 I_B 也较大，且基极、发射极饱和压降 $U_{BE(sat)}$ 往往远大于集电极、发射极饱和压降 $U_{CE(sat)}$。因此，当 GTR 和 GTO 在通态电流较大时门极损耗也相对较大，门极损耗 P_g 可按下式计算：

$$P_g = U_{BE(sat)}I_BD \qquad (2-12)$$

2.5.2 开关器件的结温

开关器件的功耗 P 所对应的热量经 3 个热阻后散发在周围环境空气中：热量先经半导体管芯 PN 结、管壳之间的热阻 $R_{\theta jC}$ 流至管壳，再经管壳-散热器之间的热阻 $R_{\theta CS}$ 流至散热器，最后经散热器与周围空气环境之间的热阻 $R_{\theta SA}$ 将热量散发至空气中，热量从高温区流向低温区，PN 结结温 θ_j > 管壳温度 θ_C > 散热器温度 θ_S > 空气环境温度 θ_Z。下面讨论一下结壳热阻 $R_{\theta jC}$、接触热阻 $R_{\theta CS}$ 和散热器热阻 $R_{\theta SA}$。

2.5.2.1 结壳热阻 $R_{\theta jC}$

结壳热阻 $R_{\theta jC}$ 是一个与器件所用材料几何形状及接触情况相关的参数，而且与器件制造工艺有关。结壳热阻还与器件应用条件有关，即与电流波形、导通角、工作频率等相关。特定器件的结壳热阻参数由器件的制造厂经实验给出，而厂家所提供数据手册中给出的结壳热阻一般是以直流或正弦半波在 180℃ 条件下的热阻值。值得注意的是，厂家所给出的结壳热阻为相应规格型号器件的热阻上限值,具体各种规格器件的热阻因制造工艺的差异而有区别。器件工作的壳温上限值 T_c 可由器件的结壳热阻 $R_{\theta jC}$、最大结温 $T_{j\max}$ 和最大功耗 $P_{d\max}$ 计算得出,即

$$T_c = T_{j\max} - P_{d\max} R_{\theta jC} \tag{2-13}$$

2.5.2.2 接触热阻 $R_{\theta CS}$

接触热阻 $R_{\theta CS}$ 与接触面积、散热器材料、表面粗糙度、接触压力等因素相关。当接触面积越小、金属材料越硬、表面粗糙度和不平度越差以及接触压力越小时,接触热阻就越大。表2-1 给出了几种常用散热材料在-100 ℃、0 ℃、200 ℃时的热导率。

表2-1 几种常用散热材料热导率(-100 ℃、0 ℃、200 ℃时)

材料	热导率/[W/(m·℃)]			材料	热导率/[W/(m·℃)]		
	-100 ℃	0 ℃	200 ℃		-100 ℃	0 ℃	200 ℃
纯铜	421	401	389	钨	204	182	153
纯铝	243	236	238	镍	144	94	74.2
黄铜	90	106	143	铁	96.7	83.8	63.5
银	431	428	415	钼	146	139	131

2.5.2.3 散热器热阻 $R_{\theta SA}$

散热器热阻 $R_{\theta SA}$ 与散热器材质、结构尺寸、表面状况、功耗元件的安装位置以及冷却介质的性质及状态等多种因素有关。对于最简单的自然冷却方形平板散热器,当只有单一器件安装于其中央且周围无其他热源以及空气温度不超过45 ℃时,其热阻可表示为

$$R_{\theta SA} = \left(\frac{10C^{\frac{1}{2}}}{k\delta}\right)^{\frac{1}{2}} + \frac{650}{A}C \tag{2-14}$$

式中,k 为散热器材料的热导率;δ 和 A 分别是散热器的厚度和面积,单位分别为 cm 和 cm^2;C 是一个与散热器表面状况和安装角度有关的修正因子,其参考值见表2-2。表2-2 中所列修正因子 C 的不同取值情况表明,散热器表面经黑化处理之后可以明显增强散热效果,而竖直放置也可更好地利用热空气上升产生的对流效果来降低热阻。因此,一般情况下的自然冷却散热器大都经过表面黑化处理(阳极氧化发黑而非涂黑色涂料)并竖直安装。为了增强散热效果并合理利用设备空间,功耗较大的半导体器件的散热器都采用指状或枝状型材,以增加有效散热面积。

表2-2 修正因子 C 的参考值

安装角度	表面光亮	表面黑化	安装角度	表面光亮	表面黑化
竖直	0.85	0.43	水平	1.0	0.50

热等效电路可以方便地用于散热系统的分析与设计,这种思想是基于传热与导电现象之间的相似性。热物理量和相应的电物理量示于表2-3,一个带散热器的半导体电力开关器件及其热等效电路如图2-22所示,热等效电路图中标明的变量的意义是:

(1) P_i 为开关器件功耗,单位为W。

(2) θ_j、θ_C、θ_S 和 θ_A 分别为PN结、管壳、散热器和外围空气的绝对温度,单位均为K。

(3) $R_{\theta jC}$、$R_{\theta CS}$、$R_{\theta SA}$ 分别为PN结-壳、壳-散热器和散热器-周围空气的热阻,单位均为K/W。

(4) $C_{\theta j}$、$C_{\theta C}$ 和 $C_{\theta S}$ 分别为结、壳和散热器的热容量,即温度每升高1℃所需热量的焦耳值,单位均为J/K。

表2-3 热物理量和相应的电物理量的比较

热物理量	电物理量
热(能)量 Q/J	电荷 Q/C
热流功率 P/W	电流 I/A
温度 θ/K	电压 U/V
热阻 R_θ/(K/W)	电阻 R/(Ω,V/A)
热容量 C_θ/(J/K)	电容 C/F
热时间常数 $T_\theta = R_\theta \times C_\theta$/s	电时间常数 $T(=RC)$/s
热欧姆定律:温差 $\Delta\theta = R_\theta \times P$(热阻×功率)/K	电欧姆定律:$\Delta U = RI$/V

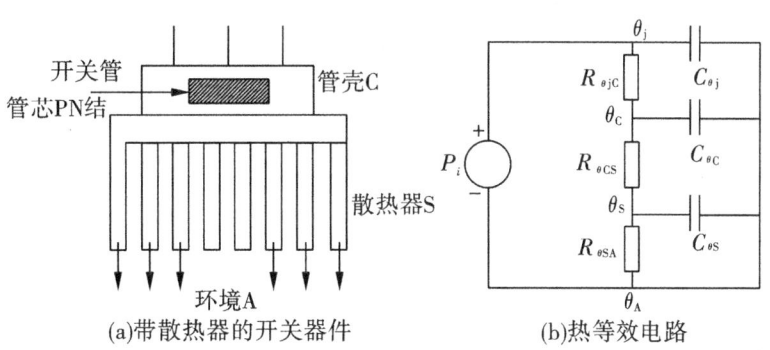

(a) 带散热器的开关器件   (b) 热等效电路

图2-22 带散热器的开关器件及散热等效电路

半导体器件和散热器的热阻值在产品数据手册中都可查到,元件的热容量可由其比热(单位体积上温度升高1℃所需热量)和体积决定,热容量用以计算瞬态温度,散热系统的设计目的是确保变换器开关器件PN结的最高温度不超过其允许值。

例如,图2-22中若开关器件的通态和开通、关断过程全部功耗 P 为500 W,其结-壳之间的热阻 $R_{\theta jC} = 0.06$ K/W,壳-散热器之间的热阻 $R_{\theta CS} = 0.03$ K/W,环境最高温度为

55 ℃，要求开关器件结温 θ_j 不超过 120 ℃，下面对散热器进行设计。

令结温为 120 ℃，结-壳之间的温差 $\Delta\theta_{jC} = R_{\theta jC} \times P = 0.06 \times 500 = 30$（℃），故壳温为 $120-30=90$（℃）；壳-散热器之间的温度差 $\Delta\theta_{CS} = R_{\theta CS} \times P = 0.03 \times 500 = 15$（℃），故散热器温度为 $90-15=75$（℃）；若环境温度为 55（℃），则要求散热器与环境温度的温差不大于 $75-55=20$（℃），因此要求散热器与环境空气之间的热阻：

$$R_{\theta SA} \leqslant \frac{\Delta\theta_{SA}}{P} = \frac{20}{500} = 0.04 \text{ (K/W)} \tag{2-15}$$

根据要求的 $R_{\theta SA}$ 值，即可由散热器产品目录选用合适的散热器，其热阻应小于或等于 0.04 K/W，即可保证在环境温度 55 ℃，开关管功率不超过 500 W 时，开关管 PN 结结温不超过 120 ℃ 而安全运行。

2.5.3 散热器常用的冷却方式

功率开关器件的散热方式，按散热器的特点主要分为自冷、风冷和水冷等。每种冷却方式都包含着两种或三种物理学上的散热模式（辐射、对流、传导）。不同的散热方式对器件散热能力或者说对散热器的热阻抗有很大的影响。各种冷却方式都要通过一定的冷却介质实现。冷却介质通常有空气、水、油。这三种介质的主要物理性质见表2-4。下面对各种冷却方式及其特点进行简单介绍。

表2-4 常用冷却介质主要物理性质

冷却介质	比热容 c_m / [J/(kg·K)]	热导率 k / [W/(m·℃)]	密度 ρ / (kg/m³)	运动黏度 η / [kg/(m·s)]
空气	1 066	0.027	1.09	1.7×10^{-5}
水	2 130	0.181	850	0.98
油	4 180	0.600	995	8×10^{-3}

2.5.3.1 自然空气对流冷却

自然空气对流冷却简称自冷，其散热结构简单，利用散热器表面直接向周围环境辐射散热，不需要其他辅助手段。使用此散热方式时，无噪声且无须维护，但散热效率低且散发单位功率所需的散热器体积相对较大。同一实体散热器，一般自冷热阻是风冷热阻的 4~6 倍，这意味着自冷散热出力仅是风冷散热的 1/6 ~ 1/4。自冷时，其热交换系数 $\alpha = 6 \sim 13$ kcal/(h·m²·K)，主要用于额定电流较小或过载度很高装置中的大型器件。需定期使用自冷方式时，散热器叶片应垂直空气自然对流方向。

2.5.3.2 强迫空气冷却

强迫空气冷却简称风冷。与自冷相比，风冷耗散单位功率所需的散热器体积相对较小。采用风冷方式时，由于散热器需要配置风机，所以噪声大且需定期维护；另外，由于需要设计风道,所以装置结构相对复杂。采用风冷时,其散热对流的传导系数正比于 $\sqrt{v/L}$(v 为空气速度,L 为散热器在气流方向上的长度),其热交换系数一般为 $\alpha = 35 \sim 52$ kcal/(h·m²·K)[合 147~218 kJ/(h·m²·K)]。

风冷散热方法对风速有一定的要求,这主要是由于散热器的热阻及流阻均随风速变化。所谓流阻,对风冷散热器而言就是在风道中散热器两侧规定点的压力差,一般用符号 ΔP 表示,单位为 Pa。在风冷散热系统中,流阻也称风阻。流阻越大,风道中对风的阻碍作用越大,在器件串并联应用时,必然造成远离进风口的散热器风速紊乱降低,热阻增大,从而使器件的通流能力降低。

2.5.3.3 循环水冷却

循环水冷却是水冷的主要方式,即采用水循环方式耗散热量。循环水冷却方法的特点是耗散单位功率的散热器体积小、噪声小。然而,水冷系统需要水处理和循环设备,其造价、系统体积和维护量相对较大。循环水冷却热交换系数一般为 $\alpha = 200 \sim 2\,000$ kcal/(h·m²·K)[合 837~8 374 kJ/(h·m²·K)]。另外,水冷系统对水质有一定要求,如要求循环水电阻率不低于 2 500 Ω·cm 以及 pH 值为 6~9 等。水冷散热器在运行时要注意防漏、防堵塞、防凝露。凝露一般发生在湿热季节,空气相对湿度高,当冷却表面的温度低于露点温度时就会出现凝露,从而引起器件绝缘措施的破坏。

2.5.3.4 流水冷却

流水冷却是水冷的另一种方式。流水冷却的效果与循环水冷却基本相似,不同点是不需要水处理及循环设备。流水冷却虽然设备简单、投资低,但其绝缘性差、耐压低,冷却水消耗量大,易产生凝露、水路堵塞、锈蚀等故障,从而影响器件及系统设备的使用寿命。一般不推荐使用流水冷却方式。流水冷却的热交换系数一般为 $\alpha = 200 \sim 2\,000$ kcal/(h·m²·K)[合 837~8 374 kJ/(h·m²·K)]。

2.5.3.5 循环油冷却

循环油冷却是油冷的一种方式,与循环水冷却类似,只是在散热介质方面用油取代了水。与水冷系统相比,这种油冷系统在低温环境中,冷却介质不易冻结,不需要水处理设备。但它的冷却效果比水冷差。循环油冷的热交换系数一般为 $\alpha = 700 \sim 800$ kcal/(h·m²·K)[合 2 930~3 349 kJ/(h·m²·K)],流速一般要求 2~3 m/s。

2.5.3.6 油浸自冷却

油浸自冷却是油冷的另一种方式,与循环油冷却相比,油浸自冷却不需要循环设备,但冷却效果不如循环油冷却。这种油冷方式可用于功率变换设备容量不大、要求绝缘较高、其他几种冷却方式都不适用的特殊场合。油浸自冷却的热交换系数一般为 $\alpha = 200 \sim 300$ kcal/(h·m²·K)[合 837~1 256 kJ/(h·m²·K)]。

2.6 本章小结

从 1957 年第一个电力半导体可控开关晶闸管发明至今,功率开关器件的类型、电压/电流额定值及特性已经有了重大发展与改进，制作半导体器件的材料由硅材料发展到现在的宽禁带材料。本章简要介绍了功率开关器件的分类和应用情况，从工作原理和典型驱动两个方面重点对电力场效应晶体管 MOSFET、绝缘栅双极型晶体管 IGBT 以及宽禁带半导体器件进行介绍。

功率开关器件的工作温度直接影响开关器件的性能，开关器件出现故障的最可能原因是温度过高。随着变流器功率等级和工作频率的提高，开关器件产生的功率损耗问题尤为严重。本章从开关器件功率损耗计算、散热器的热阻以及散热方式方面进行讨论，通过实例讲解散热器的设计。

第3章 高频DC-DC功率变换器

3.1 DC-DC功率变换器概述

3.1.1 高频DC-DC功率变换器的分类

高频DC-DC功率变换器拓扑众多,根据变换器输入、输出端是否存在电气隔离,可将其分为隔离型和非隔离型两类。相对于隔离型DC-DC功率变换器,相同容量和电压等级的非隔离型PWM直流变换器通常结构更为简单,效率更高,成本也更低,但较难适用于输入、输出增益较大的场合。而隔离型DC-DC功率变换器通过变压器可实现输入、输出端的电气隔离,适用于输入、输出电压等级、增益较大的场合。表3-1给出了直接直流变换器和间接直流变换器的典型拓扑结构,由于这些电路在"电力电子技术"课程中讲述,在此以表3-2和表3-3对各电路参数进行了对比。

表3-1 高频DC-DC功率变换器的典型拓扑

类别	变换器名称	典型拓扑	适用场合
非隔离型	降压变换器 (Buck)		输出对输入只能降压运行,两者同极性,输入电流脉动大,输出电流脉动小。结构简单。适用于各类降压型稳压电源
	升压变换器 (Boost)		输出对输入只能升压运行,两者同极性,输入电流脉动小,输出电流脉动大。结构简单,但不能空载运行。适用于各类升压型稳压电源,升压型功率因数校正电路
	升降压变换器 (Buck/Boost)		输出对输入既能升压又能降压运行,两者极性相反,输入电流脉动大。结构简单,但不能空载运行。适用于反相型开关稳压器
	Cuk变换器		输出对输入既能升压又能降压运行,两者极性相反,输入、输出电流脉动小。结构复杂,不能空载运行。适用于对输入、输出纹波要求高的反相型开关稳压器

续表 3-1

类别	变换器名称	典型拓扑	适用场合
	Sepic 变换器		输出对输入既能升压又能降压运行,两者极性相同,输入电流脉动小,输出电流纹波大。结构复杂,不能空载运行。适用于升降压型功率因数校正电路
	Zeta 变换器		输出对输入既能升压又能降压运行,两者极性相同,输入电流脉动大,输出电流纹波小。结构复杂,不能空载运行。适用于输出纹波要求高的升压型开关稳压电源
隔离型	正激变换器		变压器单向励磁,电路简单,输出控制呈现线性,不需要辅助的吸收回路。但一次侧开关管应力较高,宽范围输入与效率难以兼顾。适用于几百瓦到几千瓦的中小功率电源
	反激变换器		变压器单向励磁,电路简单,输入范围宽,容易实现多路输出。但输出纹波大,输出控制呈现非线性特性,需要辅助的吸收回路,转换效率低。通常应用于小于 100 W 的场合
	半桥变换器		变压器双向励磁,无变压器偏磁问题;开关少,成本较低,不需要辅助复位电路;输出纹波频率是开关频率的 2 倍,输出控制线性。但变压器结构复杂,输入电压范围较小。可应用于几百瓦到几千瓦功率等级的场合
	全桥变换器		变压器双向励磁,容易实现大功率。结构较为复杂,成本高,可靠性低,需要复杂的多组隔离驱动电路,有直通和偏磁问题。适用于几百瓦到几十千瓦的场合
	推挽变换器		变压器双向励磁,变压器一次电流回路只有一个开关,通态损耗小,驱动装置简单,但存在偏磁问题。适用于几百瓦到几千瓦的场合

表 3-2 典型非隔离性高频 DC-DC 功率变换器特性对比

特性	类型			
	降压变换器	升压变换器	升降压变换器	变换器
电压增益 M	D	$\dfrac{1}{1-D}$	$-\dfrac{D}{1-D}$	$-\dfrac{D}{1-D}$
输出电压 V_o	$U_o < U_{in}$	$U_o > U_{in}$	U_o 可大于或小于 U_{in}	U_o 可大于或小于 U_{in}
电压纹波峰峰值 ΔV	$\dfrac{(1-D)U_o}{8LCf_S^2}$	$\dfrac{DI_o}{Cf_S}$	$\dfrac{DI_o}{Cf_S}$	$\dfrac{(1-D)U_o}{8L_2C_2f_S^2}$
临界电感	$L_c = \dfrac{(1-D)U_o}{2I_of_S}$	$L_c = \dfrac{D(1-D)U_o^2}{2I_of_S}$	$L_c = \dfrac{(1-D)^2 U_o}{2I_of_S}$	$\begin{cases} L_{1c} = \dfrac{(1-D)^2 U_o}{2DI_of_S} \\ L_{2c} = \dfrac{(1-D)U_o}{2I_of_S} \end{cases}$

表 3-3 典型隔离性高频 DC-DC 功率变换器特性对比

特性	类型			
	正激	反激	半桥	全桥
占空比/移相比 D	$\dfrac{t_{on}}{T_S}$	$\dfrac{t_{on}}{T_S}$	$\dfrac{t_{on}}{T_S/2}$	$\dfrac{t_{on}}{T_S/2}$
电压增益 M	$\dfrac{N_2}{N_1}D$	$\dfrac{N_2}{N_1}\dfrac{D}{1-D}$	$\dfrac{1}{2}\dfrac{N_2}{N_1}D$	$\dfrac{N_2}{N_1}D$
电压纹波峰峰值 ΔV	$\dfrac{(1-D)U_o}{8LCf_S^2}$	$\dfrac{U_o D}{RCf_S}$	$\dfrac{(1-D)U_o}{8LCf_S^2}$	$\dfrac{(1-D)U_o}{8LCf_S^2}$
临界电感	$L_c = \dfrac{(1-D)U_o}{2I_of_S}$	$L_c = \dfrac{U_o(1-D)^2}{2I_of_S}$	$L_c = \dfrac{(1-D)U_o}{4I_of_S}$	$L_c = \dfrac{(1-D)U_o}{4I_of_S}$

注：t_{on} 为开通时间，T_S 为周期，D 为占空比；U_o 为输出电压，U_{in} 为输入电压，R 为负载，f_S 为开关频率，L 为滤波电感，C 为滤波电容，I_o 为输出电流，N_1 为一次绕组匝数，N_2 为二次绕组匝数。

3.1.2 高频 DC-DC 功率变换器理论分析基础

在分析变换器工作原理之前，首先介绍变换器工作特性分析的三个基本原理：小纹波近似原理、伏秒平衡原理和安秒平衡原理。

3.1.2.1 小纹波近似原理

任何一个波形,都可以通过傅里叶变换分解成不同频率正弦波的叠加,其中幅值小、频率高的谐波分量可看作小纹波分量。就 PWM 直流变换器而言,输入、输出的电压信号的主要成分是直流分量,交流分量会以小纹波分量形式存在。如图 3-1 所示,$u_\mathrm{o}(t)$ 为 PWM 直流变换器的输出电压,可分解为直流分量 U_o 和小纹波分量 $u_\mathrm{ripple}(t)$,即

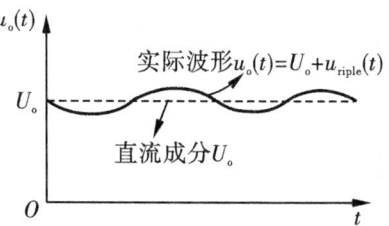

图 3-1 变换器的输出电压波形

$$u_\mathrm{o}(t) = U_\mathrm{o} + u_\mathrm{ripple}(t) \tag{3-1}$$

PWM 直流变换器设计完成后,$u_\mathrm{ripple}(t)$ 将远小于 U_o。为便于分析,可忽略 $u_\mathrm{ripple}(t)$ 的影响,令 $u_\mathrm{o}(t)$ 近似等于 U_o,即

$$u_\mathrm{o}(t) \approx U_\mathrm{o} \tag{3-2}$$

3.1.2.2 伏秒平衡原理

伏秒也称伏秒值、伏秒数,指的是电感两端电压 U_L 与一段时间 T 的乘积,其中 U_L 为 T 时间内电感两端电压的平均值。对于电感有

$$u_L(t) = L \frac{\mathrm{d}i_L(t)}{\mathrm{d}t} \tag{3-3}$$

将其积分可得

$$i_L(t) = \frac{1}{L} \int u_L(t) \mathrm{d}t \tag{3-4}$$

若电感两端有直流电压 U_S,则

$$i_L(t) = \frac{U_\mathrm{S}}{L} t \tag{3-5}$$

式(3-5)表明,只要存在直流电压,随着时间越来越长,电感电流会越来越大。电感的定义为

$$L = \frac{\lambda(t)}{i_L(t)} \tag{3-6}$$

式中,$\lambda(t) = n\phi(t)$。电感的磁链和电流曲线如图 3-2 所示。

当电感电流增大到一定值($i_{L\mathrm{crit}}$)时,电感磁链就停在 λ_sat 不再变化,根据 $L = \dfrac{\lambda(t)}{i_L(t)}$ 可知 $L=0$(L 为曲线的斜率),又因为 $i_L(t) = \dfrac{U_\mathrm{S}}{L} t$ 中 $L=0$,导致 $i_L(t) \approx \infty$,这种现象称为电感器的磁饱和。它的物理现象是:由于电感磁芯材料中存在许多磁偶极子,若没有外部电流,磁偶极子随机取向,不显示任何磁性;但有电流流过时,在磁芯形成磁场,一些磁偶极子开始与磁场平行排列,产生额外磁通,

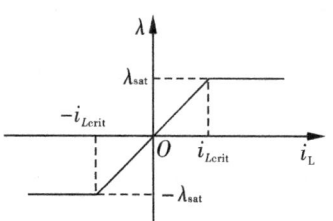

图 3-2 电感的磁链和电流曲线

这称为磁感应。当电流达到临界值 i_{Lcrit} 时,磁通达到最大值 λ_{sat},所有磁偶极子都与磁场平行,再增大电流也没多余的磁偶极子与磁场平行,磁芯也就饱和了。

因为磁饱和时 $L=0$,所以 $i_L(t) \approx \infty$,实际电路中开关管承受不住这么大电流,因此要让磁通控制在 $-\lambda_{sat} \sim \lambda_{sat}$ 范围内,在开关电源中指的是稳态时让一个开关周期中磁通的增加量和减少量相同。法拉第定律规定:

$$u_L(t) = n\frac{\mathrm{d}\phi(t)}{\mathrm{d}t} \tag{3-7}$$

移项可得

$$\mathrm{d}\phi(t) = \frac{u_L(t)}{n}\mathrm{d}t \tag{3-8}$$

当开关管导通时

$$\Delta\phi_{on} = \frac{U_{on}}{n}t_{on} \tag{3-9}$$

关断时

$$\Delta\phi_{off} = \frac{U_{off}}{n}t_{off} \tag{3-10}$$

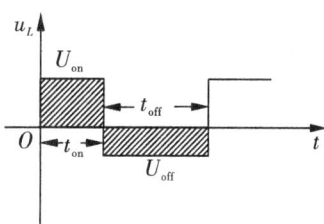

图 3-3 电感两端的电压波形

由磁通平衡条件得出:

$$\Delta\phi_{on} = \Delta\phi_{off} \Rightarrow U_{on}t_{on} = U_{off}t_{off} \tag{3-11}$$

这就是伏秒平衡原理,可以用图 3-3 表示。伏秒平衡即在一个控制周期内,正负半周面积相等,电感电压平均值为 0。

3.1.2.3 安秒平衡原理

与伏秒平衡原理类似,变换器中的电容遵循着安秒平衡的原理。安秒数指的是电容电流与一段时间 T 的乘积,其中的电容电流指的是 T 时间段内电容电流的平均值。变换器稳定工作后,电容电压会在某个值处波动,电容电压上升段 t_{on} 的安秒数与电容电压下降段 t_{off} 的安秒数相等,否则,电容将被一直充电或一直放电,难以实现稳定。电容和电感是对偶的,对于电容有

$$i_C(t) = C\frac{\mathrm{d}u_C(t)}{\mathrm{d}t} \tag{3-12}$$

将其积分可以得到

$$u_C(t) = \frac{1}{C}\int i_C(t)\mathrm{d}t \tag{3-13}$$

当电容器流过直流电流 I_S 时有

$$u_C(t) = \frac{I_S}{C}t \tag{3-14}$$

跟电感一样,随着时间越来越长,电容电压越来越大,甚至击穿电容。将电容定义为

$$C = \frac{\Delta Q}{\Delta u_C} \tag{3-15}$$

为使一个开关周期内 $\Delta u_C = 0$，得让 $\Delta Q = 0$，而

$$\Delta Q = I_C \Delta t \qquad (3\text{-}16)$$

因此由电荷平衡推出安秒平衡：

$$\Delta Q_{\text{on}} = \Delta Q_{\text{off}} \Rightarrow I_{\text{on}} t_{\text{on}} = I_{\text{off}} t_{\text{off}} \qquad (3\text{-}17)$$

可以用图 3-4 来表示。安秒平衡即在一个开关周期内，正负半周面积相等，电容电流平均值为零。

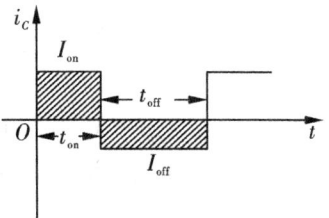

图 3-4 流过电容的电流波形

3.1.3 PWM 直流变换器软开关技术

现代电力电子装置的发展趋势是小型化、轻量化，同时对装置的效率和电磁兼容性也提出了更高的要求。通常，滤波电感、滤波电容和变压器在装置的体积和质量中占很大比例。如果能够降低它们的体积和质量，就能使装置小型化、轻量化。提高工作频率可以减小滤波电感、滤波电容的值，也可减少变压器各绕组的匝数，并减小铁芯的尺寸，从而使变压器小型化。因此，装置小型化、轻量化最直接的途径是电路的高频化。随着

软开关技术

电力电子器件的高频化，电力电子装置的小型化和高功率密度化成为可能。然而，如果不改变开关方式，单纯地提高开关频率会使器件开关损耗增大、效率下降、发热严重、电磁干扰增强、出现电磁兼容性问题。针对这些问题，在 20 世纪 80 年代出现了软开关技术。它利用以谐振为主的辅助换流手段，改变了器件的开关方式，使开关损耗在原理上可下降为零、开关频率提高可不受限制，因此是降低器件开关损耗和提高开关频率的有效办法。

3.1.3.1 软开关定义

在分析电力电子电路时，一般将其中的开关理想化，认为电路状态的转换是在瞬间完成的，忽略了开关过程对电路的影响。但实际电路中开关过程是客观存在的，一定条件下还可能对电路的工作造成重要影响。

在一般电路中，功率开关器件在门极的控制下开通或关断，其典型的开关过程如图 3-5 所示。开关过程中电压、电流均不为零，出现了重叠，因此导致了开关损耗。而且电压和电流的变化很快，波形出现了明显的过冲，这导致了开关噪声的产生。具有这样开关过程的开关被称为硬开关。其中，开关损耗的大小同开关频率、波形重叠时间、工作电压和电流的大小成正比。开关损耗随着开关频率的提高而增加，使电路效率下降，阻碍了开关频率的提高；开关噪声给电路带来电磁干扰问题，影响周边电子设备的正常工作。

通过在原来的开关电路中增加很小的电感、电容等谐振元件，构成辅助换流网络，在开关过程前后引入谐振过程，开关开通前电压先降为 0，或关断前电流先降为 0，就可以消除开关过程中电压、电流的重叠，降低它们的变化率，从而大大减小甚至消除开关损耗

和开关噪声,这样的电路称为软开关电路。软开关电路中典型的开关过程如图 3-6 所示。具有这样开关过程的开关称为软开关。

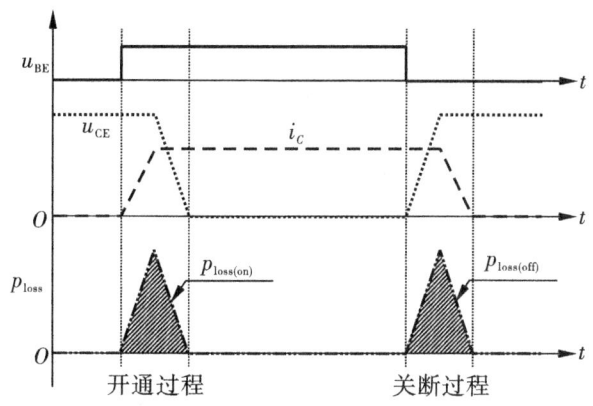

图 3-5　硬开关的开关过程

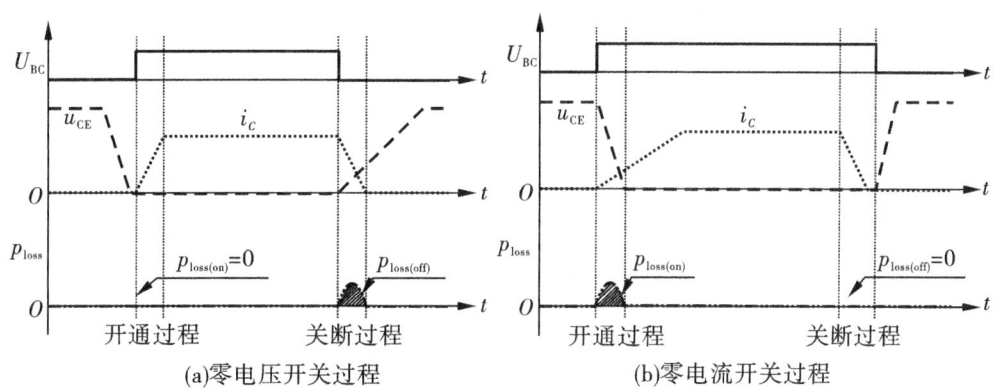

(a)零电压开关过程　　　　　　　(b)零电流开关过程

图 3-6　软开关的开关过程

3.1.3.2　软开关分类

软开关主要分为零电压开关(Zero Voltage Switch,ZVS)和零电流开关(Zero Current Switch,ZCS)。零电压开关是指开关管关断时,电压慢慢上升,近似为零电压关断;开通时,其反并二极管已提前导通,将开关管两端电压箝位在零,是真正的零电压开通,如图 3-6(a)所示。如果开关管零电压开通,那么一定零电压关断。零电流开关是指开关管开通时,其电流慢慢增加,近似为零电流开通;关断时,需要提前将其电流减小到零,是真正的零电流关断,如图 3-6(b)所示。如果开关管零电流开通,那么一定零电流关断。

单管直流变换器和桥式直流变换器中开关管的工作特点是不一样的,其软开关的实现也不一样。对于单管直流变换器来说,如六种基本的非隔离型直流变换器、正激和反激两种隔离型直流变换器,其工作是单极性的,也称为单端直流变换器;对于桥式直流变换器来说,如半桥变换器和全桥变换器,其桥臂输出的电压是正负对称的交流方波,因此又称为双端直流变换器。对于单管直流变换器,其软开关可分为以下几种:

(1) 准谐振变换器(Quasi-Resonant Converter, QRC)和多谐振变换器(Multi-Resonant Converter, MRC)。这类变换器的特点是：在一个开关周期中，谐振元件参与能量变换的某一个阶段，不是全程参与。QRC 分为 ZCS 和 ZVS 两类，而 MRC 只实现 ZVS。这类变换器需要采用频率调制方法。

(2) 零开关脉宽调制变换器。它们是在 QRC 的基础上，加入一个辅助开关管，将谐振元件的谐振过程分为两个阶段：一个阶段用来实现零电压开通(或零电流开通)，另一个阶段用来实现零电压关断(或零电流关断)。加入辅助开关管后，变换器可以实现 PWM 控制。与 QRC 不同的是，谐振元件的谐振工作时间应该比开关周期短得多，一般为开关周期的 1/10～1/5。零开关 PWM 变换器也可分为 ZVS PWM 变换器和 ZCS PWM 变换器。

(3) 零转换 PWM 变换器。与零开关 PWM 变换器一样，这类变换器也工作在 PWM 方式。不同的是，其辅助谐振电路只是在主开关管开关时工作很短一段时间，以实现其软开关，在其他时间则停止工作，这样辅助谐振电路的损耗很小。零转换 PWM 变换器可分为零电压转换(ZVT)PWM 变换器和零电流转换(ZCT)PWM 变换器，不过 ZCT PWM 变换器应用得较少。

对于桥式直流变换器来说，其软开关可分为两种：

(1) 全谐振型变换器。一般称为谐振变换器，其特点是在一个开关周期内谐振元件都参与能量变换。按照谐振元件的个数，有二阶谐振变换器、三阶谐振变换器、四阶谐振变换器、五阶谐振变换器等。二阶谐振变换器有两种，即串联谐振变换器和并联谐振变换器；三阶谐振变换器主要有两种，即 LLC 谐振变换器和 LCC 谐振变换器；四阶谐振变换器的典型电路拓扑是 LLCC 谐振变换器；五阶谐振变换器主要有 LLC-LC 谐振变换器、串联-串联补偿型谐振变换器和串联-并联补偿型谐振变换器等。谐振变换器主要采用频率调制方法，也有采用 PWM 控制的，但效率不高。

移相全桥变换器

半桥可逆直流变换器

(2) 移相控制全桥变换器。该变换器利用全桥变换器开关管的工作特点，采用移相控制方法，可以实现开关管的 ZVS 或者 ZCS。

3.2 移相全桥软开关直流变换器

移相全桥电路是目前应用最广泛的软开关电路之一，它的特点是电路很简单[图 3-7(a)]，同硬开关全桥电路相比，并没有增加辅助开关等元件，而是仅仅增加了一个谐振电感 L_r，就使电路中四个开关器件都在零电压的条件下开通，这得益于其独特的控制方法。移相全桥电路的控制方式有以下几个特点：

(1) 在一个开关周期 T_S 内，每一个开关导通的时间都略小于 $T_S/2$，关断的时间略大

于 $T_s/2$。

（2）同一个半桥中，上下两个开关不能同时处于通态，每一个开关关断到另一个开关开通都要经过一定的死区时间。

（3）比较互为对角的两对开关 S_1-S_4 和 S_2-S_3 的开关函数的波形，S_1 的波形比 S_4 超前 $0 \sim T_s/2$ 的时间，而 S_2 的波形比 S_3 超前 $0 \sim T_s/2$ 的时间，因此称 S_1 和 S_2 为超前桥臂，而称 S_3 和 S_4 为滞后桥臂。

假设：①所有开关管、二极管均为理想器件；②所有电感、电容和变压器均为理想元器件；③$C_1 = C_2 = C_{lead}$，$C_3 = C_4 = C_{lag}$；④$L_f \gg L_r/K^2$，K 为变压器一、二次绕组匝数比；⑤L_f 一般很大，可等效为电流为 I_o 的恒流源。

在一个开关周期中，移相控制 ZVS PWM 全桥变换器有 12 个工作模态，图 3-7(b) 给出了该变换器的工作波形。

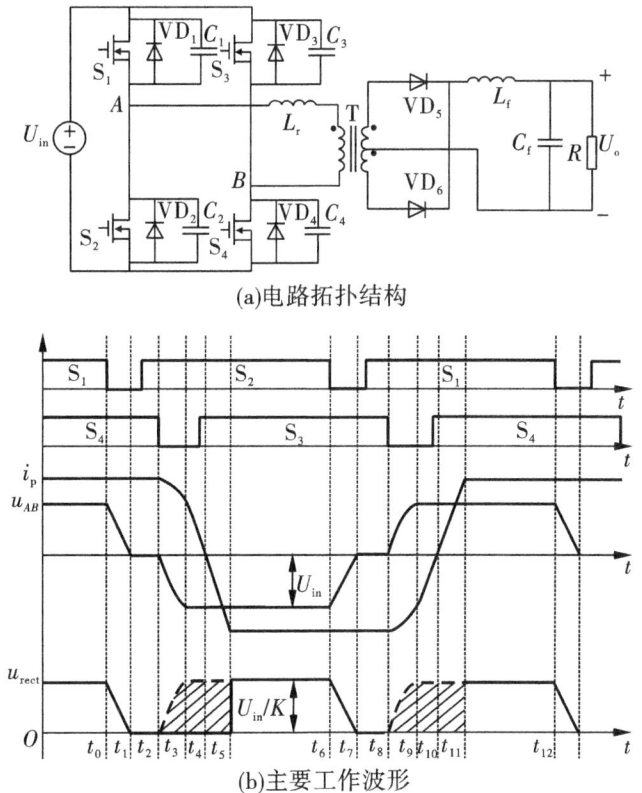

(a) 电路拓扑结构

(b) 主要工作波形

图 3-7 移相全桥软开关直流变换器拓扑结构及工作波形

3.2.1 工作过程分析

3.2.1.1 模态 0：t_0 时刻之前 [图 3-8(a)]

在 t_0 时刻之前，开关管 S_1 和 S_4 导通，功率由变压器的一次侧传递到负载，二次侧整

流二极管 VD_5 导通。一次侧电流 i_p 等于折算一次侧的负载电流,即 $i_p = I_o/K$。

3.2.1.2 模态 1:$[t_0, t_1]$ [图 3-8(b)]

在 t_0 时刻,关断开关管 S_1,电路中的电感(谐振电感、一次侧漏感和二次侧的滤波电感相串联构成)与电容 C_1 和 C_2 产生谐振,一次侧电流 i_p 给 C_1 充电,同时,C_2 被放电。S_1 在电容 C_1 和 C_2 的作用下零电压关断。由于 L_f 很大,i_p 近似认为不变,类似于一个恒流源。这样 i_p 和电容 C_1、C_2 的电压为

$$i_p(t) = I_o/K \tag{3-18}$$

$$u_{C_1}(t) = \frac{I_o}{2C_{\text{lead}}K}(t - t_0) \tag{3-19}$$

$$u_{C_2}(t) = U_{\text{in}} - \frac{I_o}{2C_{\text{lead}}K}(t - t_0) \tag{3-20}$$

在 t_1 时刻,C_2 的电压下降到零,S_2 的反向并联二极管 VD_2 自然导通,从而结束开关模态 1。该模态的时间为

$$t_{01} = 2C_{\text{lead}}KU_{\text{in}}/I_o \tag{3-21}$$

3.2.1.3 模态 2:$[t_1, t_2]$ [图 3-8(c)]

二极管 VD_2 导通后,开通 S_2。虽然这时候 S_2 开通,但 S_2 并没有电流流过,i_p 由二极管 VD_2 流通。由于是在二极管 VD_2 导通时开通 S_2,所以 S_2 是零电压开通。S_2 和 S_1 驱动信号之间的死区时间 $t_{d(\text{lead})} > t_{01}$,即

$$t_{d(\text{lead})} > t_{01} = 2C_{\text{lead}}KU_{\text{in}}/I_o \tag{3-22}$$

在这段时间里,i_p 等于折算到一次侧的滤波电感电流,即

$$i_p(t) = I_o/K \tag{3-23}$$

3.2.1.4 模态 3:$[t_2, t_3]$ [图 3-8(d)]

在 t_2 时刻,关断开关管 S_4,一次侧电流 i_p 给 C_4 充电,同时,C_3 放电。S_4 在电容 C_3 和 C_4 的作用下零电压关断。在该时间段内,$U_{AB} = -U_{C_4}$,一次侧电压 U_{AB} 的极性由零变负,变压器二次绕组电动势下正上负,整流二极管 VD_6 导通,下面的二次绕组中开始流过电流。此时,整流二极管 VD_5 和 VD_6 同时导通,变压器一、二次侧均被短接,U_{AB} 直接加在谐振电感 L_r 上,谐振电感 L_r 和 C_3、C_4 谐振,i_p 和电容 C_3、C_4 的电压分别为

$$i_p(t) = \frac{I_o}{K}\cos\omega_1(t - t_2) \tag{3-24}$$

$$u_{C_4}(t) = Z_1\frac{I_o}{K}\sin\omega_1(t - t_2) \tag{3-25}$$

$$u_{C_3}(t) = U_{\text{in}} - Z_1\frac{I_o}{K}\sin\omega_1(t - t_2) \tag{3-26}$$

式中,$Z_1 = \sqrt{L_r/(2C_{\text{lag}})}$;$\omega_1 = 1/\sqrt{2L_rC_{\text{lag}}}$。

在 t_3 时刻,C_4 上的电压谐振上升到 U_{in},C_3 上的电压谐振到零,二极管 VD_3 自然导通,一次侧电压 $U_{AB} = -U_{\text{in}}$,该模态结束。开关模态 3 的持续时间为

$$t_{23} = \frac{1}{\omega_1}\arcsin\frac{KU_{in}}{Z_1 I_o} \tag{3-27}$$

在 t_3 时刻,一次侧电流为

$$I_p(t_3) = \frac{I_o}{K}\sqrt{1 - \left(\frac{KU_{in}}{Z_1 I_o}\right)^2} \tag{3-28}$$

3.2.1.5　模态4:$[t_3,t_4]$[图3-8(e)]

在 t_3 时刻,二极管 VD_3 自然导通,将 S_3 两端电压箝位在零,此时就可以零电压开通 S_3。S_3 和 S_4 驱动信号之间的死区时间 $t_{d(lag)} > t_{23}$,即

$$t_{d(lag)} > t_{23} = \frac{1}{\omega_1}\arcsin\frac{KU_{in}}{Z_1 I_o} \tag{3-29}$$

虽然此时 S_3 已开通,但 S_3 中不流过电流,i_p 由二极管 VD_3 流通。谐振电感 L_r 的储能回馈给输入电源。与上一开关模态一样,二次侧两个整流管同时导通,因此变压器一、二次侧电压均为零,输入电压 U_{in} 全部加在 L_r 两端,i_p 线性下降,其大小为

$$i_p(t) = I_p(t_3) - \frac{U_{in}}{L_r}(t - t_3) \tag{3-30}$$

到 t_4 时刻,i_p 从 $I_p(t_3)$ 下降到零,二极管 VD_2 和二极管 VD_3 自然关断,S_2 和 S_3 中将流过电流。开关模态4的时间为

$$t_{34} = L_r I_p(t_3)/U_{in} \tag{3-31}$$

3.2.1.6　模态5:$[t_4,t_5]$[图3-8(f)]

在 t_4 时刻,i_p 线性下降到零,二极管 VD_2、二极管 VD_3 自然关断。之后,i_p 沿 S_2、S_3 流通并反向线性增加。由于 i_p 仍不足以提供负载电流,负载电流仍由两个整流管提供回路,因此一次侧电压仍然为零,加在谐振电感 L_r 上的电压时 U_{in},i_p 反向增加,其大小为

$$i_p(t) = -\frac{U_{in}}{L_r}(t - t_4) \tag{3-32}$$

在 t_5 时刻,i_p 反向增加到折算至一次侧的负载电流 $-I_o/K$,二极管 VD_5 关断,二极管 VD_6 流过全部负载电流。开关模态5持续的时间为

$$t_{45} = \frac{L_r I_o}{KU_{in}} \tag{3-33}$$

3.2.1.7　模态6:$[t_5,t_6]$[图3-8(g)]

在该时间段,开关管 S_2 和 S_3 导通,功率由仍由变压器的一次侧传递到负载,一次侧电流为

$$i_p(t) = -I_o/K \tag{3-34}$$

在 t_6 时刻,关断 S_2,变换器开始下半周期的工作,工作情况类似于上半周期。

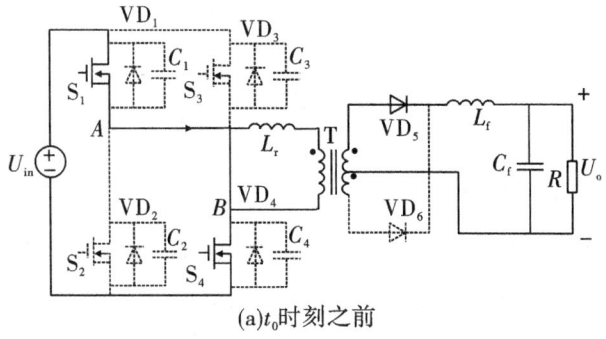

(a) t_0 时刻之前

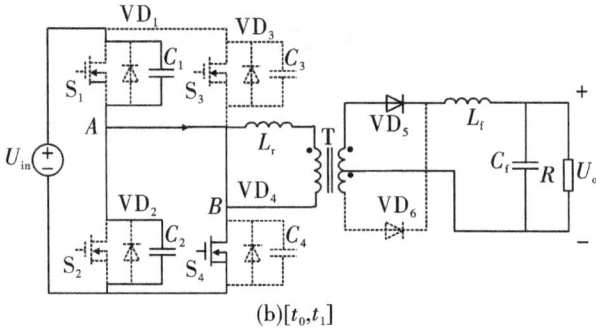

(b) $[t_0, t_1]$

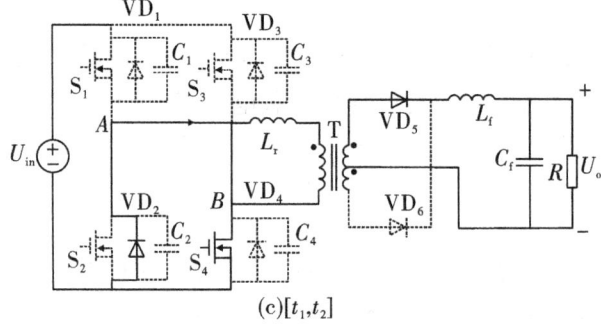

(c) $[t_1, t_2]$

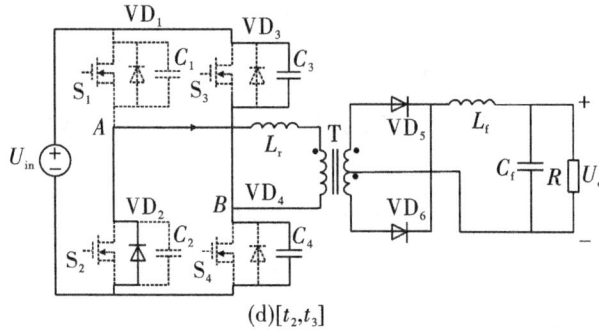

(d) $[t_2, t_3]$

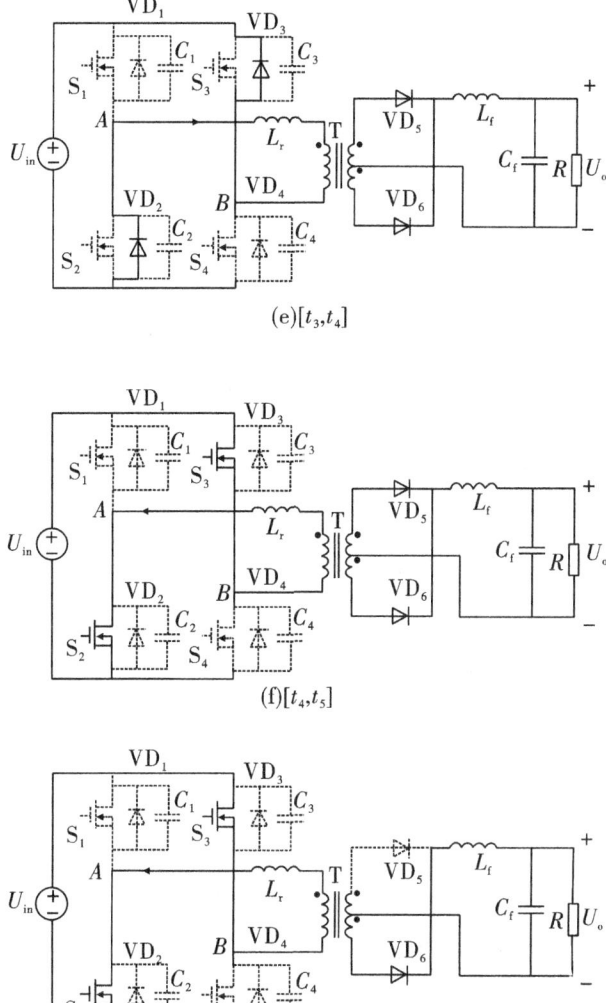

图 3-8 各种开关模态的等效电路

3.2.2 两个桥臂实现 ZVS 的差异

3.2.2.1 实现 ZVS 的条件

由前面分析可以知道,要实现开关管的零电压开通,必须有足够的能量来抽走将要开通的开关管的结电容(或外部附加电容)上的电荷,并且给同一桥臂关断的开关管的结电容(或外部附加电容)充电。同时,考虑到变压器的一次绕组电容 C_{tr},还要一部分能量来抽走变压器一次绕组寄生电容上的电荷。也就是说,谐振电感和输出滤波电感的能量和 E 必须满足:

$$E > \frac{1}{2}C_i U_{\text{in}}^2 + \frac{1}{2}C_i U_{\text{in}}^2 + \frac{1}{2}C_{\text{tr}} U_{\text{in}}^2 = C_i U_{\text{in}}^2 + \frac{1}{2}C_{\text{tr}} U_{\text{in}}^2 \quad (i = \text{lead, lag}) \qquad (3-35)$$

3.2.2.2 超前桥臂实现 ZVS

超前桥臂容易实现 ZVS,这是因为在超前桥臂开关过程中,输出滤波电感 L_f 是与谐振电感 L_r 串联的,如图 3-8(b)所示,此时用来实现 ZVS 的能量是 L_r 和 L_f 中的能量。一般来说,L_f 很大,在超前桥臂开关过程中,其电流近似不变,类似于一个恒流源,这个能量很容易满足式(3-35)。

3.2.2.3 滞后桥臂实现 ZVS

滞后桥臂要实现 ZVS 比较困难。这是因为在滞后桥臂开关过程中,变压器二次侧是短路的,如图 3-8(d)所示。此时整个变换器就被分为两部分:一部分是一次侧电流逐渐改变流通方向,其流通路径由逆变桥提供;另一部分是输出滤波电感电流 i_{Lf} 由整流桥提供续流回路,不再反射到变压器一次侧。此时用来实现 ZVS 的能量只是谐振电感中的能量,为了实现滞后桥臂 ZVS,谐振电感的能量必须满足:

$$\frac{1}{2}L_r I_2^2 = E > C_{\text{lag}} U_{\text{in}}^2 + \frac{1}{2}C_{\text{tr}} U_{\text{in}}^2 \qquad (3-36)$$

由于输出滤波电感 L_f 不参与滞后桥臂 ZVS 的实现,而且谐振电感比折算到一次侧的输出滤波电感要小得多,所以较超前桥臂而言,滞后桥臂实现 ZVS 就要困难得多。

3.2.3 实现 ZVS 的策略及二次侧占空比的丢失

3.2.3.1 实现 ZVS 的策略

从上面的讨论中可以知道,超前桥臂容易实现 ZVS,而滞后桥臂实现 ZVS 则要困难些。只要满足条件使滞后桥臂实现 ZVS,超前桥臂就一定可以实现 ZVS。因此,全桥变换器实现 ZVS 的关键在于滞后桥臂。滞后桥臂实现 ZVS 的条件为式(3-36)。由式(3-36)可以看出,要满足它,要么增加谐振电感 L_r,要么增加 I_2。

(1)增加励磁电流。对于一定的谐振电感 L_r 必须有一个最小的 I_2 值 $I_{2\text{min}}$ 来保证谐振电感 L_r 中的能量 $L_r I_{2\text{min}}^2/2$ 能实现 ZVS,可以用增加变压器励磁电流 I_m 的办法来实现 ZVS,实质上就是提高 $I_{2\text{min}}$。由于增加了励磁电流 I_m,一次侧电流在负载电流的基础上多了一份励磁电流,因而其最大电流值增大了,也使通态损耗加大。同时,励磁电流的增大,使变压器的功率损耗增大了。因此,在励磁电流的选取上,应充分考虑器件和变压器的功率损耗。

(2)增大谐振电感。由于励磁电流与负载无关,因而在轻载时,变换器的效率很低。实现 ZVS 的另一种方式就是增加谐振电感。在一定的负载范围内实现 ZVS,可以设置一个最小的负载电流,根据这个电流,忽略励磁电流,可得到 I_2 的最小值 $I_{2\text{min}}$,利用式(3-36)计算出所需的最小谐振电感。

3.2.3.2 二次侧占空比的丢失

二次侧占空比的丢失是 ZVS PWM 全桥变换器的一个特有现象。所谓二次侧占空比丢失,就是说二次侧的占空比 D_{sec} 小于一次侧的占空比 D_p,即 $D_{\text{sec}}<D_\text{p}$,其差值就是二次侧占空比丢失量 D_{loss},即

$$D_{\text{loss}} = D_\text{p} - D_{\text{sec}} \tag{3-37}$$

产生二次侧占空比丢失的原因是:存在一次侧电流从正向(或负向)变化到负向(或正向)负载电流的时间,即图 3-7 中的 $[t_2,t_5]$ 和 $[t_8,t_{11}]$ 时间段。在这些时间段里,虽然一次侧有正电压方波(或负电压方波),但一次侧不足以提供负载电流,二次侧整流桥的所有二极管导通,输出滤波电感电流处于续流状态,输出整流后的电压 u_{rect} 为零。这样二次侧就丢失了 $[t_2,t_5]$ 和 $[t_8,t_{11}]$ 这部分电压方波,如图 3-7 中的阴影部分所示。丢失的这部分电压方波的时间与二分之一开关周期的比值就是二次侧占空比丢失量 D_{loss},即

$$D_{\text{loss}} = \frac{t_{25}}{T_\text{s}/2} \tag{3-38}$$

由于 t_{23} 很短,可以忽略,则 $t_{25} \approx t_{35}$。在 $[t_3,t_5]$ 时间段,一次侧电流的斜率可以看作近似按线性变化,由前面分析可知,$i_\text{p}(t_3) = I_\text{o}/K$,$i_\text{p}(t_5) = -I_\text{o}/K$,则 $t_{35} = L_\text{r}[i_\text{p}(t_3) - i_\text{p}(t_5)]/U_{\text{in}}$,代入式(3-38)得

$$D_{\text{loss}} = \frac{4L_\text{r}I_\text{o}f_\text{s}}{KU_{\text{in}}} \tag{3-39}$$

由式(3-39)可知:L_r 越大,D_{loss} 越大;负载电流 I_o 越大,D_{loss} 越大;U_{in} 越低,D_{loss} 越大。D_{loss} 的产生使 D_{sec} 减小,为了得到所要求的输出电压,就必须减小变压器一二次侧匝比 K。而匝比的减小带来两个问题:①一次侧的电流增加,开关管的电流峰值增加,通态损耗加大;②二次侧整流桥的耐压值增加。为了减小 D_{loss},提高 D_{sec},可以采用饱和电感的办法,就是将谐振电感 L_r 改为饱和电感,但还是存在 D_{loss}。

3.2.4 优缺点分析

与常规的全桥 PWM 变换器相比,移相控制 ZVS PWM 全桥变换器具有很明显的优势。后者取消了 Snubber 吸收电路,利用变压器漏感与开关管结电容谐振。在不增加额外元器件的情况下,通过移相控制方式,功率开关管实现了零电压导通,减小了开关损耗;降低了开关噪声,提高整机效率,减小了整机的体积与质量;保持了恒频控制,且开关管的电压电流应力与常规的全桥 PWM 变换器基本相同。其主要缺点为:滞后臂开关管在轻载下将失去零电压开关功能;一次侧有较大环流,增加了系统通态损耗;存在着占空比丢失现象;输出整流二极管为硬开关,开关损耗较大。

全桥 LLC 谐振
直流变换器

3.3 双有源桥直流变换器

单端隔离型变换器虽实现了电源端和负载端的隔离,但变压器磁芯的磁化曲线仅工作在 B-H 平面的第一象限,其铁芯利用率较低,不适用于较大功率应用场合。图 3-9 给出的双有源桥(Dual Active Bridge,DAB)变换器结构,由两个单相 H 桥与高频变压器构

成,变压器磁芯双向磁化,可显著提升铁芯的利用率,从而适用于大功率场合的应用。

将变压器一次侧连接的 H 桥称为前桥,变压器二次侧连接的 H 桥称为后桥。将 S_1、S_2 构成的桥臂与 Q_1、Q_2 构成的桥臂称为前桥臂,将 S_3、S_4 构成的桥臂与 Q_3、Q_4 构成桥臂称为后桥臂。U_{in} 和 U_o 分别为前、后桥的直流侧电压,i_1、i_2 分别为前、后桥的输入电流与输出电流,u_1 和 u_2 分别为前、后桥交流测的电压。T 为高频变压器,变比为 $K:1$。L 为变压器耦合电感,i_L 为变压器耦合电感的电流。$VD_1 \sim VD_4$ 分别对应前桥 $S_1 \sim S_4$ 反并联的续流二极管,$MD_1 \sim MD_4$ 分别对应后桥 $Q_1 \sim Q_4$ 反并联的续流二极管。

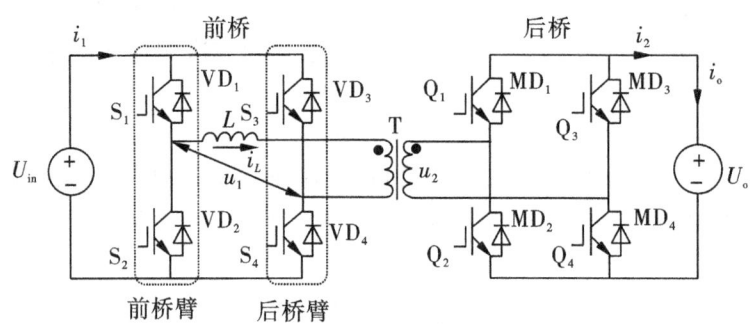

图 3-9 双向全桥变换器

3.3.1 单移相控制工作原理

DAB 能量传输的原理与传统电力系统中两交流电压源类似,考虑电力系统中两交流电压源间存在线路电感,功率传输示意如图 3-10 所示。

图 3-10 交流电压源间功率传输示意

在图 3-10 中,左侧电压源电压为 $v_1(t) = V_{1m}\sin(\omega t)$,右侧电压源电压为 $v_2(t) = V_{2m}\sin(\omega t + \phi)$。由此可得两电压源间功率输出的表达式:

$$P = \frac{V_{1m}V_{2m}\sin\phi}{\omega L} \tag{3-40}$$

可见,调整两电压源的相位关系即可改变功率传输的方向,调整两电压源的幅值大小即可改变传输功率的大小。类似地,DAB 的变压器耦合可等效为图 3-10 中的线路电感,所不同的是图 3-10 中电压源发出的正弦波在 DAB 中换成了两个高频方波,但能量传输原理相同。

单移相控制(Single-Phase-Shift,SPS)是 DAB 控制方法中最简单也是最常用一种。工作时,其中前后桥的开关频率相同,各桥中对角开关管的驱动脉冲相同,同一桥臂的两开关管驱动脉冲互补。所有开关管的驱动脉冲宽度均相同,从而在变压器一、二次侧产生两个对称的交流方波电压 u_1 和 u_2,调节驱动脉冲的宽度即可调整方波电压的周期 T_s,将方波电压周期的一半定义为 T_{hs}。调节 S_1 与 Q_1 触发的时间差 t_{hs},即可调节 u_1 和 u_2 的相位差。此处,将 t_{hs} 与 T_{hs} 之比定义为移相比 D。

为区分能量传输方向,将能量由 U_{in} 传向 U_o 定义为正向,反之定义为反向。单移相原理如图 3-11 所示。

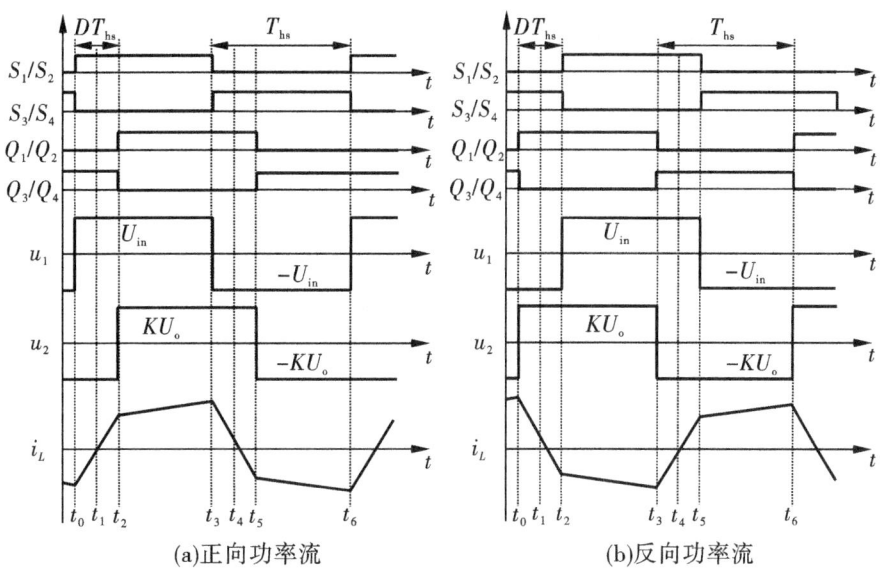

(a)正向功率流　　　　　　　(b)反向功率流

图 3-11　DAB 单移相工作波形

3.3.2　工作过程分析

稳态时,正向传输能量与反向传输能量在单移相控制下各存在 6 种工作状态。

3.3.2.1　正向传输能量工作过程分析

正向工作过程如图 3-12 所示。

SPS 正向工作过程各时段的工作状态分析如下:

(1)状态 1:$t_0 \sim t_1$ 阶段。工作状态如图 3-12(a)所示,t_0 时刻之前,S_2 和 S_3 导通,$i_L<0$;在 t_0 时刻,S_2 和 S_3 关断,S_1 和 S_4 导通,由于 $i_L<0$,i_L 经过 VD_1 和 VD_4 续流,因此,S_2 和 S_3 硬关断,VD_1 和 VD_4 硬导通。i_L 可表示为

$$i_L(t) = i_L(t_0) + \frac{U_{in} + KU_o}{L}(t - t_0) \tag{3-41}$$

(2)状态 2:$t_1 \sim t_2$ 阶段。工作状态如图 3-12(b)所示,在 t_1 时刻,i_L 由负变为正,前桥电流由 VD_1 和 VD_4 切换到 S_1、S_4,后桥电流由 MD_2 和 MD_3 切换到 Q_2、Q_3,因此,S_1 和 S_4 零电压开关(ZVS)开通,VD_1 和 VD_4 零电流开关(ZCS)关断,Q_2 和 Q_3 ZVS 开通,MD_2 和 MD_3 ZCS 关断。i_L 表达式与状态 1 相同。

(3)状态 3:$t_2 \sim t_3$ 阶段。工作状态如图 3-12(c)所示,在 t_2 时刻,Q_1 和 Q_4 导通,Q_2 和 Q_3 关断,由于 $i_L>0$,前桥状态不变,后桥电流由 Q_2、Q_3 切换到 VD_1、VD_4,Q_2 和 Q_3 硬关断,MD_1 和 MD_4 硬导通。i_L 可表示为

$$i_L(t) = i_L(t_2) + \frac{U_{in} - KU_o}{L}(t - t_2) \tag{3-42}$$

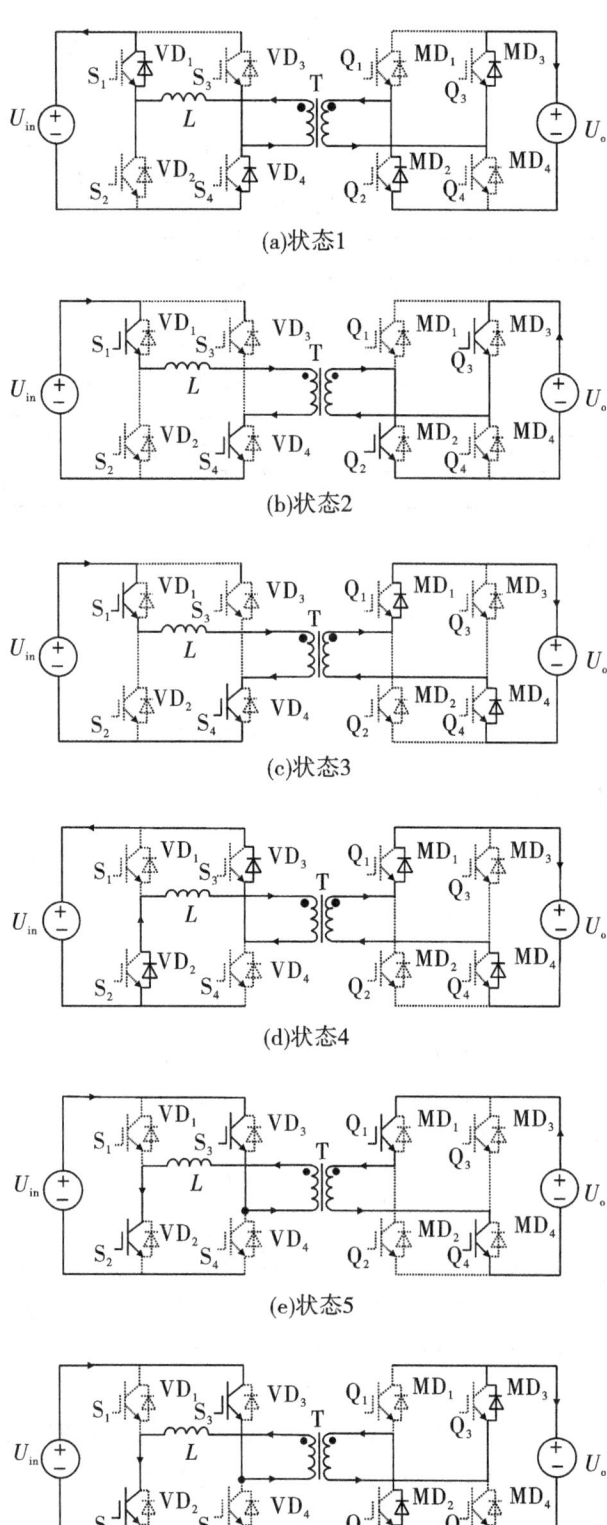

图 3-12 DAB 正向工作过程

(4)状态4:$t_3 \sim t_4$阶段。工作状态如图3-12(d)所示,在t_3时刻,S_2和S_3导通,S_1和S_4关断,由于$i_L>0$,前桥电流由S_1、S_4切换到VD_2、VD_3,后桥状态不变,因此,S_1和S_4硬关断,VD_2和VD_3硬导通。i_L可表示为

$$i_L(t) = i_L(t_3) + \frac{-U_{in} - KU_o}{L}(t - t_3) \tag{3-43}$$

(5)状态5:$t_4 \sim t_5$阶段。工作状态如图3-12(e)所示,在t_4时刻,i_L由正变为负,前桥电流由VD_2、VD_3切换到S_2、S_3,后桥电流由MD_1、MD_4切换到Q_1、Q_4,因此,S_2和S_3 ZVS开通,VD_2和VD_3 ZCS关断,Q_1和Q_4 ZVS开通,MD_1和MD_4 ZCS关断。i_L表达式与状态4相同。

(6)状态6:$t_5 \sim t_6$阶段。工作状态如图3-12(f)所示,在t_3时刻,Q_2和Q_3导通,Q_1和Q_4关断,由于$i_L<0$,前桥状态不变,后桥电流由Q_1、Q_4切换到MD_2、MD_3,因此,Q_1和Q_4硬关断,MD_2和MD_3硬导通。i_L可表示为

$$i_L(t) = i_L(t_5) + \frac{-U_{in} + KU_o}{L}(t - t_5) \tag{3-44}$$

综上分析,在图3-11(a)所示的工作状态下,DAB的所有全控型功率开关均工作在ZVS开通和硬关断状态,所有二极管均工作在硬开通和ZCS关断状态。

3.3.2.2 反向传输能量工作过程分析

与正向功率流分析类似,反向功率流如图3-11(b)所示。DAB的工作模式也可以分为6种状态,如图3-13所示。

(1)状态1:$t_0 \sim t_1$阶段。工作状态如图3-13(a)所示,t_0时刻之前,Q_2和Q_3导通,$i_L>0$;在t_0时刻,Q_2和Q_3关断,Q_1和Q_4导通,由于$i_L>0$,所以i_L经过MD_1和MD_4续流,Q_2和Q_3硬关断,MD_1和MD_4硬导通。i_L可以表示为

$$i_L(t) = i_L(t_0) + \frac{-U_{in} - KU_o}{L}(t - t_0) \tag{3-45}$$

(2)状态2:$t_1 \sim t_2$阶段。工作状态如图3-13(b)所示,在t_1时刻,i_L由正变为负,前桥电流由VD_2、VD_3切换到S_2、S_3,后桥电流由MD_1、MD_4切换到Q_1、Q_4,因此,S_2和S_3 ZVS开通,VD_2和VD_3 ZCS关断,Q_1和Q_4 ZVS开通,MD_1和MD_4 ZCS关断。i_L表达式与状态1相同。

(3)状态3:$t_2 \sim t_3$阶段。工作状态如图3-13(c)所示,在t_2时刻,S_1和S_4开通,S_2和S_3关断,由于$i_L<0$,前桥电流由S_2、S_3切换到VD_1、VD_4,后桥状态不变,所以S_2和S_3硬关断,VD_1和VD_4硬导通。i_L可以表示为

$$i_L(t) = i_L(t_2) + \frac{U_{in} - KU_o}{L}(t - t_2) \tag{3-46}$$

(4)状态4:$t_3 \sim t_4$阶段。工作状态如图3-13(d)所示,在t_3时刻,Q_2和Q_3开通,Q_1和Q_4关断,由于$i_L<0$,前桥状态不变,后桥电流由Q_1、Q_4切换到MD_2、MD_3,所以,Q_1和Q_4硬关断,MD_2和MD_3硬导通。i_L可以表示为

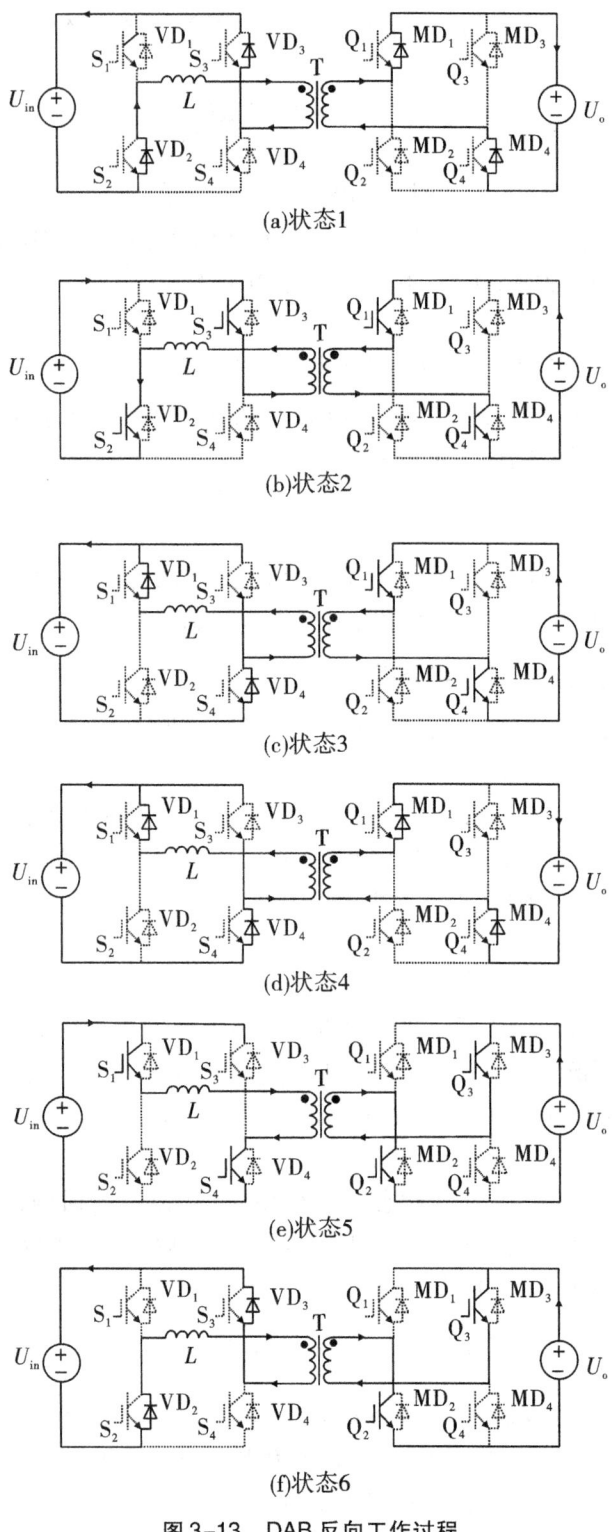

图 3-13 DAB 反向工作过程

$$i_L(t) = i_L(t_3) + \frac{U_{in} + KU_o}{L}(t - t_3) \tag{3-47}$$

（5）状态5：$t_4 \sim t_5$ 阶段。工作状态如图3-13（e）所示，在 t_4 时刻，i_L 由负变为正，前桥电流由 VD_1、VD_4 切换到 S_1、S_4，后桥电流由 MD_2、MD_3 切换到 Q_2、Q_3，因此，S_1 和 S_4 ZVS 开通，VD_1 和 VD_4 ZCS 关断，Q_2 和 Q_3 ZVS 开通，MD_2 和 MD_3 ZCS 关断。i_L 表达式与状态4相同。

（6）状态6：$t_5 \sim t_6$ 阶段。工作状态如图3-13（f）所示，在 t_5 时刻，S_2 和 S_3 开通，S_1 和 S_4 关断，由于 $i_L > 0$，前桥电流由 S_1、S_4 切换到 VD_2、VD_3，后桥状态不变，所以，S_1 和 S_4 硬关断，VD_2 和 VD_3 硬导通。i_L 可以表示为

$$i_L(t) = i_L(t_5) + \frac{-U_{in} + KU_o}{L}(t - t_5) \tag{3-48}$$

根据上述分析，反向功率流下的 DAB 工作状态与正向功率流保持一致，所有全控型功率开关工作在 ZVS 开通和硬关断状态，所有二极管仍工作在硬开通和 ZCS 关断状态。

3.3.3 传输功率特性

根据以上分析，i_L 可以表示为

$$\frac{di_L(t)}{dt} = \frac{u_1(t) - Ku_2(t)}{L} \tag{3-49}$$

设 $t_0 = 0$，则 $t_1 = DT_{hs}$，$t_2 = T_{hs}$，考虑到稳态下，流过 L 的平均电流在一个开关周期内为零，有

$$i_L(t_2) = -i_L(t_0) \tag{3-50}$$

结合式（3-45）~式（3-50）及图3-11，可以得到 DAB 的传输功率为

$$P = \frac{1}{T_{hs}} \int_0^{T_{hs}} u_1(t) i_L(t) dt = \frac{KU_{in}U_o}{2f_S L} D(1-D) \tag{3-51}$$

式中，K 为变压器变比；f_S 为开关频率，$f_S = 1/(2T_{hs})$；D 为半个开关周期内的移相比，$0 \leq D \leq 1$。

由式（3-51）可知，通过调节移相比 D 就可以调节 DAB 功率流动的大小和方向，进而调节变换器输出电压的大小。

图3-14给出了 DAB 功率传输特性。图3-14中采用传输功率的标幺值，基准值取为 $KU_{in}U_o/(8f_S L)$。由图3-14可以得到 DAB 的一些通用性规律：①传输功率与移相比 D 呈正弦关系，并且关于中心轴 $D = 0.50$ 对称。②传输功率的零点和最大点分别在 $D = 0.0$ 和 $D = 0.5$ 处取得。③当 $D < 0.5$ 时，传输功率随着移相比 D 的增大而增大；当 $D > 0.5$ 时，传输功率随着移相比 D 的增大而减小。④功率流方向改变时，规律与上述规律类似。这些规律对于 DAB 的功率预测和参数设计具有参考意义。

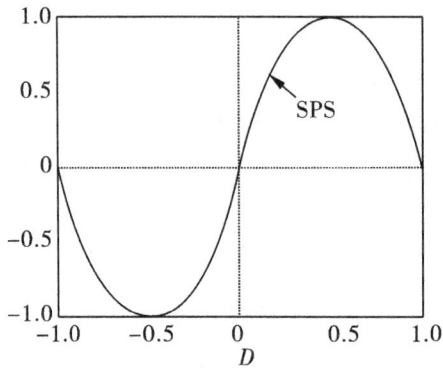

图 3-14 DAB 功率传输特性

复合三电平直流变换器

3.4 PWM 直流变换器磁性元件的工作特性

电感、变压器是各类 PWM 直流变换器重要的组成元件,了解磁芯工作状态对变换器的选型设计至关重要。

3.4.1 磁性材料的磁滞回线

图 3-15 展示了磁芯的 B-H 磁滞回线,其中 B 为磁感应强度(或磁通密度), B_s 为饱和磁感应强度, B_r 为剩余磁感应强度, H 为磁场强度, H_s 为饱和磁场强度, H_c 为矫顽力。在磁滞回线上要使磁感应强度变为零,即 $B=0$,必须施加的外磁场强度,称为矫顽力。磁场强度 H 从正向饱和值 $+H_s$ 到负向饱和值 $-H_s$ 变化时,磁感应强度 B 沿 $S+$、B_r、$-H_c$、$S-$ 曲线减少;H 从 $-H_s$ 到 $+H_s$ 变化时,B 沿 $S-$、$-B_r$、$+H_c$、$S+$ 曲线增加。这样的整个过程构成了磁性材料的磁滞回线。

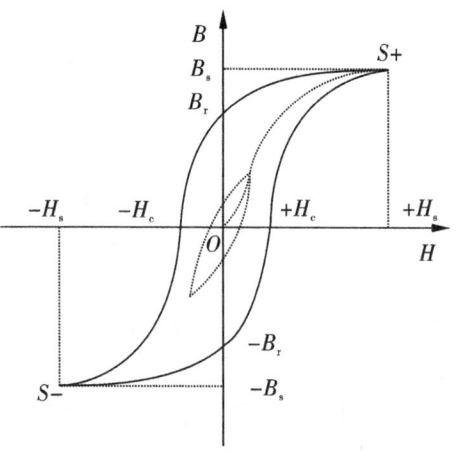

图 3-15 磁芯的磁滞回线

3.4.2 磁场强度

设在磁感应强度为 B 的匀强磁场中,有一个面积为 S 且与磁场方向垂直的平面,磁芯感应强度与面积 S 的乘积,称为穿过这个平面的磁通量(或磁通),即

$$\Phi = BS \tag{3-52}$$

电感或变压器的励磁电感产生的磁通与电流 I、电感值 L 和匝数 N 有关,关系式为

$$\Phi = NLI \tag{3-53}$$

根据式(3-52)和式(3-53)可得到电感元件的磁感应强度表达式为：

$$B = \frac{NLI}{S} \tag{3-54}$$

在电感的磁介质中，磁场强度和磁感应强度有以下关系：

$$H = \frac{B}{\mu_0} - M \tag{3-55}$$

式中，$M = \chi_m H$，χ_m 为磁化率；μ_0 为真空磁导率。

根据式(3-54)和式(3-55)可得，电感与磁场强度的关系式为

$$H = \frac{NIL}{(1+\chi_m)\mu_0 S} \tag{3-56}$$

由式(3-56)可知，电感元件的磁场强度正比于电感值 L 与电流 I 的乘积。也就是，当电磁性材料所对应的磁场强度确定时，要想增大电感值，必须降低工作电流，否则，会产生磁感应强度(或磁通)饱和。

3.4.3 损耗和磁芯利用率

在电感、变压器的磁芯线圈中，线圈电阻 R_H 上的损耗被称为铜损耗，简称铜损，用 ΔP_{Cu} 表示，其计算式为

$$\Delta P_{Cu} = R_H I^2 \tag{3-57}$$

式中，I 是线圈中电流的有效值。当电流 I 一定时，R_H 越大，铜损越大。

磁芯在交变磁通下内部的损耗称为铁损耗，简称铁损，用 ΔP_{Fe} 表示，该损耗由磁滞和涡流产生。磁滞回线包括的面积越大，工作频率越高，铁损越大。

随着磁芯利用率的增加，磁化电路增加，引起的线圈铜损增加；磁芯利用率越大，每个周期内磁芯所经过的磁化曲线越长，线圈的铁损越大。因此，在设计磁性元件时，不能随意提高磁芯利用率，需要综合考虑损耗和磁芯利用率之间的关系。

3.4.4 磁芯工作状态

根据磁芯工作时磁化曲线的不同，可将磁芯工作状态分为磁芯局部磁化、磁芯单向磁化和磁芯双向磁化三种，如图 3-16 所示。

3.4.4.1 磁芯局部磁化

磁化曲线如图 3-16(a)所示。工作时磁芯含有较大的直流分量，因此在磁芯中产生很大的磁场强度 H，为了不使磁芯饱和，磁芯的磁导率不应太高。如果采用高磁导率的磁芯，则需要在磁路中添加气隙来减小磁导率。当变换器工作在电流连续模式下，直流偏磁较大，交流分量较小，磁芯工作于局部磁化曲线上，其磁导率是局部磁导率。由于只包围局部磁滞回线，面积小，磁滞损耗和涡流损耗都小，所以，选择尽可能高的饱和磁通密度材料，有利于减少这类磁芯的体积。

采用磁芯局部磁化的有 Buck 变换器、Boost 变换器、Boost-Buck 变换器的电感磁芯，

正激、推挽、板桥、全桥变换器的输出滤波电感磁芯,以及反激变换器的变压器磁芯。

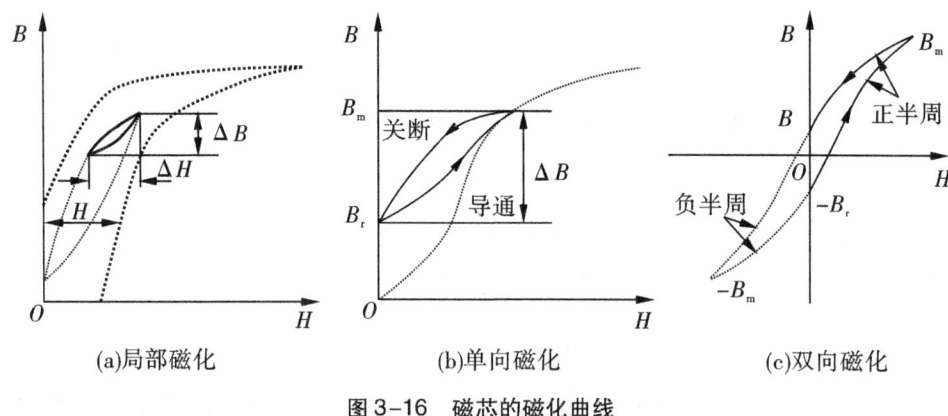

图 3-16 磁芯的磁化曲线

3.4.4.2 磁芯单向磁化

磁化曲线如图3-16(b)所示。这类磁芯工作状态从零磁场强度单方向磁化到磁感应最大值。当磁场减小时,磁芯恢复到零磁场强度对应的磁感应值,并不产生负方向的磁场强度。磁芯工作在磁感应强度 B_m 和剩余磁感应强度 B_r 之间, $\Delta B = B_m - B_r$。该工作模式下,如果磁芯复位不能回到导通时的初始磁化值,磁芯将逐渐磁化到饱和磁感应强度 $\pm B_s$,导致电感或变压器失效。

磁化电流从零开始,不参与能量传输,在磁场减小时,还要将其返还电源。如果此时的电流过大,会引起线圈铜损和开关管损耗增大。因此,应当尽可能采用剩余磁感应强度 B_r 小、磁导率高的材料,以便减小磁化电流。为了减少开关变换器中变压器或电感的体积,在损耗允许的情况下尽量选择较高的磁感应强度。变压器磁芯常留有一个很小气隙,使得 B_r 大大降低,以增大磁感应强度摆幅。尽管励磁电流有所增加,但提高了 ΔB,减少了磁芯体积。总而言之,这类磁芯应选择高磁导率、高 B_s、低 B_r 的材料。

属于单相磁化类工作状态的磁芯有正激变换器的变压器磁芯、脉冲驱动变压器磁芯和直流脉冲电流互感器磁芯等。

3.4.4.3 磁芯双向磁化

磁化曲线如图3-16(c)所示,工作时磁芯的磁感应强度在 $\pm B_m$ 之间变化,在半周期内变化 $2B_m$。在损耗允许的情况下,磁芯材料的 B_s 越高,B_m 取值越高,磁芯的体积可以越小。由于磁芯双向磁化,每个周期磁芯沿整个磁化曲线磁化一次,所以频率越高,铁损越大。尤其工作于高频时,除了磁滞损耗,磁芯涡流损耗随频率和磁感应强度增加而按指数形式增加,限制了 B_m 的取值。即在高频时,为了使磁芯温度不超过允许值,B_m 的取值可由磁芯的损耗决定,一般其取值远小于 B_s。因此,高频时,双向磁化与单向磁化工作状态的磁芯尺寸差别不大。工作在双向磁化状态的磁芯材料应具有高电阻率和高 B_s,以及低 B_r 或 H_c。此外,为了减少磁芯存储能量,磁芯应当具有尽可能高的磁导率。

磁芯双向磁化工作状态拓扑有推挽、半桥、全桥变换器的变压器磁芯。

3.5 开关电源设计实例

3.5.1 技术要求

(1)输入电压:交流单相220(1±15%)V,50 Hz。
(2)输出电压:额定直流48 V,电压调节范围为42~58 V。
(3)输出纹波电压:0.5%。
(4)输出电流:最大50 A。
(5)输出纹波电流:20%。

3.5.2 主电路设计

该电源最大输出功率为50 A×58 V=2 900 W,属于功率较大的开关电源,输入采用二极管整流桥,DC-DC电路采用移相全桥零电压软开关拓扑,由于输出整流电路电压较低,采用全波整流电路,主电路结构见图3-17。下面对主电路的结构和控制进行设计。

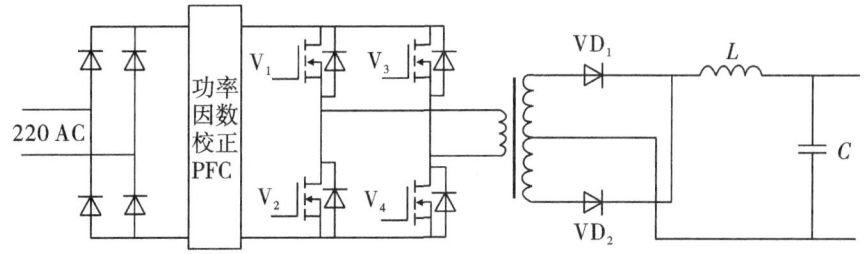

图3-17 开关电源主电路结构

3.5.2.1 变压器的设计

变压器电压比(简称变比)的计算原则是电路在最大占空比和最低输入电压的条件下,输出电压仍能达到要求的上限,考虑到电路中的压降,输出电压应留有裕量:

$$k \leqslant \frac{U_{\text{inmin}} D_{\max}}{U_{\text{omax}} + \Delta U} \tag{3-58}$$

本例中,U_{inmin}取输入电压下限,并减去该电压波动量的一半,取395 V。$D_{\max}$与控制电路及占空比丢失有关,此处选为0.9。U_{omax}选为最高输出电压58 V;ΔU选1 V。由此可得

$$k \leqslant 6 \tag{3-59}$$

选取合适的铁芯,计算铁芯横截面积和窗口面积之积。由于变压器输出采用全波整流结构,$2\,900 \text{ W} \times (1+\sqrt{2}) = 7\,000 \text{ W}$;开关频率$f_s$取100 kHz;铁芯材料选为铁氧体,其$\Delta B$取0.2 T,导体电流密度$j$选取4 A/mm²,即$4 \times 10^6$ A/m²,窗口填充系数k_c选取0.5。由此可得

$$A_p = A_e A_w = \frac{P_T}{2\Delta B k_c j f_s} \geqslant 8.75 \times 10^{-8} \text{ m}^4 = 8.75 \text{ cm}^4 \tag{3-60}$$

选择铁氧体磁芯,型号为 E42/21/15-3C94,两二次侧并联使用,按照铁氧体铁芯生产厂家提供的手册,其横截面积为 3.56×10^{-4} m²,窗口面积为 2.52×10^{-4} m²,铁芯横截面积、窗口面积之积为 8.97×10^{-8} m⁴,可以满足要求。

选定铁芯后,便可以计算绕组匝数:

$$N_2 = \frac{U_{omax}T_S}{2\Delta B A_e} = \frac{58 \times 10^{-5}}{2 \times 0.2 \times 3.56 \times 10^{-4}} = 4 \text{ 匝} \quad (3-61)$$

一次绕组匝数可由二次侧匝数和电压比推算:

$$N_1 = 24 \text{ 匝} \quad (3-62)$$

二次绕组的导体截面积为

$$A_{c2} = \frac{I}{j} = 8.75 \times 10^{-6} \text{ m}^2 = 8.75 \text{ mm}^2 \quad (3-63)$$

同理,可以算出一次绕组导体的横截面积为

$$A_{c1} = 2.08 \text{ mm}^2 \quad (3-64)$$

3.5.2.2 输出滤波电路的设计

首先进行电感的设计,设直流输入电压最大值 U_{inmax} 为 410 V,开关频率 f_S 为 100 kHz,允许的电感电流最大纹波峰峰值 $\Delta \hat{I}$ 取最大输出电流的 20%,即 10 A,计算得

$$L = \frac{U_{inmax}}{8kf_S\Delta \hat{I}} = 9 \text{ μH} \quad (3-65)$$

计算出电感值后,根据电感值和流过电感的电流选定电感铁芯,其中电感值 L 取 9 μH;电感电流最大有效值 I 取最大输出电流 50 A;电感电流最大峰值 i_m 取最大输出电流加上电感电流最大纹波峰峰值 $\Delta \hat{I}$ 的一半,即 55 A;磁路磁通密度最大值 B_m 取 0.3 T;电感绕组导体的电流密度 j 取 4 A/mm²;绕组在铁芯窗口中的填充系数 k_c 取 0.5。计算得铁芯磁路横截面积与窗口面积的乘积 A_eA_w 应大于:

$$A_p = A_e A_W = \frac{Li_m I}{B_m k_c j} = 4.1 \times 10^{-8} \text{ m}^2 = 4.1 \text{ cm}^2 \quad (3-66)$$

选择铁氧体磁芯,型号为 E42/21/15-3C92,按照铁氧体铁芯生产厂家提供的手册,其铁芯横截面积为 1.78×10^{-4} m²,窗口面积为 2.52×10^{-4} m²。铁芯横截面积、窗口面积之积为 4.49×10^{-8} m⁴,可以满足要求。

计算绕组匝数:

$$N = \frac{Li_m}{B_m A_e} = 9 \text{ 匝} \quad (3-67)$$

计算气隙:

$$l = \frac{\mu_0 A_e N^2}{L} = 2 \times 10^{-3} \text{ m} = 2 \text{ mm} \quad (3-68)$$

式中,μ_0 为真空磁导率,其数值为 $4\pi \times 10^{-7}$ H/m。注意到铁芯由两半对合而成,气隙长度 l 应为 2 倍的铁芯间距,因此铁芯间距应取 1 mm。然后根据电感电流和预先选定的电

流密度,可以计算出电感绕组导体的横截面积为

$$A_{cL} = 12.5 \text{ mm}^2 \tag{3-69}$$

在滤波电容设计中,由于已知电感电流最大纹波值,可以假设电感电流最大纹波有效值为 $\Delta \hat{I}/(2\sqrt{3}) = 2.9$ A,而输出电压最大纹波有效值取为输出电压下限值的 0.5%,即 $\Delta U = 42 \text{ V} \times 0.5\% = 0.21 \text{ V}$,可以计算出滤波电容的阻抗

$$x_C \leq \frac{2\sqrt{3} \Delta U}{\Delta \hat{I}} = 0.073 \text{ Ω} \tag{3-70}$$

考虑输出最高电压为 58 V,选择 HP31K102MRX 型电容器(80 V,1 000 μF),其最大等效串联电阻为 0.285 Ω,串联等效电感约为 15 nH,最大纹波电流为 0.88 A(120 Hz)。采用 4 只电容器并联,阻抗特性及纹波电流均满足要求。

3.5.2.3　开关器件的设计

变压器一次侧 MOSFET 管的设计中,其耐压为 PFC 电路输出电压 400 V,考虑到关断时的过电压,开关管的耐压取 600 V,流过开关管的峰值电流为

$$\hat{I}_{\text{Smax}} = \left(I_{\text{omax}} + \frac{1}{2} \Delta \hat{I} \right) / k_T = 9.2 \text{ A} \tag{3-71}$$

由于采用移相全桥控制方式,流过开关管的最大电流有效值近似为

$$I_{\text{Smax}} = \frac{\hat{I}_{\text{Smax}}}{\sqrt{2}} = 6.5 \text{ A} \tag{3-72}$$

考虑到耐压和散热,初选 SPW47N60C3 型 MOSFET 管(600 V,47 A),由数据手册可得主要参数为:$R_{\text{Dson}} = 0.14$ Ω,$R_{\text{thjC}} = 0.3$ K/W。则开关管的通态损耗为

$$P_{\text{Son}} = I_{\text{Smax}}^2 R_{\text{DSon}} = 5.9 \text{ W} \tag{3-73}$$

开关管的开关损耗可以按通态损耗的 1.5~2.5 倍估算,由于工作在软开关状态,取其下限。由于工作在零电压开通状态,关断损耗为开关损耗的主要分量,即得

$$P_{\text{SS}} = \frac{U_o}{380} E_{\text{off}} I_{\text{Smax}} f = \frac{400}{380} \times 5 \times 10^{-6} \times 9.2 \times 100 \times 10^3 \text{ W} = 4.8 \text{ W} \tag{3-74}$$

考虑一定裕量,取最高结温 T_{jmax} 为 125 ℃,取 MOSFET 管与散热器间绝缘垫热阻为 2 K/W,由器件结壳热阻、最高结温可得最高允许散热器温度,并由此可以进行散热器设计。

$$T_{\text{hmax}} = T_{\text{jmax}} - (P_{\text{Son}} + P_{\text{SS}}) \times (R_{\text{thjC}} + R_{\text{thCh}}) = 100 \text{ ℃} \tag{3-75}$$

DC-DC 电路软开关条件的设计可以按照前面介绍的步骤进行,在改善移相全桥电路的软开关性能也有许多新的拓扑,这里就不再叙述了。

3.5.3　控制电路的设计

图 3-18 是由主功率电路和控制电路组成的移相全桥 DC-DC 模块电源控制系统结构框图。本文设计的模块电源控制板与功率板分离,主功率部分用于完成功率转换,功率器件除辅助电路和驱动电路外全部放在铝基板上用于快速散热。控制芯片采用

UCC28950,用来实现电源信号处理、系统保护和闭环反馈控制。UCC28950 芯片获得电压和电流信号后进行处理,其中四路 PWM 信号送到一次侧驱动开关管,另外两路用于驱动二次侧整流管。

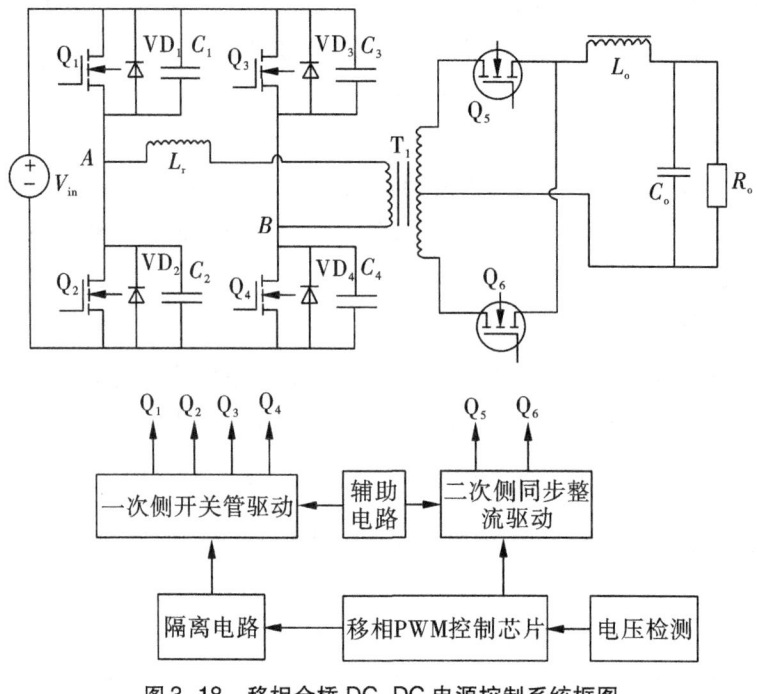

图 3-18 移相全桥 DC-DC 电源控制系统框图

UCC28950 芯片是具有同步整流功能的绿色环保移相全桥控制器,可以为目前市面上高可靠性需求的电源系统提供最高的能量转换效率。该芯片整合了一次侧全桥移相控制与同步整流输出控制模式,可以利用外接电路和内部编程延迟来保障变换器在宽范围输入以及低压大电流输出情况下实现零电压开关,负载电流主动地调节输出同步整流器开关延迟时间,从而实现变换器运行功耗最低以及工作状态最优化。支持峰值电流控制和电压控制,可编程最高开关频率达 1 MHz。图 3-19 给出了利用 UCC28950 作为主控芯片进行移相调节的典型应用电路。

UCC28950 拥有 6 个 PWM 信号输出端口,驱动电压能够达到 12 V,驱动电流能力可至 200 mA,但该电流值在驱动主功率管时太小、速度相对较慢,因此必须采用附加电路。在主控制芯片 OUTA~OUTF 输出端接 3 片 IXDN604SI 型芯片,其中将 OUTA~OUTD 作为一次侧、用 2 片,OUTE 和 OUTF 作为二次侧、用 1 片,该方法可将驱动能力进一步提升至 4 A,从而达到驱动开关管的目的。为了保护控制电路不受功率部分干扰,驱动芯片与开关管之间采用变压器进行隔离传输。同时,为保障变换器安全可靠运行,芯片有逐周期限流、过欠压过欠流锁定和模块过温关闭输出等多种保护功能。支持电压控制以及具备阻止变压器偏磁能力的电流控制两种工作模式,本例采用电流控制方式。

第3章 高频 DC-DC 功率变换器

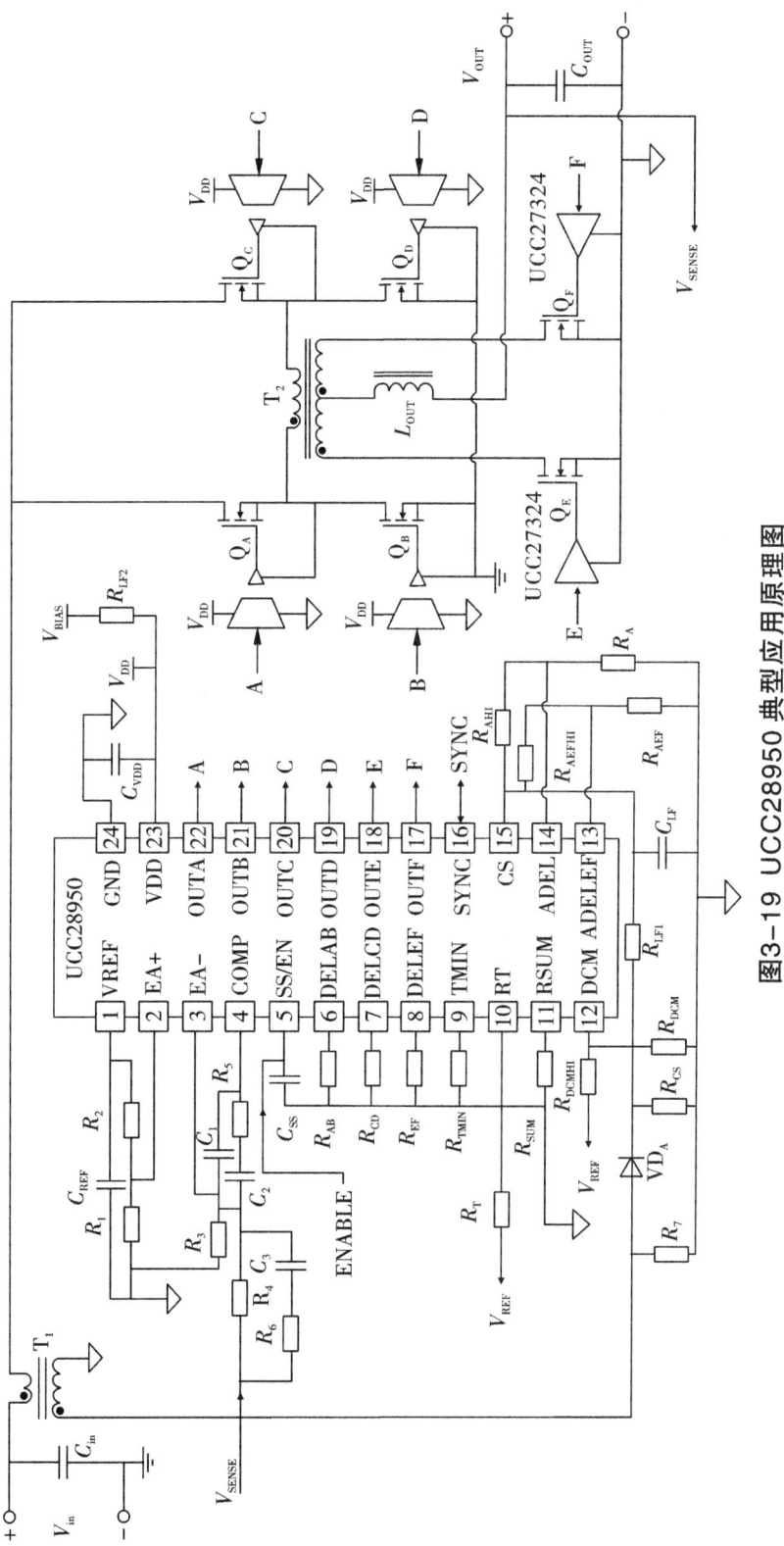

图3-19 UCC28950 典型应用原理图

如图 3-19 所示，EA+ 和 EA- 表示误差放大器的同向与反向输入端，电压范围为 0.5~3.6 V。为了使初始状态下两者电压相同，以 5 V 参考电压 REFV 的 1/2，即 2.5 V，以及利用分压电路将输出电压 SENSEV 分压后的 2.5 V 电压作为 EA+ 与 EA- 的基准电压值，COMP 为误差放大器输出端。如果 EA+ 和 EA- 不相等，控制器则通过改变输出控制信号来调整电路，从而让输出电压固定于所需值，起到稳压作用。变压器一次侧通过电流互感器 CT 采样输入电流并缩小至 1/100 后送给 CS 脚，可以起到过流保护和延迟作用，通过协调能够实现峰值电流控制。

3.5.4 控制系统设计

3.5.4.1 状态空间平均法

直流变换器
控制系统设计

状态空间平均法是指将一个由 RLC 网络、变换器以及功率开关管等器件构成的网络中的电感电流以及电容电压当作状态变量，根据开关管的开通以及关断两种工作状态，利用时间平均的方法，推导出变换器在一个完整工作周期 T_S 内变换器的平均状态变量，进而把一个非线性且时变的系统转化为线性、时不变的连续系统。

开关变换器输出端往往连接低通滤波器，用于减小输出电压纹波。状态空间平均法基本假设条件要求低通滤波器的转折频率 f_c 小于开关变换器的开关频率 f_S，其中 $f_c = 1/(2\pi\sqrt{LC})$。针对连续工作模式下且不考虑电子器件寄生参数的理想 PWM 变换器，列出开关管在开通和关断两种状态下的方程：

开通状态：

$$\begin{cases} \dot{x} = A_1 x + B_1 u, \\ y = C_1 x, \end{cases} \quad 0 \leq t \leq dT_S \tag{3-76}$$

关断状态：

$$\begin{cases} \dot{x} = A_2 x + B_2 u, \\ y = C_2 x, \end{cases} \quad dT_S \leq t \leq T_S \tag{3-77}$$

式中，A_1、B_1、C_1、A_2、B_2、C_2 为与电路结构有关的常数矩阵；状态变量 $x = [i_L \quad v_C]$，i_L 表示电感电流，v_C 表示电容电压；u 表示输入变量即变换器输入电压；y 表示输出变量；d 表示开关管在开通状态下变换器占空比，$d = t_{on}/T_S$，t_{on} 为开关管开通状态下的持续时间；T_S 表示变换器开关周期。将式(3-76)和式(3-77)平均化得到如下方程：

$$\begin{cases} \dot{x} = (dA_1 + d'A_2)x + (dB_1 + d'B_2)u, \\ y = (dC_1 + d'C_2)x, \end{cases} \quad 0 \leq t \leq T_S \tag{3-78}$$

对式(3-78)采取线性化分析，将所有变量表示为稳态量和对应小信号扰动量相加的形式，有 $d = D + \hat{d}$，$d' = D' - \hat{d}$，$u = U + \hat{u}$，$x = X + \hat{x}$，$y = Y + \hat{y}$。其中，D、D'、U、X、Y 为稳态量，$\hat{d}$、$\hat{u}$、$\hat{x}$、$\hat{y}$ 为相对应变量的扰动量，并假设直流稳态量远远大于交流扰动量。令

$$\begin{cases} A = DA_1 + D'A_2 \\ B = DB_1 + D'B_2 \\ C = DC_1 + D'C_2 \end{cases} \tag{3-79}$$

代入式(3-78)得

$$\begin{cases} \dfrac{\mathrm{d}}{\mathrm{d}t}(X+\hat{x}) = AX + BU + A\hat{x} + B\hat{u} + [(A_1-A_2)X + (B_1-B_2)U]\hat{d} + \\ \qquad\qquad (A_1-A_2)\hat{d}\hat{x} + (B_1-B_2)\hat{d}\hat{u} \\ Y + \hat{y} = CX + C\hat{x} + (C_1-C_2)X\hat{d} + (C_1-C_2)\hat{d}\hat{x} \end{cases} \tag{3-80}$$

分离式(3-80)中的稳态量和扰动量,得到稳态方程以及扰动方程如下:

$$\begin{cases} AX + BU = 0 \\ Y = CX \end{cases} \tag{3-81}$$

$$\begin{cases} \dfrac{\mathrm{d}\hat{x}}{\mathrm{d}t} = A\hat{x} + B\hat{u} + [(A_1-A_2)X + (B_1-B_2)U]\hat{d} + (A_1-A_2)\hat{d}\hat{x} + (B_1-B_2)\hat{d}\hat{u} \\ \hat{y} = C\hat{x} + (C_1-C_2)X\hat{d} + (C_1-C_2)\hat{d}\hat{x} \end{cases} \tag{3-82}$$

对式(3-82)线性化处理,忽略 $\hat{d}\hat{x}$、$\hat{d}\hat{u}$ 项,有

$$\begin{cases} \dfrac{\mathrm{d}\hat{x}}{\mathrm{d}t} = A\hat{x} + B\hat{u} + [(A_1-A_2)X + (B_1-B_2)U]\hat{d} \\ \hat{y} = C\hat{x} + (C_1-C_2)X\hat{d} \end{cases} \tag{3-83}$$

式(3-83)即为小信号平均状态方程,对式(3-83)进行拉普拉斯变换:

$$\begin{cases} s\hat{x}(s) = A\hat{x}(s) + B\hat{u}(s) + [(A_1-A_2)X + (B_1-B_2)U]\hat{d}(s) \\ \hat{y}(s) = C\hat{x}(s) + (C_1-C_2)X\hat{d}(s) \end{cases} \tag{3-84}$$

求解式(3-84)得

$$\begin{cases} \hat{x}(s) = (sI-A)^{-1}B\hat{u}(s) + (sI-A)^{-1}[(A_1-A_2)X + (B_1-B_2)U]\hat{d}(s) \\ \hat{y}(s) = C(sI-A)^{-1}B\hat{u}(s) + \{C(sI-A)^{-1}[(A_1-A_2)X + (B_1-B_2)U] + \\ \qquad\qquad (C_1-C_2)X\}\hat{d}(s) \end{cases} \tag{3-85}$$

进而可以得到各个传递函数:

$$\begin{cases} \left.\dfrac{\hat{x}(s)}{\hat{u}(s)}\right|_{\hat{d}(s)=0} = (sI-A)^{-1}B \\ \left.\dfrac{\hat{x}(s)}{\hat{d}(s)}\right|_{\hat{u}(s)=0} = (sI-A)^{-1}[(A_1-A_2)X + (B_1-B_2)U] \\ \left.\dfrac{\hat{y}(s)}{\hat{u}(s)}\right|_{\hat{d}(s)=0} = C(sI-A)^{-1}B \\ \left.\dfrac{\hat{y}(s)}{\hat{d}(s)}\right|_{\hat{u}(s)=0} = C(sI-A)^{-1}[(A_1-A_2)X + (B_1-B_2)U] + (C_1-C_2)X \end{cases} \tag{3-86}$$

由式(3-81)得到稳态解：

$$\begin{cases} X = -A^{-1}BU \\ Y = -CA^{-1}BU \end{cases} \quad (3-87)$$

3.5.4.2 移相全桥 ZVS DC-DC 变换器小信号模型

移相全桥 ZVS DC-DC 变换器利用谐振电感与开关管并联电容的局部谐振，在开关管开通之前使其两端电压降为零，实现零电压开通。电路工作时一个开关周期共有 12 种工作状态，直接对移相全桥 ZVS DC-DC 变换器建模非常困难。图 3-20 和图 3-21 分别给出了双极性硬开关和移相软开关 DC-DC 变换器工作时变压器一次侧电压电流和二次侧电压波形。由图 3-20、图 3-21 可以看出，在给定占空比控制下，两种电路的主要波形近似，差别在于软开关 DC/DC 可控源电路由于漏感的存在，出现占空比丢失。

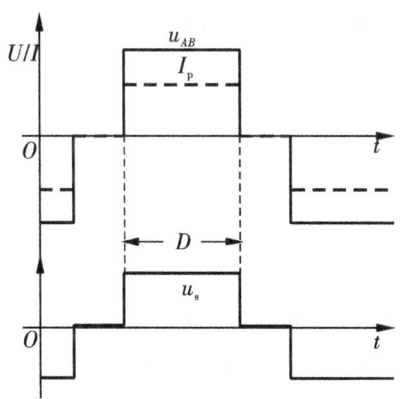

图 3-20 双极性硬开关 DC/DC 可控源电路主要工作波形

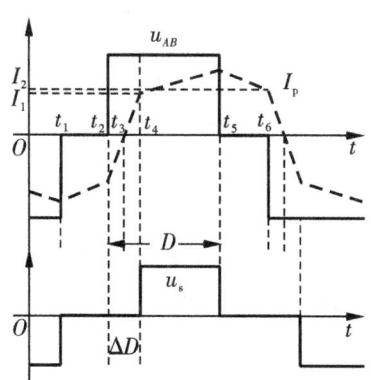

图 3-21 移相软开关 DC/DC 可控源电路主要工作波形

根据前面分析可知，丢失的占空比与谐振电感 L_r、开关周期 T_S 和输出电压 U_o 等参数都有关。丢失的占空比表达式为

$$D_{\text{loss}} = \frac{n}{\dfrac{U_{\text{in}}}{L_r} \times \dfrac{T_S}{2}} \left[2I_{L_o} - \frac{U_o}{L_o}(1-D)\frac{T_S}{2} \right] \quad (3-88)$$

式中，I_{L_o} 为输出滤波电感的电流平均值；$n = N_s/N_p$ 为一、二次侧匝数比。因此，有效占空比 D_{eff} 可表示为

$$D_{\text{eff}} = D - D_{\text{loss}} = D - \frac{2nL_r}{U_{\text{in}}T_S}\left[2I_{L_o} - \frac{U_o}{L_o}(1-D)\frac{T_S}{2}\right] \quad (3-89)$$

有效占空比的小信号表达式为

$$d_{\text{eff}} = D_{\text{eff}} + \hat{d}_{\text{eff}} \quad (3-90)$$

由式(3-89)能够看出，输出滤波电感 L_o、高频主变压器匝数比 n 和变换器开关周期 T_S 等参数均能影响有效占空比 D_{eff}。当拓扑结构和元器件参数固定后，D_{eff} 仅受输入电压

第3章 高频DC-DC功率变换器

U_{in}、输出滤波电感 L_o 以及占空比 D 影响，因此小信号扰动量 d_{eff} 与占空比扰动量 $\hat{d}_d$、滤波电感电流扰动量 $\hat{d}_i$、输入电压扰动量 $\hat{d}_v$ 有关，其值可以表示为

$$d_{eff} = \hat{d}_d + \hat{d}_i + \hat{d}_v \tag{3-91}$$

下面针对系统中出现的上述三类主要扰动分别进行理论分析

(1) 当占空比出现扰动时，即 $d = D + \hat{d}$，代入式(3-89)可得

$$D_{eff} + \hat{d}_d = (D + \hat{d}) - \frac{2nL_r}{U_{in}T_S}\left[2I_{L_o} - \frac{U_o}{L_o}(1 - D - \hat{d})\frac{T_S}{2}\right] \tag{3-92}$$

分离小信号扰动量有

$$\hat{d}_d = \hat{d} - n^2 \frac{L_r}{L_o}\hat{d} \tag{3-93}$$

由于谐振电感 L_r 远小于二次侧输出滤波电感 L_o 的感量，所以可以认为 $\hat{d}_d \approx \hat{d}$。

(2) 当输出电流出现扰动时，即 $i_{L_o} = I_{L_o} + \hat{i}_{L_o}$，这时产生的扰动为 $\hat{d}_i$，代入式(3-89)可得

$$D_{eff} + \hat{d}_i = D - \frac{2nL_r}{U_{in}T_S}\left[2(I_{L_o} + \hat{i}_{L_o}) - \frac{U_o}{L_o}(1 - D)\frac{T_S}{2}\right] \tag{3-94}$$

分离小信号扰动量有

$$\hat{d}_i = -\frac{4nL_r}{U_{in}T_S} \times \hat{i}_{L_o} \tag{3-95}$$

(3) 当输入电压出现扰动时，即 $u_{in} = U_{in} + \hat{u}_{in}$，此时产生的扰动为 $\hat{d}_v$，代入式(3-89)可得

$$D_{eff} + \hat{d}_v = D - \frac{2nL_r}{(U_{in} + \hat{u}_{in})T_S}\left[2I_{L_o} - \frac{U_o}{L_o}(1 - D)\frac{T_S}{2}\right] \tag{3-96}$$

分离小信号扰动量有

$$\hat{d}_v = \frac{1}{\frac{U_{in}^2}{\hat{u}_{in}} + 1} \times \frac{2nL_r}{T_S}\left[2I_{L_o} - \frac{U_o}{L_0}(1 - D)\frac{T_S}{2}\right] \tag{3-97}$$

$\hat{u}_{in}$ 为 U_{in} 的交流小信号，因此 $\hat{u}_{in} \ll U_{in}$，即 $U_{in}^2/\hat{u}_{in} \gg 1$。另外，为保证变换器工作效率，占空比取值一般较大，因此式(3-97)可简化为

$$\hat{d}_v = \frac{4nL_rI_{L_o}}{U_{in}^2 T_S} \times \hat{u}_{in} \tag{3-98}$$

综合上述讨论分析，并且根据已有的 Buck 变换器小信号模型，将三种扰动量代入公式，便可得到移相全桥 ZVS DC-DC 变换器的小信号等效模型，如图3-22所示。

根据图3-22可以得到如下传递函数：

$$H_o = \frac{u_o(s)}{u_i(s)} = \frac{\frac{1}{sC_o} // R}{sL_o + \frac{1}{sC_o} // R} = \frac{1}{s^2 L_o C_o + s\frac{L_o}{R} + 1} \tag{3-99}$$

$$Z_{\text{in}} = \frac{\hat{u}_i(s)}{\hat{i}_i(s)} = \frac{\hat{u}_i(s)}{\dfrac{\hat{u}_o(s)}{\dfrac{1}{sC_o} /\!/ R}} = \frac{R(1/H_o)}{1 + sRC_o} \tag{3-100}$$

式中，H_o 表示输出滤波器的传递函数；Z_{in} 表示滤波器的输入阻抗。

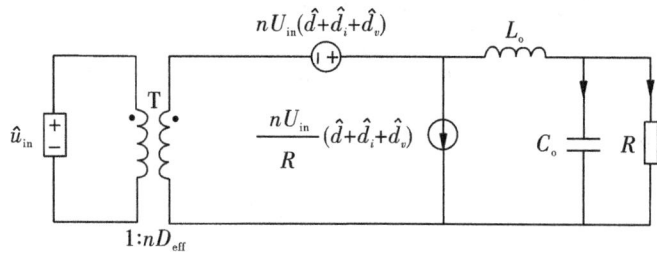

图 3-22　移相全桥 ZVS DC-DC 小信号等效模型

有占空比扰动对输出电压扰动的传递函数为

$$G_{vd}(s) = H_o n U_{\text{in}} \frac{Z_{\text{in}}}{Z_{\text{in}} + R_d} \tag{3-101}$$

令 $\hat{u}_{\text{in}}(s) = 0$，并将式（3-99）代入式（3-101）可得

$$G_{vd}(s) = H_o n U_{\text{in}} \frac{Z_{\text{in}}}{Z_{\text{in}} + R_d} = \frac{n U_{\text{in}}}{s^2 L_o C_o + s\left(\dfrac{L_o}{R} + R_d C_o\right) + \dfrac{R_d}{R} + 1} \tag{3-102}$$

式中，$R_d = 4n^2 L_r f_s$，f_s 为变换器开关频率。

同理，可得控制-滤波电感电流传递函数：

$$G_{id}(s) = \frac{n U_{\text{in}}\left(C_o s + \dfrac{1}{R}\right)}{L_o C_o s^2 + \left(\dfrac{L_o}{R} + R_d C_o\right) s + \dfrac{R_d}{R} + 1} \tag{3-103}$$

3.5.4.3　补偿网络的设计

为满足实际系统工作要求，保证系统抗干扰能力以及快速调节能力，需在系统中引入负反馈控制环节。本例采用由电流内环和电压外环组合搭建的双环反馈控制方式，即先对内环进行调节，然后将其作为整体再参与外环系统进行参数设计。如图 3-23 为双环控制系统框图。

电流内环中 $G_{id}(s)$ 表示控制-滤波电感电流传递函数，$Z(s)$ 为电源功率部分传递函数，$G_c(s)$ 表示电流控制器传递函数，H_i 为电流反馈传递函数。电压外环中 $G_v(s)$ 表示电压控制器传递函数，H_v 为电压反馈传递函数。针对两个环路分别进行如下设计：

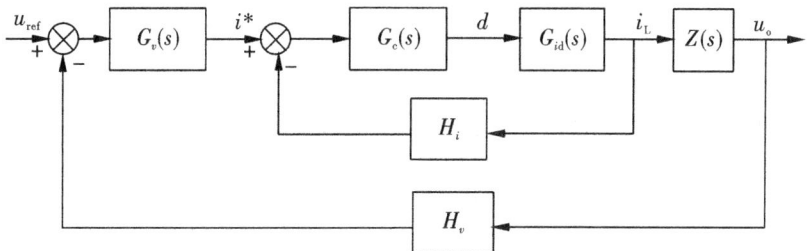

图 3-23 双环控制系统框图

(1)电流内环控制系统,如图 3-24 所示为电流内环控制器结构图。

根据图 3-24 可以得到电流内环闭环传递函数:

$$G_i(s) = \frac{G_c(s)G_{id}(s)}{1 + G_c(s)G_{id}(s)H_i} \quad (3-104)$$

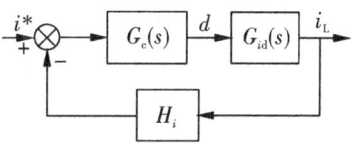

图 3-24 电流环控制系统

在实际变换器电路设计时,电流内环的穿越频率,即变换器开关频率远大于电压外环的穿越频率。故此处可以只考虑电流内环的低频增益,式(3-104)可化简为

$$G_i(s) = \frac{1}{H_i(s)} \quad (3-105)$$

当变换器电流检测部分参数固定,即 $H_i(s)$ 为定值时,电流采样网路与电流给定量决定了变换器输出电流的大小,而不受系统主功率部分和电流补偿环节的影响。此时,$G_i(s)$ 可以等效成一个常数,于是双环系统就等效为一个电压环控制系统。

(2)电压外环控制。通过对双环系统的分析,将电流内环网络等效成为增益为 $G_i(s)$ 的比例环节,实现了系统的降阶处理并且加入补偿环节,简化后的系统框图如图 3-25 所示。图 3-25 中,$G_v(s)$ 表示补偿器传递函数,$G_i(s)$ 表示电流环等效传递函数。

由控制理论可知,一个理想的控制系统应该具有高增益、宽带宽和足够的相位裕度。较高的增益能确保系统具备很好的线性特性和负载调整率;宽带宽的系统能快速响应负载变化和外界扰动;减弱振荡需具备足够高的相位裕度并且可用来减小系统瞬时响应时间,相位裕度为 30°~60°时,系统的动态响应效果良好且调节时间较短。基于峰值电流控制模式的主控芯片 UCC28950 采用 PI 补偿环节,如图 3-26 所示。

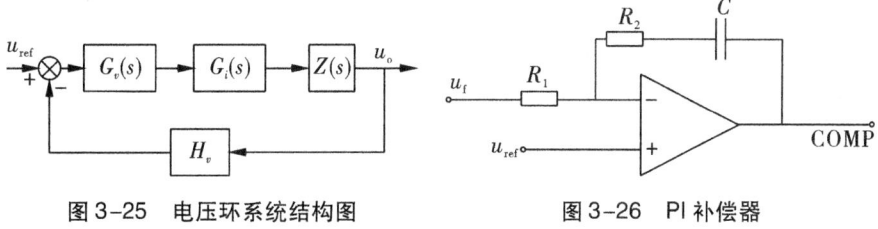

图 3-25 电压环系统结构图　　图 3-26 PI 补偿器

补偿器的传递函数为

$$G_v(s) = \frac{R_2}{R_1} \cdot \frac{sR_2C + 1}{sR_2C} \quad (3-106)$$

考虑利用补偿器的零点抵消变换器传递函数的极点来提高系统相位裕度,有

$$\frac{1}{R_2C} = \frac{1}{\sqrt{L_oC_o}} \quad (3-107)$$

加入补偿器的开环函数为

$$G(s) = G_v(s)G_i(s)Z(s)H_v \quad (3-108)$$

设定相位裕度为 45°,求得 R_2/R_1 约为 0.55,利用 MATLAB 画出补偿后的 Bode 图如图 3-27 所示,穿越频率为 5.07 kHz,相位裕度为 44.9°。

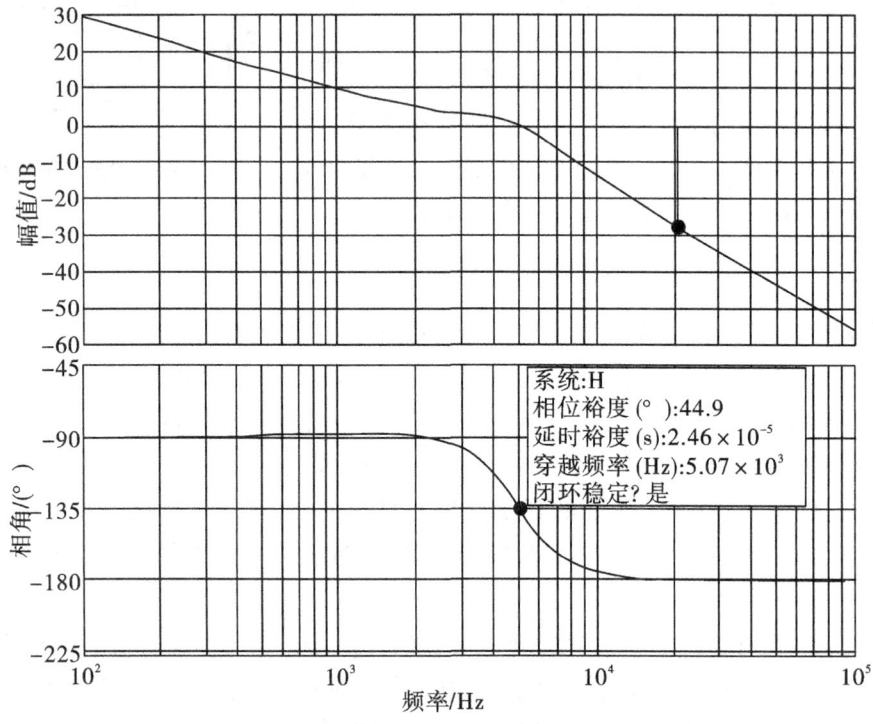

图 3-27 补偿后传递函数 $G(s)$ 的 Bode 图

3.5.5 仿真

针对前面的设计的电路参数,利用 MATLAB/simulink 进行了仿真,图 3-28 给出了驱动信号、逆变输出电压 u_{AB}、一次侧电流 i_p 以及二次侧电压 u_s 的波形,与图 3-7 波形一致,实现了移相软开关的功能。

移相全桥开关电源

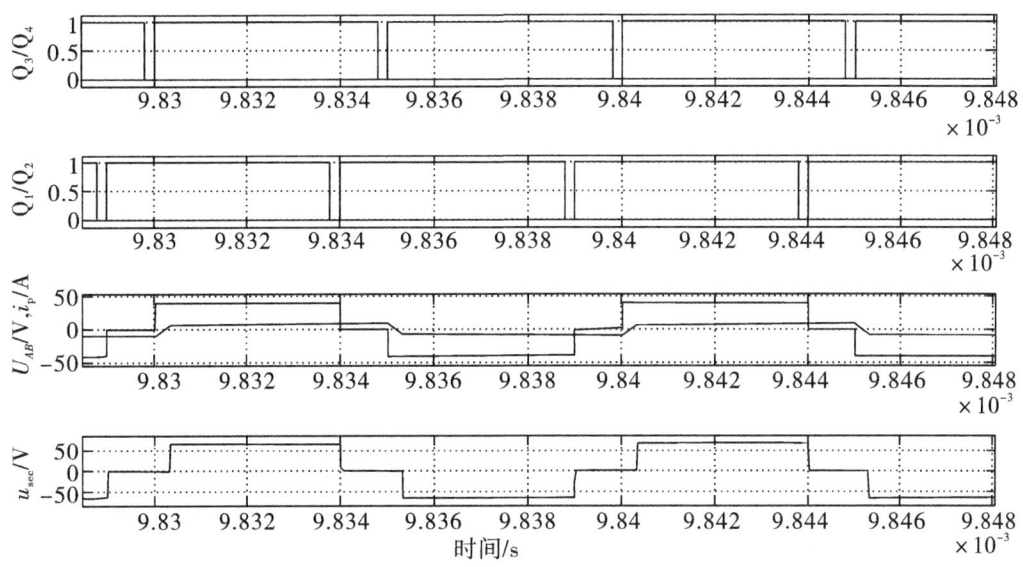

图3-28 驱动信号及变压器电压和电流波形

采用电压电流双环控制,闭环输出电压和电流波形如图3-29所示,输出电压为48 V,输出电流为50 A,达到了设计要求。

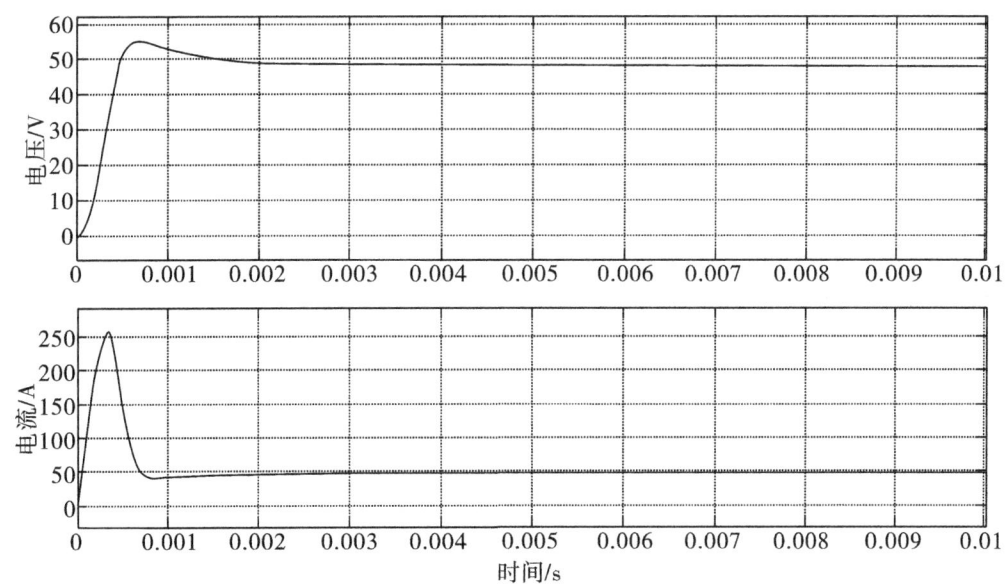

图3-29 输出电压和电流波形

在0.02 s时,负载电流由50 A变为25 A,输出电压和电流波形如图3-30(a)所示。在0.02秒时,电源电压由410 V变为450 V,输出电压和电流波形如图3-30(b)所示。由此可以看出,在电压闭环控制作用下,输出电压跟踪效果较好。

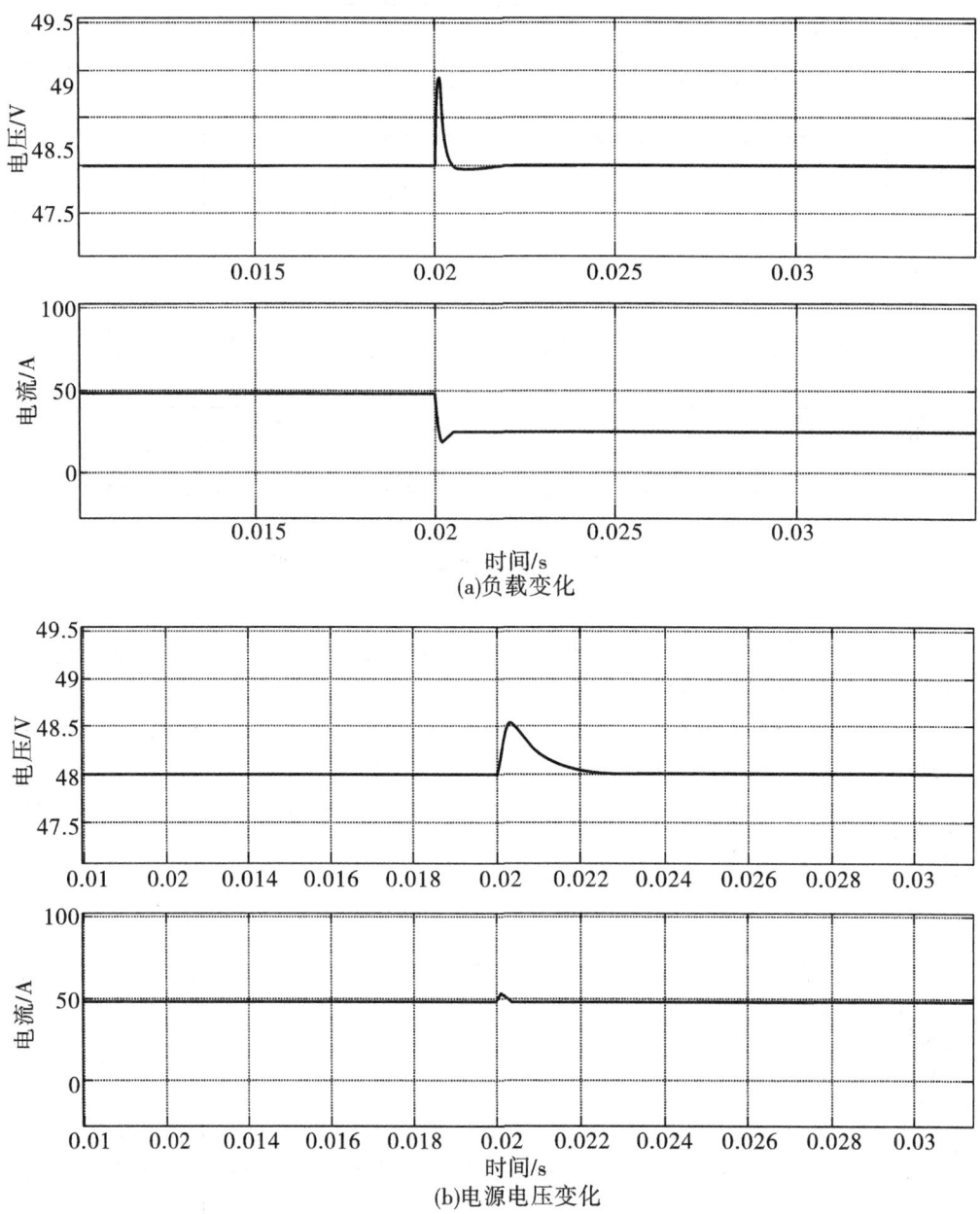

图 3-30　负载和电源变化下输出电压和电流的波形

3.6　本章小结

本章围绕 PWM 直流变换器介绍了软开关直流变换器、直流变换器磁性元件特性、直流变换器控制系统设计,并给出一个开关电源设计实例,具体内容如下:

(1) 先根据输入、输出是否隔离对直流变换器进行分类,并给出典型直流变换器的特性。然后介绍了分析直流变换器的三个基本原理——小纹波近似原理、伏秒平衡原理和安秒平衡原理。最后给出了软开关技术的概念和分类,对 PWM 调制方式进行了介绍。

(2) 重点介绍了移相全桥软开关直流变换器和双向全桥 PWM 直流变换器的拓扑结构、工作过程分析、电路特性、参数计算和优缺点。

(3) 电感和变压器等磁性元件是直流变换器设计的关键环节,就磁性材料的磁滞回线、磁场强度、损耗和磁芯利用率以及磁芯工作状态对磁性元件工作特性的影响进行了介绍。

(4) 以开关电源设计为例,给出了设计技术指标,设计了主电路和控制电路,推导了移相软开关电路的数学模型,计算了控制器参数,并进行了系统仿真。

第4章 高功率因数 PWM 整流器

4.1 PWM 整流器概述

4.1.1 整流电路的谐波和功率因数

目前,在变频器、逆变电源、高频开关电源以及各类特种变流器中,需要整流环节以获得直流电压,由于常规整流环节广泛采用了二极管不控整流电路和晶闸管相控整流电路,晶闸管相控整流电路的输入电流滞后电压,其滞后角随着触发角的增大而增大,而且输入电流中谐波分量相当大,所以功率因数低,如图4-1所示。二极管整流电路虽然位移因数接近1,但输入电流中谐波分量很大,因此功率因数也很低,对电网造成了严重的"污染",如图4-2所示。

PWM 整流技术概念

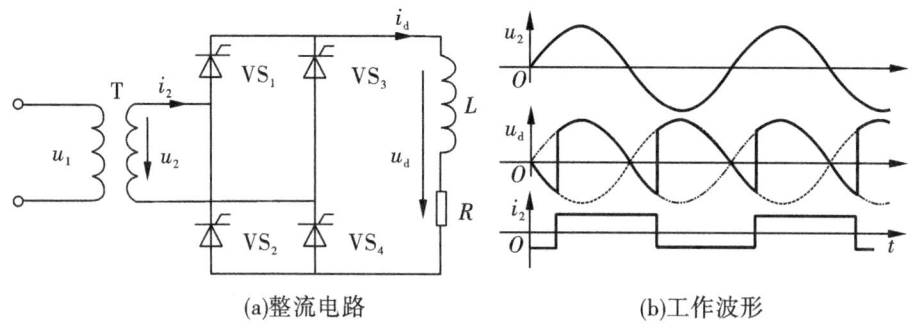

图 4-1 单相全控整流电路及工作波形

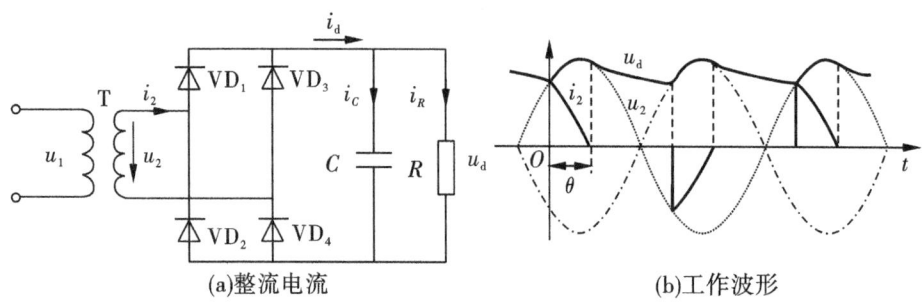

图 4-2 单相不控整流电路及工作波形

整流器的功率因数是市电电网输入的有效功率与视在功率之比。根据 Budean 的频率分析法,其值与交流输入电流的畸变程度和输入电流基波与输入电压之间的相位角有关。假定输入电压为正弦波,其有效值为 U、初始相位角为 0;输入电流是有畸变的非正弦波,其有效值为 I、基波有效值为 I_1;基波电流与输入电压的相移角为 φ_1。这样,单相桥式整流器的输入有功功率为

$$P = UI_1\cos\varphi_1 \tag{4-1}$$

输入电流的基波因数 γ 定义为 $\gamma = I_1/I$,γ 反映了电流波形的畸变程度。电流总谐波畸变率(Total Harmonic Distortion,THD)T_{THD} 的定义为

$$T_{THD} = \frac{\sqrt{I^2 - I_1^2}}{I_1} = \frac{\sqrt{I_2^2 + I_3^2 + I_4^2 + \cdots + I_n^2}}{I_1} = \frac{\sqrt{\sum_{n=2}^{\infty} I_n^2}}{I_1} \times 100\% \tag{4-2}$$

THD 反映了电流波形的谐波含量。在输入电流中,只有其基波电流与市电电网电压频率相同,可以产生有功功率,而其谐波电流与市电电压频率不相同,是市电频率的整数倍,其平均功率等于零,故不产生有功功率,即

$$\frac{1}{2\pi}\int_0^{2\pi} U_m\sin(\omega t + \theta)I_{mn}\sin(n\omega t + n\alpha_1)\mathrm{d}(\omega t) = 0 \tag{4-3}$$

基波电流产生的有功功率 $P = UI_1\cos\varphi_1$。令 $\lambda = \cos\varphi_1$,λ 称为位移因数。整流器的输入视在功率 $S = UI$。则单相桥式整流器的功率因数的定义式为

$$\cos\varphi = \frac{P}{S} = \frac{UI_1\cos\varphi_1}{UI} = \frac{I_1}{I}\cos\varphi_1 = \gamma\lambda = \frac{I_1\lambda}{\sqrt{\sum_{n=1}^{\infty} I_n^2}} = \frac{\lambda}{\sqrt{1 + T_{THD}^2}} \tag{4-4}$$

治理这种电网"污染"最根本的措施是要求变流装置能实现网侧电流正弦化,提高功率因数。其主要思路是将 PWM 技术引入整流器的控制中,使整流器网侧电流正弦化,且可运行于单位功率因数。PWM 整流技术可以从源头上降低甚至杜绝谐波污染,这也是 PWM 整流器被称作"绿色电源"的原因,同时它可以起到节能降耗的作用。

PWM 整流器具有以下优良性能:
(1)网侧电流为正弦波。
(2)网侧功率因数可控(如单位功率因数控制)。
(3)电能双向传输。
(4)较快的动态控制响应。

PWM 整流器实现了网侧电流正弦化,可以运行于单位功率因数,且能量双向传输,因而真正实现了"绿色电能变换"。

4.1.2 PWM 整流器分类

PWM 整流电路是采用 PWM 控制方式和全控器件组成的整流电路,由于它在不同程度上解决了传统低频整流电路存在的问题,成为近年来国内外研究的热点。随着 PWM 整流器技术的发展,已设计出多种 PWM 整流器,其分类如图 4-3 所示。

对于中、大功率整流电路均采用三相桥式电路结构;对于小功率整流电路多采用单相不控整流加一级直流变换电路,以实现网侧功率因数校正(Power Facter Correction,PFC)。在桥式电路中,根据交流侧相电压对负载侧直流中点的电平数,电路可分为两电平、三电平和多电平,普通 PWM 桥式整流电路属于两电平电路。多电平电路有二极管箝位和飞跨电容多电平结构。鉴于 PWM 软开关技术已在其他变换电路中成功应用,为了降低器件开关损耗和 EMI,人们开始研制软开关 PWM 整流电路,本章主要讨论硬开关 PWM 整流电路。

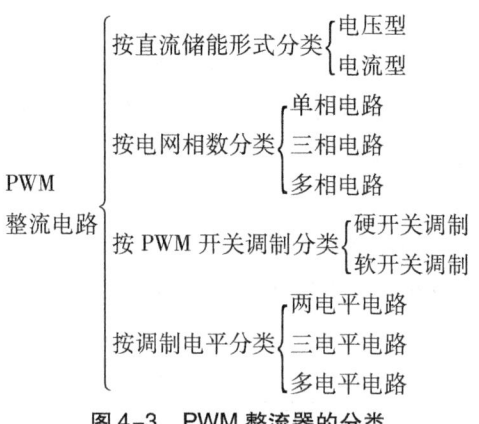

图 4-3 PWM 整流器的分类

尽管分类方法多种多样,但最基本的分类方法就是将 PWM 整流器分类成电压型和电流型两大类。电压型 PWM 整流电路(Voltage Source PWM Rectifier,VSR)最显著拓扑特征是直流侧采用电容进行直流储能,从而使 VSR 直流侧呈低阻抗的电压源特性。电流型 PWM 整流电路(Current Source PWM Rectifier,CSR)最显著拓扑特征是直流侧采用电感进行直流储能,从而使 CSR 直流侧呈高阻抗的电流源特性。对于电压型、电流型 PWM 整流器,无论是在主电路结构、PWM 信号发生以及控制策略等方面均有各自的特点,并且两者间存在电路上的对偶性。其他分类方法就主电路拓扑结构而言,均可归类于电流型或电压型 PWM 整流器之列。

4.1.3 PWM 整流器拓扑结构

4.1.3.1 电压型 PWM 整流电路

图 4-4 分别给出了单相和三相 VSR 主电路拓扑结构,交流侧串联电感主要用以滤除网侧电流谐波。值得注意的是,VSR 主电路功率开关管必须反并联一个续流二极管,以缓冲 PWM 过程中的无功能量。

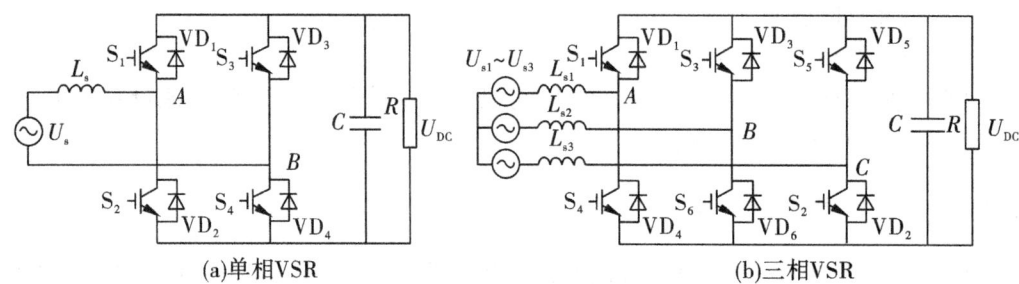

图 4-4 单相、三相 VSR 拓扑结构

4.1.3.2 电流型 PWM 整流电路

图 4-5 分别给出了单相和三相 CSR 主电路拓扑结构。除直流储能电感以外,与 VSR 相比,其交流侧增加了一个滤波电容,其作用与网侧电感一起组成 LC 滤波器,以滤除 CSR 网侧谐波电流,并抑制 CSR 交流侧谐波电压。另外,一般需在 CSR 功率开关管上顺向串联二极管,其主要目的是阻断反向电流(因为一般功率开关管大都集成有反并联二极管),并提高功率开关管的耐反压能力。

在实际的应用中,更多的用户或者负载要求恒压输出,故本章主要分析电压型 PWM 整流电路。

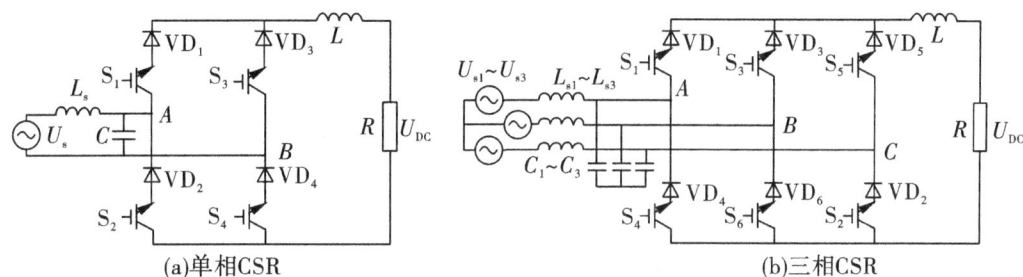

图 4-5 单相、三相 CSR 拓扑结构

4.2 PWM 整流器工作原理

4.2.1 单相 PWM 整流电路工作原理

单相 PWM 整流工作原理

电压型单相桥式 PWM 整流电路最早用于交流机车传动系统,为间接式变频电源提供直流中间环节,其电路如图 4-6 所示。每个桥臂由一个全控器件和反并联的整流二极管组成。交流侧电感 L 是外接电抗器,起平衡电压、支撑无功功率和储存能量的作用。电阻 R 是外接电抗器中的电阻、交流电源内阻和开关器件导通电阻等的等效电阻。

稳态时,PWM 整流电路输出直流电压 u_{DC} 不变,把正弦波作为调制信号 u_r,等腰三角波作为载波信号 u_c,进行调制,在整流器交流侧 A、B 之间得到一个 SPWM 波。因为等腰三角波上任一点水平宽度和高度为线性关系且左右对称,当它与正弦波相交时,如果在交点时刻对电路中的开关器件的通断进行控制,就可以得到宽度正比于正弦波幅值的脉冲,这正好符合 PWM 控制的基本原理。单相 PWM 整流器的调制方法主要有单极性 SPWM、双极性 SPWM 和单极性倍频 SPWM。由于单极性倍频 SPWM 调制输出脉冲为载波频率的 2 倍,降低了调制正弦波的畸变率,获得了广泛的应用。下面分析单极性倍频 SPWM 调制的过程。

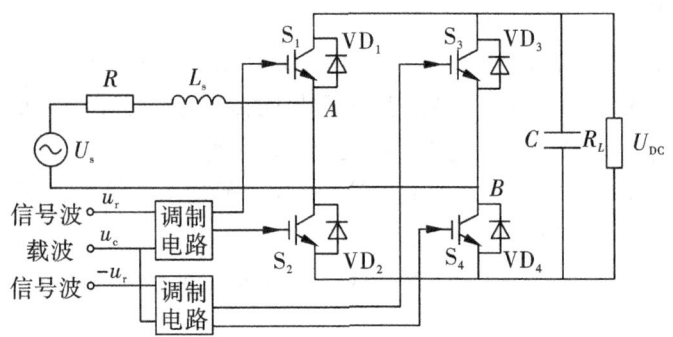

图 4-6 单相电压型 SPWM 整流电路

开关管 S_1 和 S_2 的控制信号 u_{sg1}、u_{sg2} 由 u_r 和 u_c 调制得到。当 $u_r>u_c$ 时使 S_1 导通，S_2 关断；当 $u_r<u_c$ 时使 S_1 关断、S_2 导通；u_{sg1} 和 u_{sg2} 的波形如图 4-7 所示。开关管 S_3 和 S_4 的控制信号 u_{sg3}、u_{sg4} 由 $-u_r$ 和 u_c 调制得到。当 $-u_r>u_c$ 时使 S_3 导通、S_4 关断，当 $-u_r<u_c$ 时使 S_3 关断、S_4 导通；u_{sg3} 和 u_{sg4} 的波形如图 4-7 所示。按照 u_{sg1}、u_{sg2}、u_{sg3}、u_{sg4} 控制图 4-6 所示电路中的 4 个开关管，就可以在桥的交流侧产生一个 SPWM 波 u_{AB}，如图 4-7 所示。

从整流器输入电压的 SPWM 调制波形看出，u_{AB} 中除了含有与电源同频率的基波分量，还有和三角载波有关的高频谐波。由于电感 L 的滤波作用，这些高次谐波电压只会使交流电流 i_s 产生很小的脉动。如果忽略这种脉动，当信号波频率和电源频率相同时，i_s 为频率与电源频率相同的正弦波。PWM 整流电路的等效电路如图 4-8 所示，其中 u_s 为交流电源电压。当 u_s 一定时，i_s 的幅值和相位由 u_{AB} 中的基波分量 u_{ABf} 的幅值及其与 u_s 的相位差决定。改变 u_{AB} 中的基波分量 u_{ABf} 的幅值和相位，就可以使 i_s 与 u_s 同相或反相，或 i_s 与 u_s 相位差为所需要的角度。

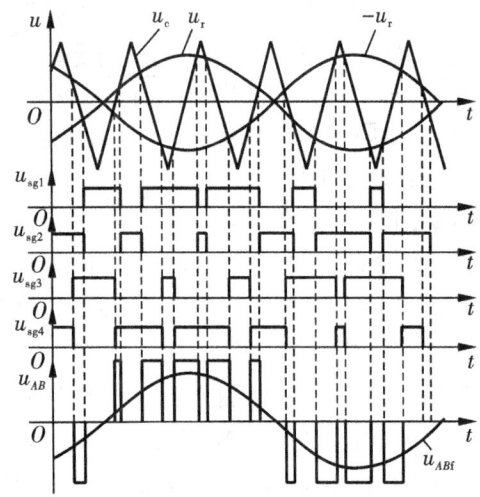

图 4-7 单相电压型 SPWM 工作波形

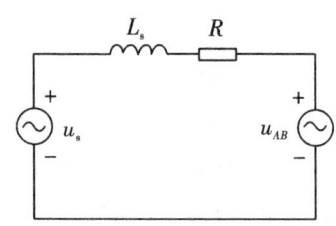

图 4-8 单相全桥 PWM 整流电路等效电路

图 4-9 说明了这几种情况,其中 $\dot{U}_s$、$\dot{U}_L$、$\dot{U}_R$ 和 $\dot{I}_s$ 分别为交流电源电压 u_s、电感 L 上的电压 u_L、电阻 R 上的电压 u_R 以及交流电流 i_s 的向量,$\dot{U}_{AB}$ 为 u_{AB} 的向量。图 4-9(a) 中,$\dot{U}_{AB}$ 滞后 $\dot{U}_s$ 的相角为 δ,$\dot{I}_s$ 和 $\dot{U}_s$ 完全同相位,电路工作在整流状态,且功率因数为 1,这就是 PWM 整流电路最基本的工作状态。图 4-9(b) 中,$\dot{U}_{AB}$ 超前 $\dot{U}_s$ 的相角为 δ,$\dot{I}_s$ 和 $\dot{U}_s$ 反相,电路工作在逆变状态,这说明 PWM 整流电路可实现能量正反两方向流动,即:既可以运行在整流状态,从交流侧向直流侧输送能量;也可以运行在逆变状态,从直流侧向交流侧输送能量。而且,这两种方式都可以在单位功率因数下运行。这一特点对于需再生制动的交流电动机调速系统很重要。图 4-9(c) 中,$\dot{U}_{AB}$ 滞后 $\dot{U}_B$ 的相角为 δ,$\dot{I}_s$ 超前 $\dot{U}_s$ 90°,电路在向交流电源送出无功功率,这时称为静止无功功率发送器(Static Var Generator, SVG),一般不再称为 PWM 整流电路。在图 4-9(d) 所示的情况下,通过对幅值和相位的控制,可以使 $\dot{I}_s$ 比 $\dot{U}_s$ 超前或滞后任一角度 δ。

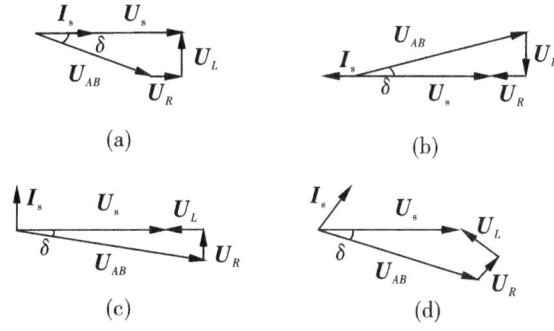

图 4-9 PWM 整流电路的运行方式相量图

对单相全桥 PWM 整流电路工作原理的进一步说明。整流状态下,$u_s > 0$ 时,(S_2、VD_4、VD_1、L)和(S_3、VD_1、VD_4、L)分别组成两个升压斩波电路。以(S_2、VD_4、VD_1、L)为例,S_2 通时,u_s 通过 S_2、VD_4 向 L 储能。S_2 关断时,L 中的储能通过 VD_1、VD_4 向 C 充电。$u_s < 0$ 时,(S_1、VD_3、VD_2、L)和(S_4、VD_2、VD_3、L)分别组成两个升压斩波电路,工作原理和 $u_s > 0$ 类似。由于按升压斩波电路工作,如控制不当,直流侧电容电压可能比交流电压峰值高出许多倍,对器件形成威胁。

另外,如直流侧电压过低,例如低于 u_s 的峰值,则 u_{AB} 中就得不到图 4-9(a) 中所需的足够高的基波电压幅值,或 u_{AB} 中含有较大的低次谐波,这样就不能按需要控制 i_s,i_s 波形会畸变。

可见,电压型 PWM 整流电路是升压型整流电路,其输出直流电压可从交流电源电压峰值附近向高调节,如要向低调节就会使性能恶化,甚至不能工作。

4.2.2 三相 PWM 整流电路的 SVPWM 控制

图 4-10 所示为三相电压型 PWM 整流电路。由图 4-10 可以看出,PWM 整流器电路

由交流回路、功率开关管回路以及直流回路组成。其中,交流回路包括交流电动势 u_a、u_b、u_c、网侧电阻 R 以及网侧电感 L 等;直流回路包括电容 C、负载电阻 R_L 等;功率开关管桥由 3 个桥臂组成,每个桥臂由两个全控型功率器件反并联两个二极管构成,二极管在功率开关截止时起续流作用,从而实现了电流的双向流动。

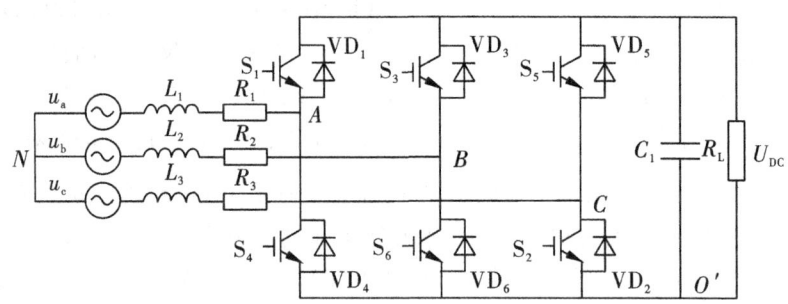

图 4-10 三相桥式 PWM 整流电路

对于三相六开关 VSR 拓扑结构,需对三相桥臂施加幅值、频率相等,而相位互差 120°的三相对称正弦波调制信号。由于每相桥臂共有两种开关模式,即上桥臂导通或下桥臂导通,所以三相 VSR 共有 $2^3=8$ 种开关模式,并可利用单极性二值逻辑开关函数 s_j (j=a,b,c)描述,即

$$s_j = \begin{cases} 1, j \text{ 相上桥臂导通、下桥臂关断}, \\ 0, j \text{ 相上桥臂关断、下桥臂导通}, \end{cases} j = a,b,c \tag{4-5}$$

三相 VSR 8 种开关模式如表 4-1 所示。

表 4-1 三相电压型 PWM 开关模式

开关模式	1	2	3	4	5	6	7	8
导通器件	$S_1(VD_1)$ $S_6(VD_6)$ $S_2(VD_2)$	$S_4(VD_4)$ $S_3(VD_3)$ $S_2(VD_2)$	$S_1(VD_1)$ $S_3(VD_3)$ $S_2(VD_2)$	$S_4(VD_4)$ $S_6(VD_6)$ $S_5(VD_5)$	$S_1(VD_1)$ $S_6(VD_6)$ $S_5(VD_5)$	$S_4(VD_4)$ $S_3(VD_3)$ $S_5(VD_5)$	$S_1(VD_1)$ $S_3(VD_3)$ $S_5(VD_5)$	$S_4(VD_4)$ $S_6(VD_6)$ $S_2(VD_2)$
开关函数($s_a s_b s_c$)	100	010	110	001	101	011	111	000

利用空间电压矢量来描述三相 PWM 整流桥的开关状态,如图 4-11 所示,空间被 6 个非零电压矢量划分为 6 个扇区,每个扇区对应 π/3,当期望输出电压矢量落在某个扇区内时,就用与期望输出电压矢量相邻的两个有效工作矢量等效地合成期望输出矢量。

以在第 I 扇区内的期望输出矢量为例,由

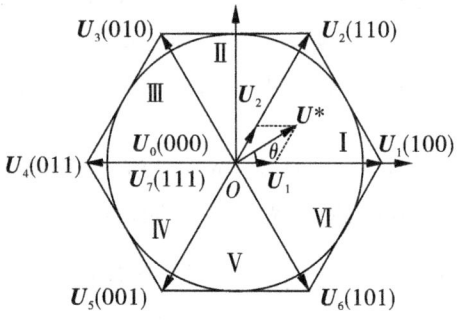

图 4-11 三相 VSR 空间电压矢量分布

基本电压空间矢量 U_1 和 U_2 的线性组合构成期望的电压矢量 U^*，θ 为期望输出电压矢量与扇区起始边的夹角。基本电压矢量 U_1 的时间为 T_1，基本电压矢量 U_2 的时间为 T_2，剩余时间 $T_{0,7} = T_S - T_1 - T_2$ 由零矢量 U_0 或 U_7 补齐。根据 PWM 调制技术的面积等效原理，要实现交流侧电压和参考电压矢量的等效，需要使它们在开关周期 T_S 时间内冲量相等，即

$$\frac{T_1}{T_S}U_1 + \frac{T_2}{T_S}U_2 = U^* \tag{4-6}$$

式中，T_1，T_2 为矢量 U_1，U_2 在一个开关周期中的持续时间；T_S 为开关周期。

根据矢量合成的平行四边形法则，$U_1\dfrac{T_1}{T_S}$ 即为 U^* 在基本电压矢量 U_1 方向上的分量，$U_2\dfrac{T_2}{T_S}$ 即为 U^* 在基本电压矢量 U_2 方向上的分量，由此可以计算出 T_1 和 T_2 的大小。如图 4-12 所示，在 $\alpha\beta$ 坐标系中，计算 U^* 在 α、β 轴上的分量：

$$\begin{cases} u_\alpha = \dfrac{T_1}{T_S}U_1 + \dfrac{T_2}{T_S}U_2\cos\dfrac{\pi}{3} \\ u_\beta = \dfrac{T_2}{T_S}U_2\cos\dfrac{\pi}{6} \end{cases} \tag{4-7}$$

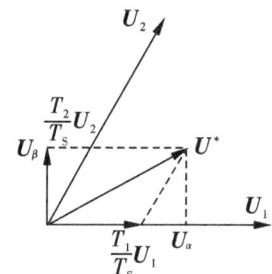

图 4-12　矢量 U^* 在 α、β 轴上的分量

把 $U_1 = U_2 = \dfrac{2}{3}U_{DC}$ 代入，可以计算出 T_1 和 T_2 的大小：

$$\begin{cases} T_1 = \dfrac{\sqrt{3}\,T_S}{2U_{DC}}(\sqrt{3}\,u_\alpha - u_\beta) \\ T_2 = \dfrac{\sqrt{3}\,T_S}{U_{DC}}u_\beta \end{cases} \tag{4-8}$$

类似地，可以计算出在不同扇区用两个基本电压矢量合成参考电压矢量时，它们分别的持续时间。

实际上，对于三相 VSR 某一给定的电压空间矢量 U^*，常有几种合成方法，以下讨论均考虑 U^* 在 VSR 空间矢量区域 I 的合成。

方法一：将零矢量 U_0 均匀地分布在矢量 U^* 的起点、终点上，然后依次由 U_1、U_2 按三角形方法合成，如图 4-13(a)所示。另外，再从该合成方法的开关函数波形[图 4-13(b)]分析，一个开关周期中，VSR 上桥臂功率开关管共开关 4 次，由于开关函数波形不对称，所以 PWM 谐波分量主要集中在开关频率 f_S 及 $2f_S$ 上，其频谱分布如图 4-13(c)所示。显然，在频率 f_S 处的谐波幅值较大。

方法二：仍然将零矢量 U_0 均匀地分布在矢量 U^* 的起点、终点上。但与方法一不同的是，除零矢量外，U^* 依次由 U_1、U_2、U_1 合成，并从矢量 U^* 中点截出两个三角形，如图 4-14(a)所示。另外，由图 4-14(b)所示的 PWM 开关函数波形分析，一个

开关周期中 VSR 上桥臂功率开关管共开关 4 次,且波形对称,因而其 PWM 谐波分量仍主要分布在开关频率的整数倍频率附近,谐波幅值显然比方法一有所下降,其频谱分布如图 4-14(c)所示。

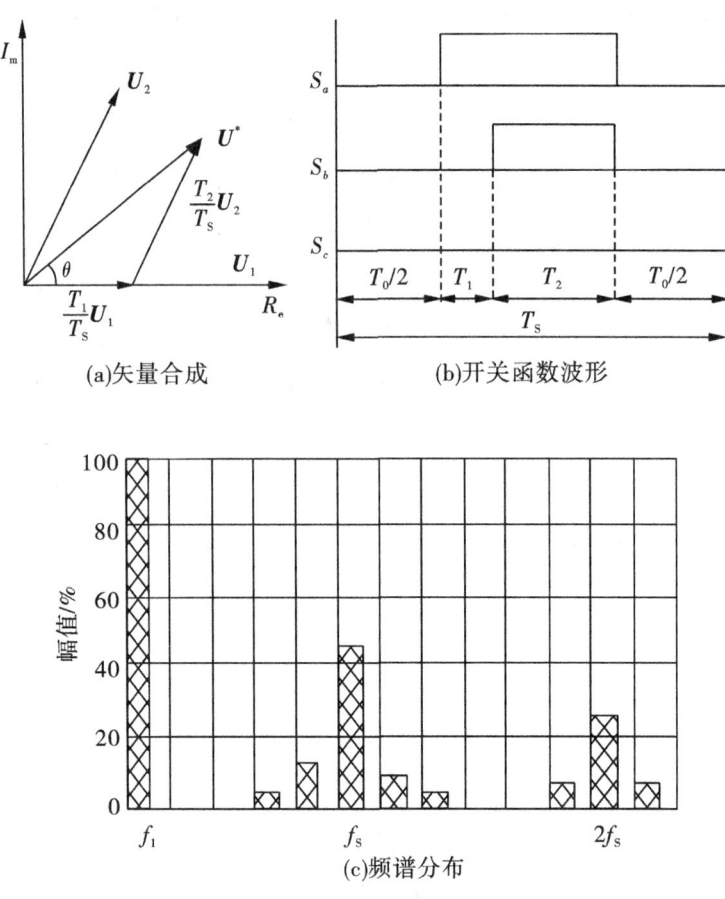

图 4-13 矢量合成方法一

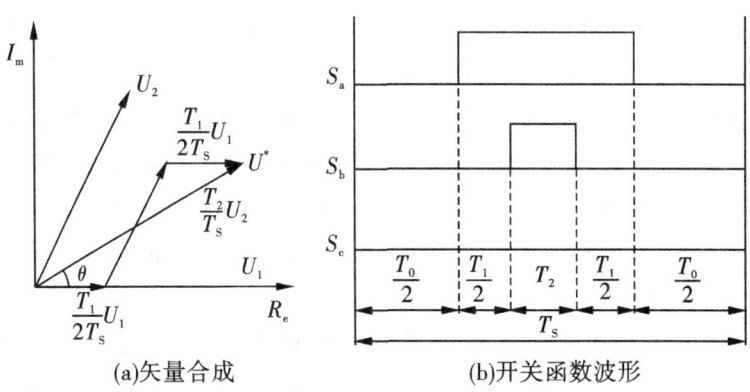

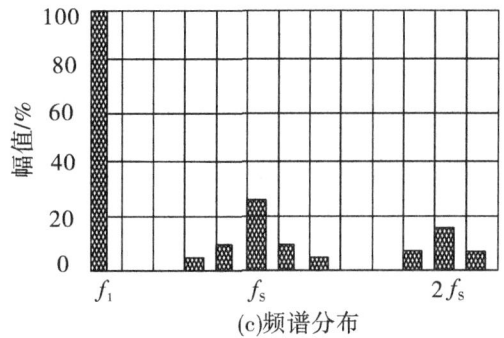

(c) 频谱分布

图 4-14 矢量合成方法二

方法三:将零矢量周期分成三段,其中矢量 U^* 的起点、终点上均匀地分布矢量 U_0,而在矢量 U^* 中点处分布矢量 U_7,且 $T_7 = T_0$。除零矢量外,矢量 U^* 的合成方法与方法二类似,即均以矢量 U^* 中点截出两个三角形,U^* 的合成矢量如图 4-15(a)所示。由图 4-15(b)可看出,在一个 PWM 周期内,该方法使 VSR 桥臂功率开关管开关 6 次,且波形对称,其 PWM 谐波仍主要分布在开关频率的整数倍频率附近。显然,在频率 f_s 附近处的谐波幅值降低十分明显,其频谱分布如图 4-15(c)所示。

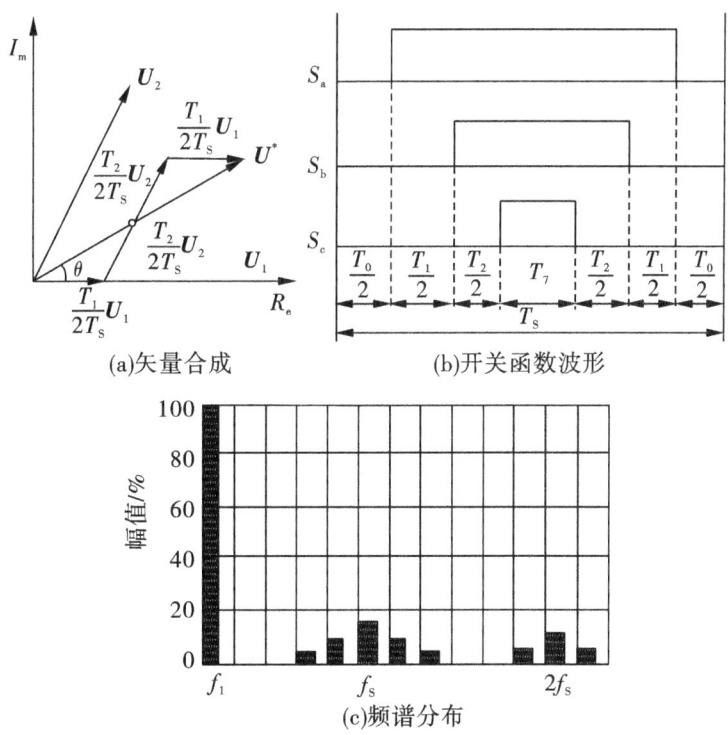

(a) 矢量合成   (b) 开关函数波形

(c) 频谱分布

图 4-15 矢量合成方法三

上述分析表明，VSR 空间矢量合成，不同方法各有其优缺点。综合来看，第二种方法为五段码，开关损耗和谐波相对较低，易于硬件电路实现；第三种方法为七段码，谐波含量更低，通过优化脉冲发送顺序可以降低开关损耗，需要通过数字控制软件编程实现。

S_a、S_b、S_c 分别代表驱动整流器上桥臂的 PWM 信号，PWM 信号由给定调制波和三角载波通过比较器输出，如图 4-16 所示。三角载波大于调制波时，PWM 信号为"1"，否则为"0"，于是可以求得三角载波和三个比较器的给定调制波。

以第一扇区为例，三角波幅值为 $\dfrac{T_S}{2}$，三个比较器给定调制波分别为

$$\begin{cases} T_a = \dfrac{T_S - T_1 - T_2}{4} \\ T_b = T_a + \dfrac{T_1}{2} \\ T_c = T_b + \dfrac{T_2}{2} \end{cases} \tag{4-9}$$

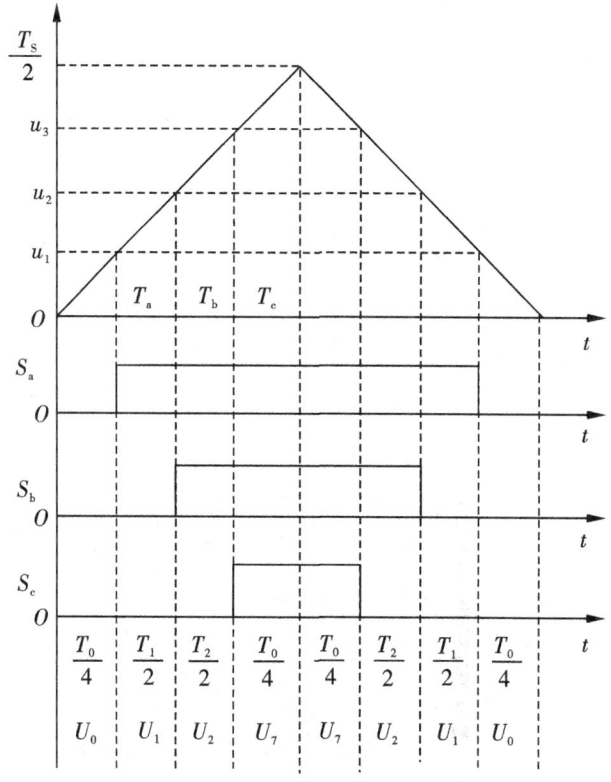

图 4-16　与三角波调制生成 PWM 驱动信号

由于每个扇区只有两个非零矢量参与参考电压矢量的合成，所以所有计算公式中均

只用 T_1 和 T_2 表示非零矢量的持续输出时间。以第一扇区为例,说明简化的过程。取以下计算表达式:

$$X = \frac{\sqrt{3}\,T_S}{U_d} u_\beta \tag{4-10}$$

$$Y = \frac{\sqrt{3}\,T_S}{2U_{DC}}(\sqrt{3}\,u_\alpha + u_\beta) \tag{4-11}$$

$$Z = \frac{\sqrt{3}\,T_S}{2U_{DC}}(-\sqrt{3}\,u_\alpha + u_\beta) \tag{4-12}$$

因此,T_1 和 T_2 简化为

$$\begin{cases} T_1 = -Z \\ T_2 = X \end{cases} \tag{4-13}$$

对于扇区的判断,六个扇区由三条分界线划分,每条分界线划分区域的条件如图4-17所示。

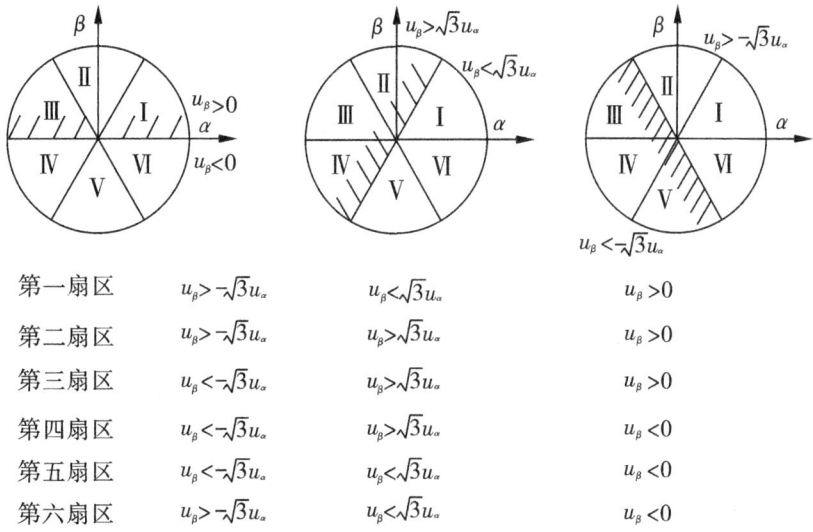

第一扇区	$u_\beta > -\sqrt{3}\,u_\alpha$	$u_\beta < \sqrt{3}\,u_\alpha$	$u_\beta > 0$
第二扇区	$u_\beta > -\sqrt{3}\,u_\alpha$	$u_\beta > \sqrt{3}\,u_\alpha$	$u_\beta > 0$
第三扇区	$u_\beta < -\sqrt{3}\,u_\alpha$	$u_\beta > \sqrt{3}\,u_\alpha$	$u_\beta > 0$
第四扇区	$u_\beta < -\sqrt{3}\,u_\alpha$	$u_\beta > \sqrt{3}\,u_\alpha$	$u_\beta < 0$
第五扇区	$u_\beta < -\sqrt{3}\,u_\alpha$	$u_\beta < \sqrt{3}\,u_\alpha$	$u_\beta < 0$
第六扇区	$u_\beta > -\sqrt{3}\,u_\alpha$	$u_\beta < \sqrt{3}\,u_\alpha$	$u_\beta < 0$

图 4-17 不同扇区 u_α,u_β 的取值

将各扇区使用二进制代码编码如下:

$$A = \begin{cases} 1, u_\beta < -\sqrt{3}\,u_\alpha \\ 0, u_\beta > -\sqrt{3}\,u_\alpha \end{cases} \quad B = \begin{cases} 1, u_\beta < \sqrt{3}\,u_\alpha \\ 0, u_\beta > \sqrt{3}\,u_\alpha \end{cases} \quad C = \begin{cases} 1, u_\beta > 0 \\ 0, u_\beta < 0 \end{cases} \tag{4-14}$$

不同扇区 A、B、C 的取值如表4-2所示。

表 4-2 不同扇区 A、B、C 的取值

扇区	A	B	C	N
第一扇区	0	1	1	3
第二扇区	0	0	1	1
第三扇区	1	0	1	5
第四扇区	1	0	0	4
第五扇区	1	1	0	6
第六扇区	0	1	0	2

A、B、C 为判断参考电压矢量所在扇区的条件,N 为该扇区对应的二进制编码。令 $N = 4A + 2B + C$,则可以得到 N 与扇区的关系,如表 4-3 所示。

表 4-3 N 与扇区的对应关系

N	3	1	5	4	6	2
扇区	一	二	三	四	五	六

4.3 三相电压型 PWM 整流器数学建模

三相 VSR 一般数学模型就是根据三相 VSR 拓扑结构,在三相静止坐标系(a,b,c)中,利用电路基本定律(基尔霍夫电压、电流定律)对 VSR 所建立的一般数学描述。针对三相 VSR 一般数学模型的建立,通常做以下假设:

(1)电网电动势为三相平稳的纯正弦波电动势。
(2)三相回路等效电阻相等,均为 R,各相电感均为线性,且不考虑饱和,其值为 L。
(3)忽略开关器件的导通压降和开关损耗。
(4)忽略分布参数的影响。

4.3.1 采用开关函数描述的 VSR 数学模型

由于电路参数三相对称,则有

$$u_a + u_b + u_c = 0, i_a + i_b + i_c = 0 \tag{4-15}$$

设电网电压为

$$\begin{cases} u_a = U_m \cos\omega t \\ u_b = U_m \cos(\omega t - 2\pi/3) \\ u_c = U_m \cos(\omega t + 2\pi/3) \end{cases} \tag{4-16}$$

式中，U_m 为电网相电压幅值；ω 为电网角频率。则整流器输入电流基波为

$$\begin{cases} i_a = I_m\cos(\omega t - \delta) \\ i_b = I_m\cos(\omega t - 2\pi/3 - \delta) \\ i_c = I_m\cos(\omega t + 2\pi/3 - \delta) \end{cases} \quad (4\text{-}17)$$

式中，I_m 为每相输入电流幅值；δ 为基波电流滞后电源电压的角度。由图 4-10 可得电路方程：

$$\begin{cases} L\dfrac{di_a}{dt} + Ri_a = u_a - (u_{AO'} + u_{O'N}) \\ L\dfrac{di_b}{dt} + Ri_b = u_b - (u_{BO'} + u_{O'N}) \\ L\dfrac{di_c}{dt} + Ri_c = u_c - (u_{CO'} + u_{O'N}) \end{cases} \quad (4\text{-}18)$$

式中，$u_{AO'}$、$u_{BO'}$、$u_{CO'}$ 分别为整流器各相交流侧对整流输出负极性端 O' 点电压；$u_{O'N}$ 为整流输出负极性端 O' 对电源中性点 N 的电压。

由于每相桥臂共有两种开关模式，即上侧桥臂导通或下侧桥臂导通，所以三相 VSR 共有 $2^3 = 8$ 种开关模式，可利用单极性二值逻辑开关函数 $s_j(j=a,b,c)$ 描述。

例如，当开关 a 相上桥臂闭合，下桥臂断开时，开关函数为 $S_a = 1$，则 $U_{AO'} = U_{DC}$；当 a 相上桥臂断开，下桥臂闭合时，开关函数为 $S_a = 0$，$U_{AO'} = 0$。那么，式(4-18)变为

$$\begin{cases} L\dfrac{di_a}{dt} + Ri_a = u_a - (U_{DC}s_a + u_{O'N}) \\ L\dfrac{di_b}{dt} + Ri_b = u_b - (U_{DC}s_b + u_{O'N}) \\ L\dfrac{di_c}{dt} + Ri_c = u_c - (U_{DC}s_c + u_{O'N}) \end{cases} \quad (4\text{-}19)$$

由式(4-19)可得

$$u_{O'N}(t) = \dfrac{U_{DC}}{3}\sum_{j=a,b,c} S_j \quad (4\text{-}20)$$

当忽略三相 VSR 桥路损耗时，其交、直流侧的功率平衡关系为

$$i_a u_{AO'} + i_b u_{BO'} + i_c u_{CO'} = i_{DC} u_{DC} \quad (4\text{-}21)$$

由此可得

$$i_{DC} = i_a s_a + i_b s_b + i_c s_c \quad (4\text{-}22)$$

对直流侧电容正极节点处应用基尔霍夫电流定律，得

$$C\dfrac{du_{DC}}{dt} = s_a i_a + s_b i_b + s_c i_c - \dfrac{u_{DC}}{R} \quad (4\text{-}23)$$

联立式(4-19)~式(4-23)，则采用开关函数描述的 VSR 一般数学模型状态变量表达式为

$$\begin{bmatrix} pi_a \\ pi_b \\ pi_c \\ pu_{DC} \end{bmatrix} = \begin{bmatrix} -\dfrac{R}{L} & 0 & 0 & -\dfrac{1}{L}\left(s_a - \dfrac{1}{3}\sum\limits_{j=a,b,c} s_j\right) \\ 0 & -\dfrac{R}{L} & 0 & -\dfrac{1}{L}\left(s_b - \dfrac{1}{3}\sum\limits_{j=a,b,c} s_j\right) \\ 0 & 0 & -\dfrac{R}{L} & -\dfrac{1}{L}\left(s_c - \dfrac{1}{3}\sum\limits_{j=a,b,c} s_j\right) \\ \dfrac{s_a}{C} & \dfrac{s_b}{C} & \dfrac{s_c}{C} & -\dfrac{1}{R_L C} \end{bmatrix} \begin{bmatrix} i_a \\ i_b \\ i_c \\ u_{DC} \end{bmatrix} + \begin{bmatrix} \dfrac{1}{L} & 0 & 0 & 0 \\ 0 & \dfrac{1}{L} & 0 & 0 \\ 0 & 0 & \dfrac{1}{L} & 0 \\ 0 & 0 & 0 & 0 \end{bmatrix} \begin{bmatrix} u_a \\ u_b \\ u_c \\ 0 \end{bmatrix}$$

(4-24)

式中,p 表示微分算子,以下同。其模型结构如图 4-18 所示。

上述数学模型中,开关函数的不连续性使得该数学模型是一组对时间不连续的微分方程组,称为开关函数描述的数学模型,该数学模型是对 VSR 开关过程的精确描述,较适合于 VSR 的波形仿真。然而,采用开关函数描述的 VSR 一般数学模型由于包括了其开关过程的高频分量,因而很难用于指导控制器设计。当 VSR 开关频率远高于电网基波频率时,为简化 VSR 一般数学描述,可忽略 VSR 开关函数描述模型中的高频分量,即只考虑其中的低频分量,从而获得用占空比描述的低频数学模型。

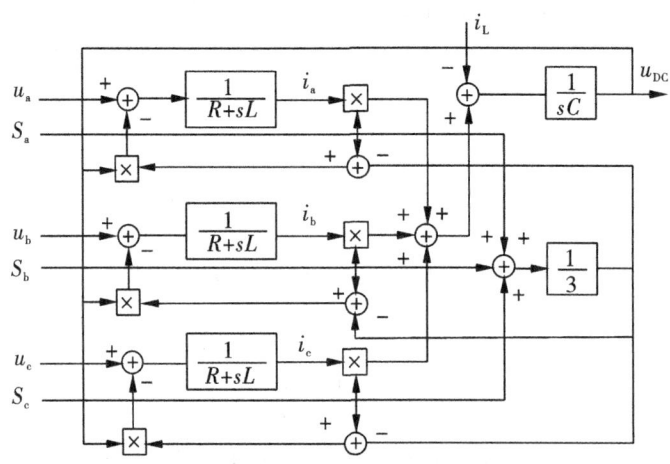

图 4-18 三相静止坐标系中三相 VSR 开关函数模型结构

4.3.2 采用占空比描述的 VSR 数学模型

为消除开关函数描述的 VSR 一般数学模型中的高频分量,在开关函数模型中引入傅里叶变换,任一周期函数的傅里叶展开式如下:

$$f(\omega t) = a_0 + \sum_{n=1}^{\infty} a_n \sin(n\omega t) + \sum_{n=1}^{\infty} b_n \cos(n\omega t) \tag{4-25}$$

若三相 VSR 采用三角载波 PWM 控制,当以自然采样法生成 PWM 信号时,PWM 开关函数波形如图 4-19(a)所示,可以在一个开关周期内,PWM 波形不对称。但当开关频率远高于电网频率时,可用规则采样法代替自然采样法。此时,在一个开关周期内,PWM开关函数波形如图4-19(b)所示,显然波形是对称的。图4-19中,$\omega_S = 2\pi f_S$,f_S 为 PWM 开关频率,d_k 为对应相的 PWM 占空比,且 $d_k \leq 1$。

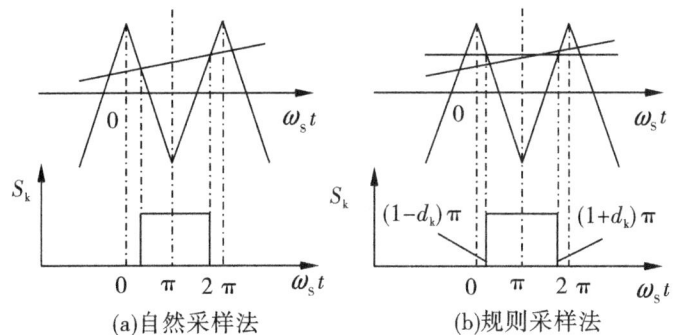

图 4-19 规则采样法 PWM 及开关函数波形

如图 4-19(b) 所示,开关函数 s_k 与占空比 d_k 的关系为

$$s_k = 0, \begin{cases} 0 \leq \omega_S t < (1-d_k)\pi \\ (1+d_k)\pi < \omega_S t \leq 2\pi \end{cases} \tag{4-26}$$

$$s_k = 1, (1-d_k)\pi \leq \omega_S t \leq (1+d_k)\pi \tag{4-27}$$

图 4-19 及以上关系式表明,PWM 占空比 d_k 实际上是一个开关周期上开关函数 S_k 的平均值,故

$$a_0 = \frac{1}{2\pi} \int_{(1-d_k)\pi}^{(1+d_k)\pi} S_k \mathrm{d}(\omega_S t) = d_k \tag{4-28}$$

$$\begin{cases} a_n = 0 \\ b_n = (-1)^n \dfrac{2}{n\pi} \sin(nd_k\pi) \end{cases} \tag{4-29}$$

$$S_k = d_k + \sum_{n=1}^{\infty} (-1)^n \frac{2}{n\pi} \sin(nd_k\pi) \cos(n\omega_S t) \tag{4-30}$$

由式(4-30)可以看出,当开关频率很高时,用开关函数在一个开关周期内的平均值代替开关函数本身。这样可得到对时间连续的占空比描述的数学模型:

$$\begin{bmatrix} pi_a \\ pi_b \\ pi_c \\ pu_{DC} \end{bmatrix} = \begin{bmatrix} -\dfrac{R}{L} & 0 & 0 & -\dfrac{1}{L}\left(d_a - \dfrac{1}{3}\sum\limits_{j=a,b,c} d_j\right) \\ 0 & -\dfrac{R}{L} & 0 & -\dfrac{1}{L}\left(d_b - \dfrac{1}{3}\sum\limits_{j=a,b,c} d_j\right) \\ 0 & 0 & -\dfrac{R}{L} & -\dfrac{1}{L}\left(d_c - \dfrac{1}{3}\sum\limits_{j=a,b,c} d_j\right) \\ \dfrac{d_a}{C} & \dfrac{d_b}{C} & \dfrac{d_c}{C} & -\dfrac{1}{R_L C} \end{bmatrix} \begin{bmatrix} i_a \\ i_b \\ i_c \\ u_{DC} \end{bmatrix} + \begin{bmatrix} \dfrac{1}{L} & 0 & 0 & 0 \\ 0 & \dfrac{1}{L} & 0 & 0 \\ 0 & 0 & \dfrac{1}{L} & 0 \\ 0 & 0 & 0 & 0 \end{bmatrix} \begin{bmatrix} u_a \\ u_b \\ u_c \\ 0 \end{bmatrix}$$

$$\tag{4-31}$$

这种采用占空比描述的 VSR 低频数学模型忽略了系统中的高频成分,非常适合于控制系统的设计。但是,由于这种模型略去了开关过程的高频分量,因而不能进行精确的动态波形仿真。总之,采用开关函数描述的以及采用占空比描述的 VSR 一般数学模型,在 VSR 控制系统设计、系统仿真中各自起着重要作用。通常采用后者对 VSR 控制系统进行设计,然后用前者对 VSR 控制系统进行仿真,从而校验控制系统设计的性能指标。

4.3.3 两相同步旋转坐标系下的数学模型

现以电流空间矢量为例来进行分析,如图 4-20 所示。

d、q 轴以角速度 ω 同步旋转,设 d 轴与 α 轴间夹角为 θ,则由图 4-20 可得如下关系:

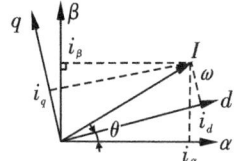

图 4-20 (d,q)坐标系与(α,β)坐标系之间的关系

$$\begin{bmatrix} i_d \\ i_q \end{bmatrix} = \begin{bmatrix} \cos\theta & \sin\theta \\ -\sin\theta & \cos\theta \end{bmatrix} \begin{bmatrix} i_\alpha \\ i_\beta \end{bmatrix} = \boldsymbol{T}_{dq} \begin{bmatrix} i_\alpha \\ i_\beta \end{bmatrix} \quad (4\text{-}32)$$

式中,$\theta = \omega t$;$\boldsymbol{T}_{dq}$ 为从两相静止坐标系到两相旋转坐标系的转换矩阵。

三相 VSR PWM 整流器在(α,β)静止坐标系下的状态方程为

$$\begin{bmatrix} pi_\alpha \\ pi_\beta \\ pu_{DC} \end{bmatrix} = \begin{bmatrix} -\dfrac{R}{L} & 0 & -\dfrac{d_\alpha}{L} \\ 0 & -\dfrac{R}{L} & -\dfrac{d_\beta}{L} \\ \dfrac{3}{2C}d_\alpha & \dfrac{3}{2C}d_\beta & -\dfrac{1}{CR_L} \end{bmatrix} \begin{bmatrix} i_\alpha \\ i_\beta \\ u_{DC} \end{bmatrix} + \begin{bmatrix} \dfrac{1}{L} & 0 & 0 \\ 0 & \dfrac{1}{L} & 0 \\ 0 & 0 & 0 \end{bmatrix} \begin{bmatrix} u_\alpha \\ u_\beta \\ 0 \end{bmatrix} \quad (4\text{-}33)$$

将式(4-32)代入式(4-33),并化简可得三相 VSR 整流器在 d、q 坐标系下的低频状态方程为

$$\begin{bmatrix} pi_d \\ pi_q \\ pu_{DC} \end{bmatrix} = \begin{bmatrix} -\dfrac{R}{L} & \omega & -\dfrac{d_d}{L} \\ -\omega & -\dfrac{R}{L} & -\dfrac{d_q}{L} \\ \dfrac{3}{2C}d_d & \dfrac{3}{2C}d_q & -\dfrac{1}{R_L C} \end{bmatrix} \begin{bmatrix} i_d \\ i_q \\ u_{DC} \end{bmatrix} + \begin{bmatrix} \dfrac{1}{L} & 0 & 0 \\ 0 & \dfrac{1}{L} & 0 \\ 0 & 0 & 0 \end{bmatrix} \begin{bmatrix} u_d \\ u_q \\ 0 \end{bmatrix} \quad (4\text{-}34)$$

由式(4-34)可见,在(α,β)坐标系下解耦的状态方程经过(d、q)变换后相互耦合,但以同步旋转坐标系来观察,因为通用矢量是与同步旋转坐标系相同频率旋转,所以其模型参量为直流量,而便于三相 PWM 整流电路的分析。其模型结构如图 4-21 所示。

在三相静止对称坐标系(a,b,c)中的 VSR 一般数学模型具有物理意义清晰、直观等特点。但在这种数学模型中,VSR 交流侧均为时变交流量,因而不利于控制系统设计。为此,可以通过坐标变换将三相对称静止坐标系(a,b,c)转换成以电网基波频率同步旋转的(d,q)坐标系。这样,经坐标旋转变换后,三相对称静止坐标系中的基波正弦变量将转化成同步旋转坐标系中的直流变量,从而简化了控制系统设计。三相对称静止坐标系中的三相 VSR 一般数学模型经同步旋转坐标变换后,即转换成三相 VSR dq 模型。

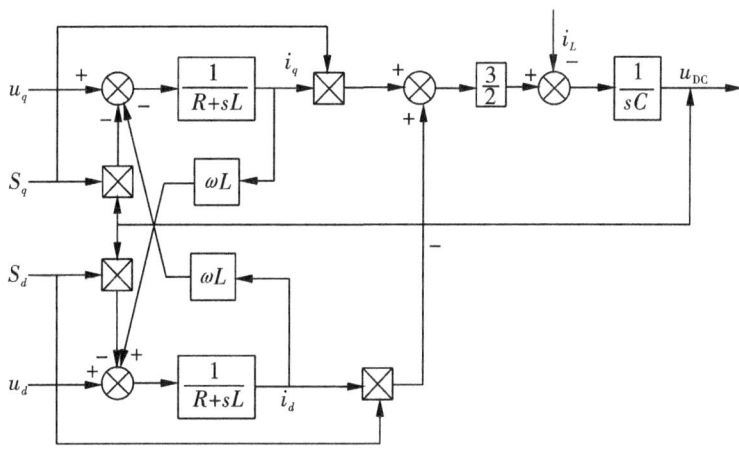

图 4-21 两相同步旋转坐标系中三相 VSR 开关函数模型结构

4.4 三相 PWM 整流器控制系统设计

以上讨论了三相 VSR 的 dq 模型建立,对于三相交流对称系统,若只考虑交流基波分量,则稳态时 dq 模型的 d、q 分量均为直流变量。另外,适当选取同步旋转坐标系(d,q)的初始参考轴方向,如 d 轴与电网电动势矢量 U_{dq} 重合,则 d 轴表示有功分量参考轴,而 q 轴表示无功分量参考轴,从而有利于三相 VSR 网侧有功、无功分量的独立控制。在三相 VSR 控制系统设计中,一般采用双环控制,即电压外环和电流内环,如图 4-22 所示。三相交流电流首先经过 abc/dq 变换,得到反映实际有功电流大小的 i_d 和反映实际无功电流大小的 i_q,有功电流的指令值即为电压调节器的输出 i_d^*。改变 u_{DC}^* 的大小,即可改变电流指令 i_d^* 的大小,从而改整流器有功功率的大小。当 PWM 整流器运行于单位功率因数整流状态时,无功电流给定 $i_q^* = 0$,i_d、i_q 分别经过 PI 调节后,再经过 $dq/\alpha\beta$ 变换得到整流器交流侧的电压指令,然后经过空间矢量脉宽调制法产生相应的 PWM 控制信号去驱动器件。为实现 PWM 整流器网侧有功、无功电流的控制,需要动态获取电网电压的相位等信息,因此采用锁相环对电网电压进行锁相。

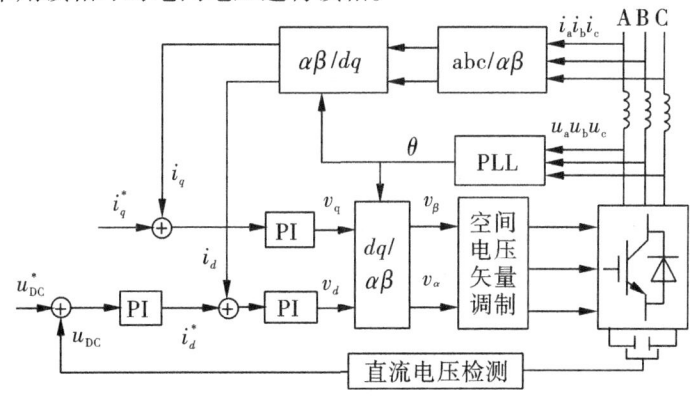

图 4-22 系统控制结构框图

电压环的作用是通过输出的直流电压与给定的参考电压之间的偏差产生有功电流给定信号 i_d^*。电流内环的作用主要是按电压外环输出的电流指令进行电流控制,如实现单位功率因数正弦电流控制,则此时 $i_q^* = 0$ 即可,如控制 i_q^* 的大小就可以控制系统的功率因数,实现功率因数可控。研究表明,此模型的矢量控制方案完全能够实现功率四象限变换,并具有动态响应快、稳态性能好等优点。设计多环控制系统的一般原则是从内环开始,一环一环地逐步向外扩展,因此先从电流环入手,设计好电流调节器,然后把整个电流环看作是电压调节系统中的一个环节,再设计电压调节器。

4.4.1 电流调节器的设计

两相旋转坐标系 dq 中,三相 VSR 的数学模型为

$$\begin{bmatrix} u_d \\ u_q \end{bmatrix} = \begin{bmatrix} Lp + R & -\omega L \\ \omega L & Lp + R \end{bmatrix} \begin{bmatrix} i_d \\ i_q \end{bmatrix} + \begin{bmatrix} v_d \\ v_q \end{bmatrix} \tag{4-35}$$

$$\frac{3}{2}(v_d i_d + v_q i_q) = u_{\text{DC}} i_{\text{DC}} \tag{4-36}$$

式中,u_d、u_q 为电网电动势矢量 $\boldsymbol{U}_{dq}$ 的 d、q 分量;v_d、v_q 为三相 VSR 交流侧电压矢量 $\boldsymbol{V}_{dq}$ 的 d、q 分量;i_d、i_q 为三相 VSR 交流侧电压矢量 $\boldsymbol{I}_{dq}$ 的 d、q 分量。

设 dq 坐标系中 q 轴与电网电动势 $\boldsymbol{U}_{dq}$ 重合,则电网电动势 d 轴分量 $u_d = 0$。从三相 VSR dq 模型方程[式(4-35)]可以看出,由于 VSR d、q 轴变量相互耦合,因而给控制器设计造成一定的困难。为此,可采用前馈解耦控制策略,当电流调节器采用 PI 调节器时,则 v_d、v_q 的控制方程为

$$\begin{cases} v_q = -\left(K_{iP} + \dfrac{K_{iI}}{s}\right)(i_q^* - i_q) - \omega L i_d + u_q \\ v_d = -\left(K_{iP} + \dfrac{K_{iI}}{s}\right)(i_d^* - i_d) - \omega L i_q + u_d \end{cases} \tag{4-37}$$

式中,K_{iP}、K_{iI} 为电流内环比例调节增益和积分调节增益;i_q^*、i_d^* 为 i_q、i_d 电流指令值。

将式(4-35)、式(4-36)代入式(4-37),并化简可得

$$p\begin{bmatrix} i_d \\ i_q \end{bmatrix} = \begin{bmatrix} -\left[R + \left(K_{iP} + \dfrac{K_{iI}}{s}\right)\right]/L & 0 \\ 0 & -\left[R + \left(K_{iP} + \dfrac{K_{iI}}{s}\right)\right]/L \end{bmatrix} \begin{bmatrix} i_d \\ i_q \end{bmatrix} + \frac{1}{L}\left(K_{iP} + \dfrac{K_{iI}}{s}\right)\begin{bmatrix} i_d^* \\ i_q^* \end{bmatrix}$$

$$\tag{4-38}$$

显然,式(4-38)表明,基于前馈的控制算法使三相 VSR 电流内环(i_d、i_q)实现了解耦控制,如图 4-23 所示。由于两电流内环的对称性,因而下面以 i_q 控制为例讨论电流调节器的设计。考虑电流内环信号采样的延时和 PWM 控制的小惯性特性,已解耦的 i_q 电流内环结构如图 4-24 所示。

图 4-24 中,T_S 为电流内环电流采样周期(PWM 开关周期),K_{PWM} 为桥路 PWM 的等效增益。电动势 u_q 的变化对电流环来说,只是一个变化缓慢的扰动作用,在电流调节过

程,可以近似地认为 u_q 基本不变。这样,在设计电流环时可以暂不考虑 u_q 变化的动态作用。

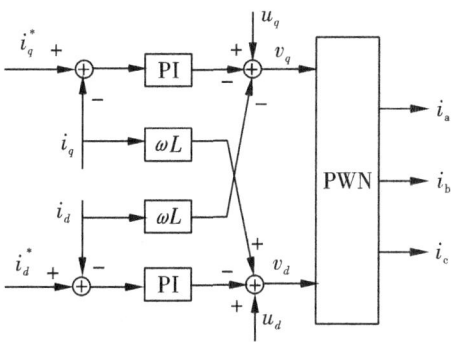

图 4-23 三相 VSR 电流内环解耦控制结构

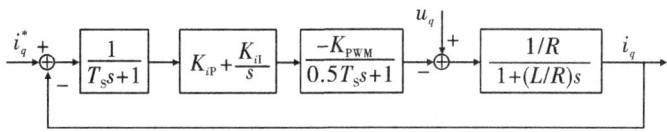

图 4-24 环电流结构

考虑到参数准确性和漂移等因素,且一般又希望电流控制无静差,选用 PI 调节器。将 PI 调节器传递函数写成零极点形式,即

$$K_{iP} + \frac{K_{iI}}{s} = K_{iP}\frac{\tau_i s + 1}{\tau_i s}, K_{iI} = \frac{K_{iP}}{\tau_i} \tag{4-39}$$

同时根据小惯性环节的处理方法,则可以把延时环节和 PWM 整流环节的小惯性环节合并,即将小时间常数 $T_S/2$、T_S 合并,得简化的电流内环结构,如图 4-25 所示。

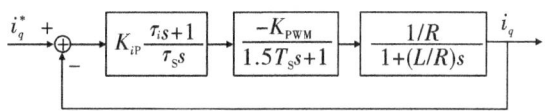

图 4-25 电流内环简化结构

由于电流环的重要作用就是获得较快的电流跟随性能,抑制超调量,所以把电流环校正为典 I 系统。设计调节器时,用调节器的一阶微分项抵消掉控制对象中的大惯性环节,以提高校正后的响应速度,取 $\tau_i = L/R$,则电流内环的开环传递函数为

$$W_{oi}(s) = \frac{K_{iP}K_{PWM}}{R\tau_i s(1.5T_S s + 1)} \tag{4-40}$$

由典型 I 型系统参数整定关系,当取系统阻尼比 $\xi = 0.707$ 时有

$$\frac{1.5T_S K_{iP} K_{PWM}}{R\tau_i} = \frac{1}{2} \tag{4-41}$$

求解得

$$K_{iP} = \frac{R\tau_i}{3T_S K_{PWM}} \quad (4-42)$$

$$K_{iI} = \frac{K_{iP}}{\tau_i} = \frac{R}{3T_S K_{PWM}} \quad (4-43)$$

式(4-42)和式(4-43)即为电流内环 PI 调节器控制参数计算公式。

另外,电流内环闭环传递函数为

$$W_{ci}(s) = \frac{1}{1 + \dfrac{R\tau_i}{K_{iP}K_{PWM}}s + \dfrac{1.5T_S R\tau_i}{K_{iP}K_{PWM}}s^2} \quad (4-44)$$

当开关频率足够高,即 s^2 足够小时,由于 s^2 项系数远小于 s 项系数,因此 s^2 项可以忽略,则 $W_{ci}(s)$ 可简化成

$$W_{ci}(s) \approx \frac{1}{1 + \dfrac{R\tau_i}{K_{iP}K_{PWM}}s} \quad (4-45)$$

将 K_{iP} 表达式代入,可得电流内环简化等效传递函数为

$$W_{ci}(s) \approx \frac{1}{1 + 3T_S s} \quad (4-46)$$

式(4-46)表明,当电流内环按典 I 系统设计时,电流内环可近似等效成一个惯性环节,其惯性时间常数为 $3T_S$。显然,当开关频率足够高时,电流内环具有较快的动态响应。

当闭环控制系统的闭环增益减少至-3 dB 或其相位移为-45°时,该点频率可定义为闭环系统频带宽度 f_b。实际上,除一阶惯性系统外,控制系统-3 dB 和相位移-45°频率点并非在一个频率点上,这时频带宽度应取两频率点中较低者。对于按典 I 系统设计的三相 VSR 电流内环系统,由于该电流内环可等效成一阶惯性环节,因而电流内环频带宽度 f_{bi} 为

$$f_{bi} = \frac{1}{2\pi(3T_S)} = \frac{1}{6\pi T_S} \approx \frac{1}{20 T_S} = \frac{1}{20} f_s \quad (4-47)$$

对于阻尼比 $\xi = 0.707$ 的典 I 系统,其主要动态指标如表 4-4 所示。

表 4-4 典 I 系统动态指标

超调量	$\sigma = 4.3\%$	相位裕度	$\gamma = 65.5°$
上升时间	$t_r = 4.72\tau$	截止频率	$\omega_c = 0.455/\tau$

表 4-4 中,τ 为与典 I 系统开环传递函数极点对应的时间常数,且 $\tau = 1.5 T_S$。显然,电流内环具有良好的跟随性能。

4.4.2 电压外环参数计算

为简化控制系统设计,当开关频率远高于电网电动势基波频率时,可忽略 PWM 谐波

分量,即只考虑开关函数 $s_j(j=a,b,c)$ 的低频分量,则

$$\begin{cases} s_a \approx 0.5m\cos(\omega t - \theta) + 0.5 \\ s_b \approx 0.5m\cos(\omega t - \theta - 120°) + 0.5 \\ s_c \approx 0.5m\cos(\omega t - \theta + 120°) + 0.5 \end{cases} \quad (4-48)$$

式中,θ 为开关函数基波初始相位角,m 为 PWM 的调制比,$m<1$。

对于单位功率因数正弦波电流控制,三相 VSR 网侧电流为

$$\begin{cases} i_a \approx I_m\cos(\omega t) \\ i_b \approx I_m\cos(\omega t - 120°) \\ i_c \approx I_m\cos(\omega t + 120°) \end{cases} \quad (4-49)$$

另外,三相 VSR 直流侧电流 i_{DC} 可由开关函数描述如下:

$$i_{DC} = s_a i_a + s_b i_b + s_c i_c \quad (4-50)$$

将式(4-48)、式(4-49)代入(4-50),化简得

$$i_{DC} \approx 0.75 m I_m \cos\theta \quad (4-51)$$

综合以上分析,三相 VSR 电压外环控制结构如图 4-26 所示,τ_v 为电压采样小惯性环节时间常数,K_v、T_v 为电压外环 PI 调节器参数。图 4-26 中 $0.75mI_m\cos\theta$ 是一个时变环节,很显然,$0.75mI_m\cos\theta \leq 0.75(m \leq 1)$,即以比例增益 0.75 取代该时变环节。由于最大增益 0.75 对整个电压环稳定性影响最大,所以这种近似处理是合理的。

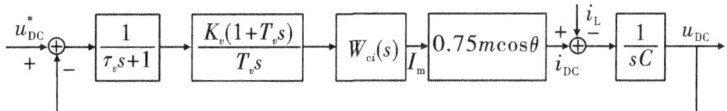

图 4-26 电压外控制结构

为简化控制结构,将电压采样小惯性时间常数 τ_v 与电流内环等效小时间常数 $3T_S$ 合并,即 $T_{ev}=\tau_v+3T_S$,且不考虑负载电流 i_L 扰动,经简化的电压环控制结构如图 4-27 所示。

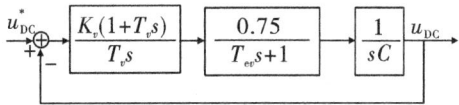

图 4-27 电压环简化结构

由于电压外环的主要控制作用是稳定三相 VSR 直流电压,故对其控制系统整定时,应着重考虑电压环的抗扰性能。显然,可按典型 Ⅱ 型系统设计电压调节器,由图 4-27 得电压环传递函数:

$$W_{ov}(s) = \frac{0.75K_v(T_v s + 1)}{CT_v s^2(T_{ev} s + 1)} \quad (4-52)$$

由此得电压环中频带宽 h_v:

$$h_v = \frac{T_v}{T_{ev}} \qquad (4-53)$$

由典Ⅱ系统控制器参数整定关系得

$$\frac{0.75K_v}{CT_v} = \frac{h_v + 1}{2h_v^2 T_{ev}^2} \qquad (4-54)$$

综合考虑电压环控制系统的抗扰性及跟随性,工程上一般取中频带宽 $h_v = 5$,代入式(4-54)可计算电压环 PI 调节器参数为

$$\begin{cases} T_v = 5T_{ev} = 5(\tau_v + 3T_S) \\ K_v = \dfrac{4C}{\tau_v + 3T_S} \end{cases} \qquad (4-55)$$

按上述参数设计电压环 PI 调节器时,电压环控制系统主要动态指标如表 4-5、表 4-6 所示。当按典Ⅱ系统设计控制器时,中频带宽 h_v 越大,系统跟随控制时时超调量越小,但调节时间加长,且抗扰性能变弱。因此,系统跟随性和抗扰性能之间设计存在一定矛盾,工程上只能相互兼顾。

三相 PWM 整流电路参数计算

表 4-5 典Ⅱ系统阶跃输入跟随性指标

$h_i(h_v)$	3	5	7	9	10
$\sigma/\%$	52.6	37.6	29.8	25.0	23.3
$t_r/(1.5T_S)$	2.4	2.85	3.1	3.3	3.35
$t_S/(1.5T_S)$	12.15	9.55	11.30	13.25	14.20
k	3	2	1	1	1

注:t_r 为上升时间;t_s 为调节时间;k 为振荡次数。

表 4-6 典Ⅱ系统动态抗扰性指标

$h_i(h_v)$	3	5	7	9	10
$\Delta i_q/\Delta i_{qb}$	72.2%	81.2%	86.3%	89.6%	90.8%
$t_m/(1.5T_S)$	2.45	2.85	3.15	3.30	3.40
$t_v/(1.5T_S)$	13.60	8.80	16.85	22.80	15.85

注:t_m 为最大降落时间;t_v 为恢复时间。

另外,当采用典Ⅱ系统设计电压环时,电压环控制系统截止频率 ω_c 为

$$\omega_c = \frac{1}{2}\left(\frac{1}{T_v} + \frac{1}{T_{ev}}\right) \qquad (4-56)$$

当取 $\tau_v = T_S$ 时有

$$T_v = h_v T_{ev} = 5(\tau_v + 3T_S) = 20T_S \tag{4-57}$$

将式(4-57)代入式(4-56)可得

$$\omega_c = \frac{1}{2}\left(\frac{1}{20T_S} + \frac{1}{4T_S}\right) = \frac{3}{20T_S} \tag{4-58}$$

则电压环控制系统频带宽度为

$$f_{bw} \approx \frac{\omega_c}{2\pi} = \frac{3}{20T_S \times 2\pi} \approx 0.024 f_S \tag{4-59}$$

4.5 锁相环技术

锁相环基本概念

锁相环(Phase-Locked Loop,PLL),顾名思义,就是跟踪锁定交流信号的相位,且在必要时还可提供相关信号的幅值、频率信息。例如,为实现 PWM 整流器网侧有功、无功功率的控制,需要动态获取电网电压的相位等信息,这样就要求采用锁相环对电网电压进行锁相。

鉴于锁相环在交流系统控制中的重要性,越来越多的学者对其进行了研究,提出了诸多锁相环的控制和设计方案,从而使锁相环的性能也不断地得到改善和提升。从控制结构上看,锁相环一般可分为开环锁相环和闭环锁相环。从实现方式上看,锁相环一般可分为硬件锁相环和软件锁相环,而软件锁相环的技术思想一般来源于硬件锁相环。而从应用场合看,锁相环又可分为三相锁相环和单相锁相环。

开环锁相环方案主要有:①基于过零鉴相的开环锁相环;②基于低通滤波器的开环锁相环;③基于空间矢量滤波器的开环锁相环;④基于扩展卡尔曼滤波器的开环锁相环;⑤基于加权最小二乘法估计的开环锁相环。开环锁相环一般存在锁相准确度不高、响应慢、对系统频率变化和三相电压不平衡较敏感等问题,不适宜应用于电网频率变化快、畸变严重以及动态响应要求高的场合。

为有效提高锁相环的准确度和快速响应性,一般需采用闭环锁相环技术,闭环锁相环方案主要有:①基于乘法鉴相器的硬件锁相环;②基于单同步参考系的软件锁相环(Synchronous Reference Frame-PLL,SRF-PLL);③基于解耦双同步参考系的软件锁相环(Direct Digital Synthesizer with Rotating Frame-PLL,DDSRF-PLL);④基于双二阶广义积分的软件锁相环(Distributed Second-Order Generalized Integrator-PLL,DSOGI-PLL);⑤基于复数滤波器的软件锁相环等。

由于基于乘法鉴相器的硬件锁相环主要由模拟电路构造而成,且模拟电路参数的温度漂移对实际的锁相准确度有一定的影响,另外,模拟电路在控制系统设计上缺乏一定的灵活性,从而使锁相环综合性能的提高存在一定的困难。随着数字信号处理器(Digital Singnal Processor,DSP)、现场可编程门阵列(Field Programmable Gate Array,FPGA)等高速处理芯片的发展,软件锁相环已经取代传统的硬件锁相环成为锁相环技术的主流。

4.5.1 单同步坐标变换锁相环

该锁相环利用估计出的相角信息对实际三相电网电压进行同步坐标旋转变换得出电压矢量的无功分量,并对无功分量进行 PI 调节,使其为 0,此时估算等于实际相角,从而实现三相电压的锁相。该锁相方法能有效地适用于电网平衡时频率、相位及幅值监测,其动态及稳态响应性能较好,其基本结构如图 4-28 所示。

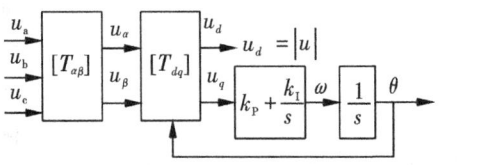

图 4-28 SRF-PLL 的基本结构   单相锁相环

图 4-28 中,$|u|$、ω、θ 分别表示 SRF-PLL 检测的电网电压幅值、角频率及相位角,k_P、k_I 分别表示 SRF-PLL 环节中 PI 控制器参数大小。

此外,所采用的 $[T_{\alpha\beta}]$ 变换如下:

$$[T_{\alpha\beta}] = \frac{2}{3}\begin{bmatrix} 1 & -1/2 & -1/2 \\ 0 & \sqrt{3}/2 & -\sqrt{3}/2 \end{bmatrix} \tag{4-60}$$

所采用的 $[T_{dq}]$ 变换如下:

$$[T_{dq}] = \begin{bmatrix} \cos\theta & \sin\theta \\ -\sin\theta & \cos\theta \end{bmatrix} \tag{4-61}$$

为进一步理解 SRF-PLL 的基本原理,可简单分析如下:

4.5.1.1 基本原理

假设电网电压为三相平衡电压,并令 A 相电压的初始相位角为 0,则三相电网电压可表示为

$$\begin{cases} u_a = u^{+1}\cos(\omega t) \\ u_b = u^{+1}\cos\left(\omega t - \frac{2}{3}\pi\right) \\ u_c = u^{+1}\cos\left(\omega t + \frac{2}{3}\pi\right) \end{cases} \tag{4-62}$$

式中,u^{+1} 表示电网电压的正序基波幅值;ω 表示电网电压的基波角频率。

将三相电网电压通过 $[T_{\alpha\beta}]$ 和 $[T_{dq}]$ 变换可以得到如下形式:

$$\begin{cases} u_d = u^{+1}\cos(\omega t - \theta) \\ u_q = u^{+1}\sin(\omega t - \theta) \end{cases} \tag{4-63}$$

通过式(4-63)可以看出,在 dq 同步旋转坐标系下,电网电压的实际相位角 ωt 可以通过如图 4-28 所示的控制回路调节 $u_q = 0$ 获得,控制回路的输出 θ 即为 SRF-PLL 检测的电网电压相位角。在电网正常运行条件下,通过式(4-63)可以看出,当 $u_q \to 0$ 时有

$$\hat{u}_q \approx u^{+1}(\omega t - \theta) \tag{4-64}$$

图 4-28 中所示的反馈控制回路可线性化为图 4-29 所示。

图 4-29 中,$\psi = \omega t$ 表示电网电压的实际相位角,k_P、k_I 则为 PI 控制器参数。依据该反馈控制回路可得系统的闭环传递函数关系式为

$$\frac{\theta}{\psi} = \frac{2\zeta\omega_r s + \omega_r^2}{s^2 + 2\zeta\omega_r s + \omega_r^2} \tag{4-65}$$

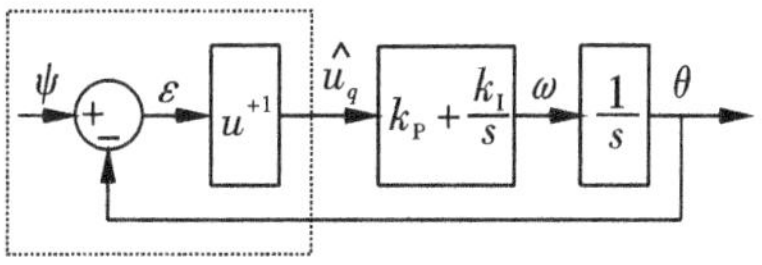

图 4-29 SRF-PLL 反馈控制回路

式中,ζ 表示系统的阻尼比;ω_r 表示系统的谐振角频率。

此外,阻尼比 ζ 和谐振角频率 ω_r 的表达式为

$$\begin{cases} \zeta = \dfrac{k_P}{2}\sqrt{u^{+1}/k_I} \\ \omega_r = \sqrt{u^{+1}k_I} \end{cases} \tag{4-66}$$

依据电网电压的实际幅值、系统阻尼比 ζ 以及谐振频率 ω_r 的取值,便可获取 SRF-PLL 中 PI 控制器的参数 k_P、k_I。

但是,当电网发生故障时,电网电压中将出现正序、负序、零序及其各次谐波分量,传统的 SRF-PLL 检测出的电网电压幅值与相位等信息存在低频干扰量,影响锁相性能。

4.5.1.2 存在的缺点

暂不考虑电网电压中的谐波分量,在电网不平衡条件下,三相电网电压可表示为

$$\begin{cases} u_a = u^{+1}\cos(\omega t) + u^{-1}\cos(-\omega t + \varphi^{-1}) + u^0\cos(\omega t + \varphi^0) \\ u_b = u^{+1}\cos\left(\omega t - \dfrac{2}{3}\pi\right) + u^{-1}\cos\left(-\omega t - \dfrac{2}{3}\pi + \varphi^{-1}\right) + u^0\cos(\omega t + \varphi^0) \\ u_c = u^{+1}\cos\left(\omega t + \dfrac{2}{3}\pi\right) + u^{-1}\cos\left(-\omega t + \dfrac{2}{3}\pi + \varphi^{-1}\right) + u^0\cos(\omega t + \varphi^0) \end{cases} \tag{4-67}$$

式中,u^{+1}、u^{-1}、u^0 分别表示电网电压的正序、负序和零序分量的幅值;φ^{-1}、φ^0 分别表示电网电压的负序和零序分量的初始相位角。

通过 $[T_{\alpha\beta}]$ 静止变换,式(4-67)所示的三相电网电压可表示为

$$\begin{bmatrix} u_\alpha \\ u_\beta \end{bmatrix} = [T_{\alpha\beta}] \begin{bmatrix} u_a \\ u_b \\ u_c \end{bmatrix} = u^{+1}\begin{bmatrix} \cos(\omega t) \\ \sin(\omega t) \end{bmatrix} + u^{-1}\begin{bmatrix} \cos(-\omega t + \varphi^{-1}) \\ \sin(-\omega t + \varphi^{-1}) \end{bmatrix} \tag{4-68}$$

利用 $[T_{\alpha\beta}]$ 变换,电网电压中的零序分量被消除了,再通过 $[T_{dq}]$ 同步旋转变换有

$$\begin{bmatrix} u_d \\ u_q \end{bmatrix} = [T_{dq}]\begin{bmatrix} u_\alpha \\ u_\beta \end{bmatrix} = u^{+1}\begin{bmatrix} \cos(\omega t - \theta) \\ \sin(\omega t - \theta) \end{bmatrix} + u^{-1}\begin{bmatrix} \cos(-\omega t + \varphi^{-1} - \theta) \\ \sin(-\omega t + \varphi^{-1} - \theta) \end{bmatrix} \tag{4-69}$$

依据图 4-28 中 SRF-PLL 的工作原理可知,通过调节直流分量 $u_q \to 0$ 可以检测电网电压幅值和相位角,那么,令式(4-69)中 $u_q = 0$ 有

$$\begin{cases} |u| = \sqrt{(u^{+1})^2 + (u^{-1})^2 + 2u^{+1}u^{-1}\cos(-2\omega t + \varphi^{-1})} \\ \theta = \psi = \omega t + \arctan\left[\dfrac{u^{-1}\sin(-2\omega t + \varphi^{-1})}{u^{+1} + u^{-1}\cos(-2\omega t + \varphi^{-1})}\right] \end{cases} \tag{4-70}$$

同理,当电网电压中含有谐波分量时,也有类似的表达式。通过式(4-70)可以看出,当电网电压不平衡时,传统的 SRF-PLL 检测出的电网电压幅值和相位角存在波动。因此,如何抑制电网电压中的谐波分量,如何分离电网电压中的正序、负序基波分量,对于提高锁相环的性能就显得尤为重要。

4.5.2 基于解耦双同步坐标系的锁相环

为了解决传统 SRF-PLL 在电网电压不平衡时带来的不足,出现了基于解耦双同步参考系的软件锁相环(DDSRF-PLL)方案。这种 DDSRF-PLL 方案采用了基于正序、负序双同步参考系的 PLL 系统结构,由于采用了正序、负序的解耦算法,从而有效地克服了频率变化对锁相环性能的影响,对 DDSRF-PLL 的系统原理分析如下。

三相锁相环

对于三相不平衡系统,双同步参考系(DSRF)包括两个旋转坐标系,其中:正序 dq^{+1} 坐标系以角速度 $\hat{\omega}$ 逆时针旋转,其角度设为 $\hat{\theta}$;而负序 dq^{-1} 坐标系则是以角速度 $-\hat{\omega}$ 顺时针旋转,其角度设为 $-\hat{\theta}$。因此,双同步参考系(DSRF)以及坐标系中的电压矢量如图 4-30 所示,并且电压矢量 u 在 DSRF 下可以分别以正序、负序表示为

$$\boldsymbol{u}_{dq}^{+1} = \begin{bmatrix} u_d^{+1} \\ u_q^{+1} \end{bmatrix} = [T_{dq}^{+1}] u_{\alpha\beta} = u^{+1} \begin{bmatrix} \cos(\omega t - \hat{\theta}) \\ \sin(\omega t - \hat{\theta}) \end{bmatrix} + u^{-1} \begin{bmatrix} \cos(-\omega t + \varphi^{-1} - \hat{\theta}) \\ \sin(-\omega t + \varphi^{-1} - \hat{\theta}) \end{bmatrix}$$

(4-71)

$$\boldsymbol{u}_{dq}^{-1} = \begin{bmatrix} u_d^{-1} \\ u_q^{-1} \end{bmatrix} = [T_{dq}^{-1}] u_{\alpha\beta} = u^{+1} \begin{bmatrix} \cos(\omega t + \hat{\theta}) \\ \sin(\omega t + \hat{\theta}) \end{bmatrix} + u^{-1} \begin{bmatrix} \cos(-\omega t + \varphi^{-1} + \hat{\theta}) \\ \sin(-\omega t + \varphi^{-1} + \hat{\theta}) \end{bmatrix}$$

(4-72)

式中,$[T_{dq}^{+1}] = [T_{dq}^{-1}]^{\mathrm{T}} = \begin{bmatrix} \cos\hat{\theta} & \sin\hat{\theta} \\ -\sin\hat{\theta} & \cos\hat{\theta} \end{bmatrix}$。

借鉴传统 SRF-PLL 的基本原理,通过双同步参考系各自独立的闭环调节,并适当地配置调节器参数,即可达到 $\hat{\theta} \approx \omega t$ 的目的,在这种情况下,可以假设:$\sin(\omega t - \hat{\theta}) \approx \omega t - \hat{\theta}$、$\cos(\omega t - \hat{\theta}) \approx 1 - [(\omega t - \hat{\theta})^2/2]$ 及 $(-\omega t - \hat{\theta}) \approx -2\omega t$。而在这种假设条件下,对式(4-71)和式(4-72)进行线性化后可得

$$\boldsymbol{u}_{dq}^{+1} \approx u^{+1} \begin{bmatrix} 1 - (\omega t - \hat{\theta})^2/2 \\ \omega t - \hat{\theta} \end{bmatrix} + u^{-1} \begin{bmatrix} \cos(-2\omega t + \varphi^{-1}) \\ \sin(-2\omega t + \varphi^{-1}) \end{bmatrix}$$

(4-73)

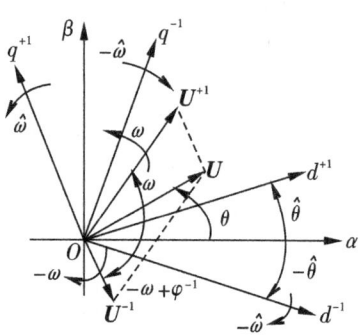

图 4-30 双同步参考系及坐标系中的电压矢量

$$\boldsymbol{u}_{dq}^{-1} \approx u^{+1}\begin{bmatrix}\cos(2\omega t)\\\sin(2\omega t)\end{bmatrix} + u^{+1}\begin{bmatrix}\cos(\varphi^{-1})\\\sin(\varphi^{-1})\end{bmatrix} \tag{4-74}$$

在式(4-73)和式(4-74)中,dq^{+1}坐标系和dq^{-1}坐标系中的直流分量与电网电压中正、负序分量的幅值密切相关,而其中的2次谐波分量是由于正序分量和负序分量在与之旋转方向相反的坐标系中分解造成的。这些谐波可以简单地看成是锁相环在检测正序、负序分量幅值过程中所受到的扰动。由前面的分析可知,简单通过滤波方式来抑制这种扰动,难以达到令人满意的效果。

为了方便引入解耦网络,首先假设任意一个电压矢量包括正、负序分量两部分,它们分别以角速度$n\omega$和$m\omega$旋转,其中n、m分别表示正、负序,而ω则表示电网基波频率。由此电压矢量可由正、负序分量表示为

$$\boldsymbol{u}_{\alpha\beta} = \begin{bmatrix}u_{\alpha}\\u_{\beta}\end{bmatrix} = \boldsymbol{u}_{\alpha\beta}^{n} + \boldsymbol{u}_{\alpha\beta}^{n} = u^{n}\begin{bmatrix}\cos(n\omega t + \varphi^{n})\\\sin(n\omega t + \varphi^{n})\end{bmatrix} + u^{m}\begin{bmatrix}\cos(m\omega t + \varphi^{m})\\\sin(m\omega t + \varphi^{m})\end{bmatrix} \tag{4-75}$$

式中,φ^{n}和φ^{m}分别表示电网电压的正序和负序分量的初始相位角。

假设正序、负序两个旋转的坐标系分别用dq^{n}和dq^{m}来表示,而$n\hat{\theta}$和$m\hat{\theta}$则分别表示正、负序两个旋转坐标系的相位角度,其中$\hat{\theta}$表示锁相环的输出角度。

如果能够做到完全锁相,即有$\hat{\theta} \approx \omega t$,则式(4-73)中的电压矢量在$dq^{n}$和$dq^{m}$坐标系中可分别表示为

$$\boldsymbol{u}_{dq}^{n} = \begin{bmatrix}u_{d}^{n}\\u_{q}^{n}\end{bmatrix} = u^{n}\begin{bmatrix}\cos\varphi^{n}\\\sin\varphi^{n}\end{bmatrix} + u^{m}\cos(\varphi^{m})\begin{bmatrix}\cos(n-m)\omega t\\-\sin(n-m)\omega t\end{bmatrix} + u^{m}\sin(\varphi^{m})\begin{bmatrix}\sin(n-m)\omega t\\\cos(n-m)\omega t\end{bmatrix} \tag{4-76}$$

$$\boldsymbol{u}_{dq}^{m} = \begin{bmatrix}u_{d}^{m}\\u_{q}^{m}\end{bmatrix} = u^{m}\begin{bmatrix}\cos\varphi^{m}\\\sin\varphi^{m}\end{bmatrix} + u^{n}\cos(\varphi^{m})\begin{bmatrix}\cos(n-m)\omega t\\\sin(n-m)\omega t\end{bmatrix} + u^{n}\sin(\varphi^{n})\begin{bmatrix}-\sin(n-m)\omega t\\\cos(n-m)\omega t\end{bmatrix} \tag{4-77}$$

由式(4-76)和式(4-77)可看出,dq^{n}坐标系中振荡的幅值是由dq^{m}坐标系中的平均值所决定的,而dq^{m}坐标系中振荡量的幅值是由坐标系dq^{n}中的平均值所决定的。为了抑制dq^{n}坐标系中的振荡,可引入图4-31所示的解耦单元。同理,为了抑制dq^{m}坐标系中的振荡,也采用同样的结构,只是将n和m调换即可。

由图4-32可知,为了各个解耦单元的正确运行,需要采用一种合理的结构来计算$\bar{u}_{d}^{n}$、$\bar{u}_{q}^{n}$、$\bar{u}_{d}^{m}$和$\bar{u}_{q}^{m}$的值,为此可采用图4-32所示的解耦网络。图4-32中引入了简单的一阶低通滤波器,其传递函数为

$$LPF(s) = \frac{\omega_{f}}{s + \omega_{f}} \tag{4-78}$$

对于图4-32所示的解耦网络,定义如下:

$$\begin{cases}u_{1} = \cos[(n-m)\omega t]\\u_{2} = \sin[(n-m)\omega t]\end{cases} \tag{4-79}$$

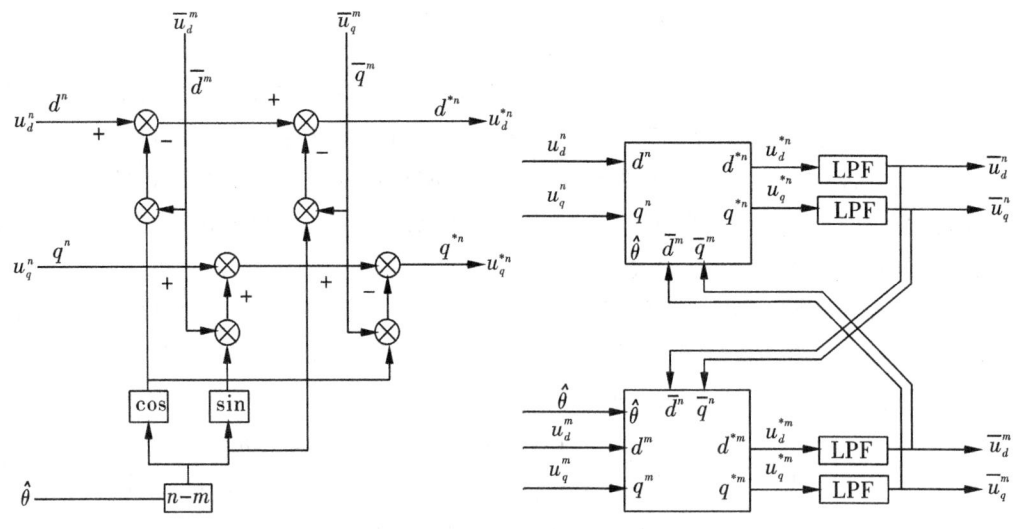

图 4-31 dq^n 坐标系的解耦单元   图 4-32 dq^n 和 dq^m 坐标系的解耦网路

则解耦网络可以表示为

$$\begin{cases} \bar{U}_d^n(s) = \dfrac{\omega_f}{s+\omega_f}[U_d^n(s) - U_1(s)*\bar{U}_d^m(s) - U_2(s)*\bar{U}_q^m(s)] \\ \bar{U}_q^n(s) = \dfrac{\omega_f}{s+\omega_f}[U_q^n(s) - U_1(s)*\bar{U}_q^m(s) + U_2(s)*\bar{U}_d^m(s)] \\ \bar{U}_d^m(s) = \dfrac{\omega_f}{s+\omega_f}[U_d^m(s) - U_1(s)*\bar{U}_d^n(s) + U_2(s)*\bar{U}_q^n(s)] \\ \bar{U}_q^m(s) = \dfrac{\omega_f}{s+\omega_f}[U_q^m(s) - U_1(s)*\bar{U}_q^n(s) - U_2(s)*\bar{U}_d^n(s)] \end{cases} \quad (4-80)$$

式中, $*$ 表示 s 域内的卷积运算。

然后,将式(4-80)变换到时域,则有

$$\begin{cases} \dot{\bar{u}}_d^n = \omega_f(u_d^n - \bar{u}_d^n - u_1\bar{u}_d^m - u_2\bar{u}_q^m) \\ \dot{\bar{u}}_q^n = \omega_f(u_q^n - \bar{u}_q^n - u_1\bar{u}_q^m + u_2\bar{u}_d^m) \\ \dot{\bar{u}}_d^m = \omega_f(u_d^m - \bar{u}_d^m - u_1\bar{u}_d^n + u_2\bar{u}_q^n) \\ \dot{\bar{u}}_q^m = \omega_f(u_q^m - \bar{u}_q^m - u_1\bar{u}_q^n - u_2\bar{u}_d^n) \end{cases} \quad (4-81)$$

综合式(4-78)~式(4-81),可以得出状态空间方程为

$$\begin{cases} \dot{x}(t) = \boldsymbol{A}(t)x(t) + \boldsymbol{B}(t)u(t) \\ y(t) = \boldsymbol{C}x(t) \end{cases} \quad (4-82)$$

式中,

$$\begin{cases} x(t) = y(t) = \begin{bmatrix} \bar{u}_d^n \\ \bar{u}_q^n \\ \bar{u}_d^m \\ \bar{u}_q^m \end{bmatrix}, u(t) = \begin{bmatrix} U^n \cos\varphi^n \\ U^n \sin\varphi^n \\ U^m \cos\varphi^m \\ U^m \sin\varphi^m \end{bmatrix} \\ \mathbf{A}(t) = -\mathbf{B}(t), \mathbf{C} = \mathbf{I} \\ \mathbf{B}(t) = \begin{bmatrix} 1 & 0 & \cos(n-m)\omega t & \sin(n-m)\omega t \\ 0 & 1 & -\sin(n-m)\omega t & \cos(n-m)\omega t \\ \cos(n-m)\omega t & -\sin(n-m)\omega t & 1 & 0 \\ \sin(n-m)\omega t & \cos(n-m)\omega t & 0 & 1 \end{bmatrix} \end{cases}$$
(4-83)

由状态空间模型可以看出,这是一个多输入、多输出变量的系统。为了简化分析,这里假设 $n=+1, m=-1$,则电压矢量分解到 dq^{+1} 和 dq^{-1} 两个旋转坐标系上。简化后整个锁相环控制系统原理框图如图4-33所示。

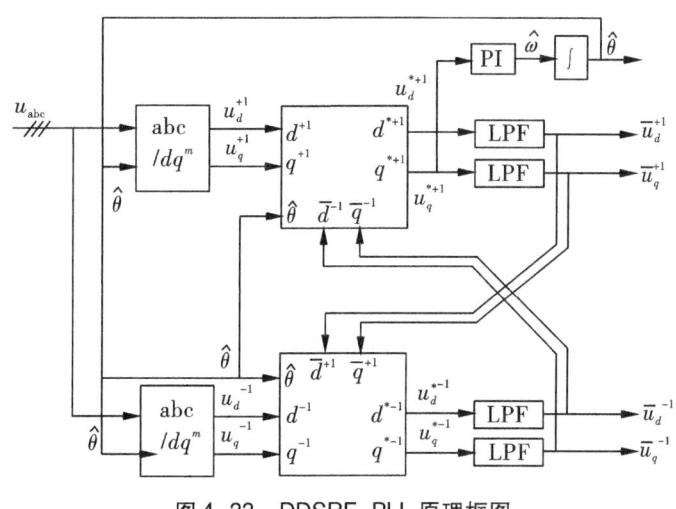

图4-33 DDSRF-PLL 原理框图

上述 DDSRF-PLL 系统中的一阶滤波器,其截止频率 ω_f 的设计应满足一定的要求。为便于分析,这里假设 $\varphi^{+1}=0$、$\varphi^{-1}=0$,由此可求出正序分量幅值计算的阶跃响应表达式为

$$\bar{u}_d^{+1} = U^{+1} - \left\{ \begin{array}{l} U^{+1}\cos(\omega t)\cos(\omega t\sqrt{1-k^2}) - \\ \dfrac{1}{\sqrt{1-k^2}}[U^{+1}\sin(\omega t) - kU^{+1}\cos(\omega t)]\sin(\omega t\sqrt{1-k^2}) \end{array} \right\} e^{-k\omega t}$$
(4-84)

式中,k 表示一阶滤波器的截止角频率 ω_f 与系统基波角频率 ω 的比值,$k=\omega_f/\omega$。

由式(4-84)可看出,其中的振荡分量以指数形式衰减,经过一段与 k 参数相关的稳定时间后,就得到了电压矢量的正序分量幅值。

4.6 实例仿真

随着交流变频调速技术的不断发展,变频器在矿井提升机、风机、水泵中得到越来越多的应用。在大功率应用场合,网侧电流谐波小,而且能量可以双向流动的四象限变频器得到了广泛的应用,如图4-34所示。四象限变频器的这些优点是通过其中的网侧变流器实现的,网侧变流器的控制目标是稳定直流母线电压,使交流侧电流与电网电压之间的相位可调。

网侧变流器通常使用电压型整流器,其电路拓扑采用三相全控桥电路,通常使用IGBT作为开关元件,交流侧通过连接电抗器与电网连接。可以实现能量从电网流入直流环节和能量从直流环节流入电网,且变流器与电网之间的功率因数可调,变频器可工作在四象限。

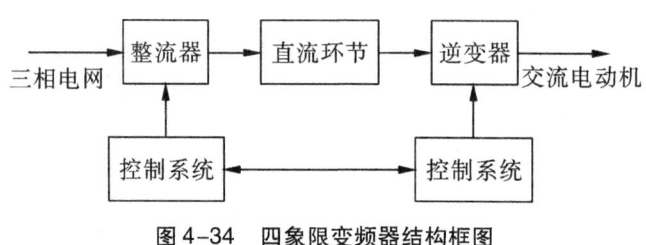

图4-34 四象限变频器结构框图

仿真参数如表4-7所示。

表4-7 网侧整流器参数

参数	数值	参数	数值
电网电压	660 V	网侧电抗器	1 mH
功率	250 kW	直流侧电容	9 400 μF
直流母线电压	1 100 V	开关频率	2.5 kHz

4.6.1 SVPWM 调制算法仿真

根据前面对SVPWM调制算法的分析,按方法三进行矢量合成,主要工作波形如下:
(1) u_α 和 u_β 的波形如图4-35所示,为互差90°的正交分量。
(2) XYZ 波形如图4-36所示。
(3) T_1 和 T_2 波形如图4-37所示。

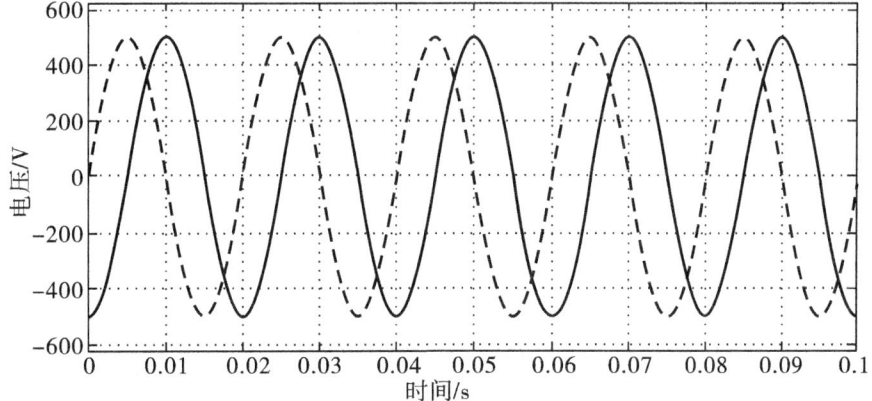

图 4-35　u_α 和 u_β 的波形

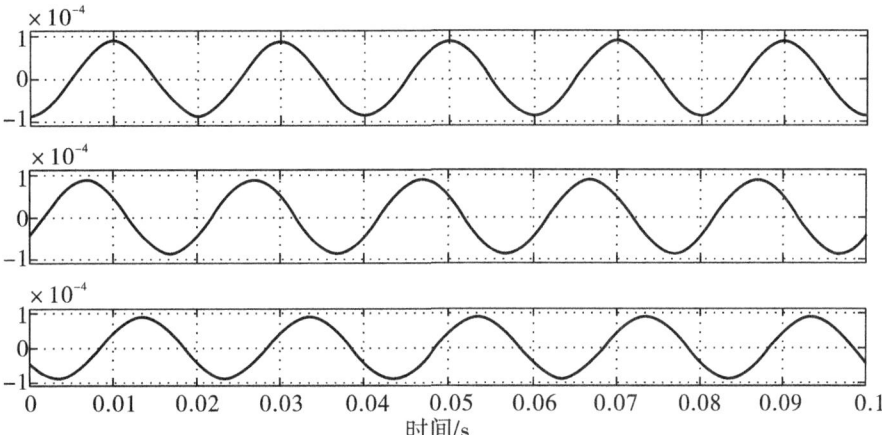

图 4-36　*XYZ* 的波形

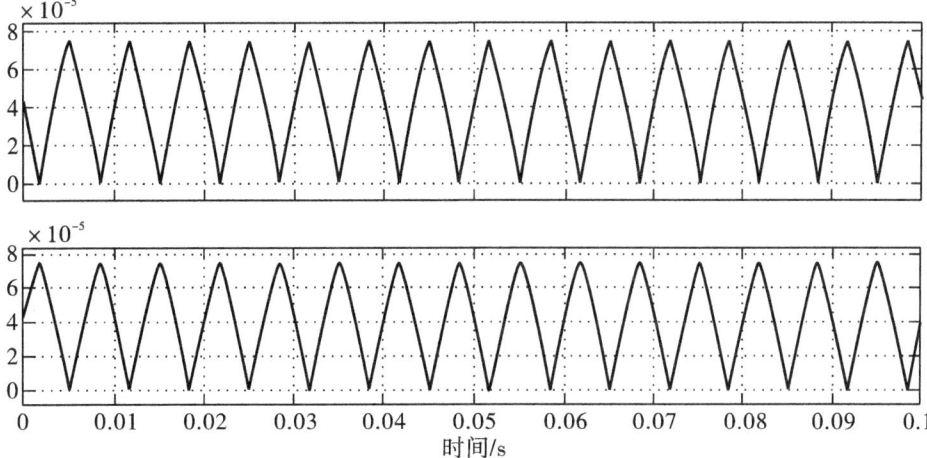

图 4-37　T_1 和 T_2 波形

（4）T_a、T_b、T_c 波形如图 4-38 所示。

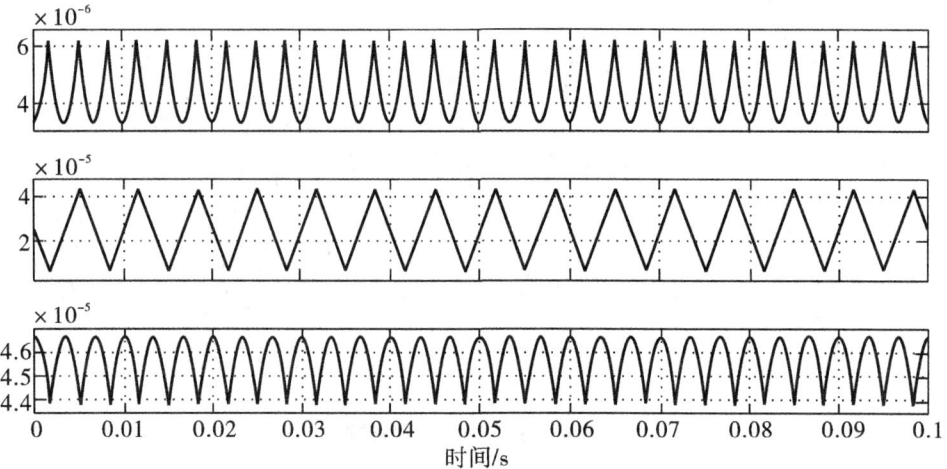

图 4-38　T_a、T_b、T_c 波形

（5）扇区判断 N 的波形如图 4-39 所示。

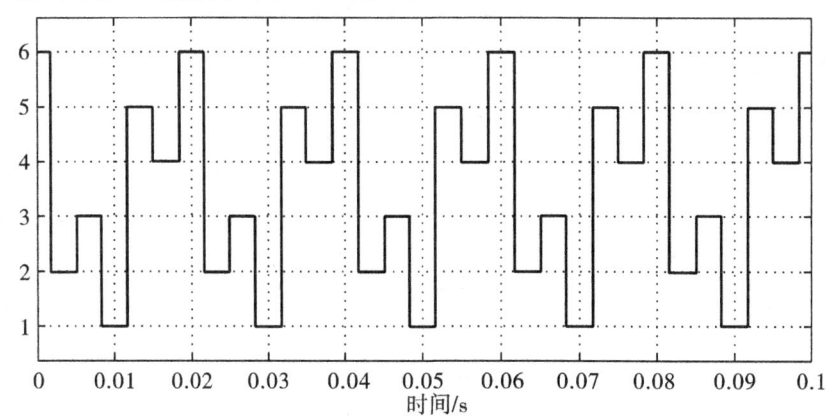

图 4-39　扇区判断 N 的波形

（6）调制波的波形如图 4-40 所示。

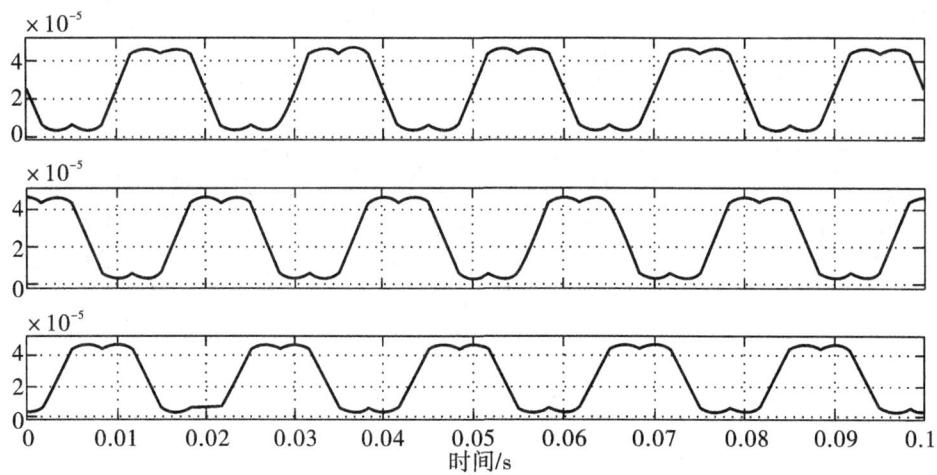

图 4-40　调制波的波形

(7)第一扇区驱动波形如图 4-41 所示。

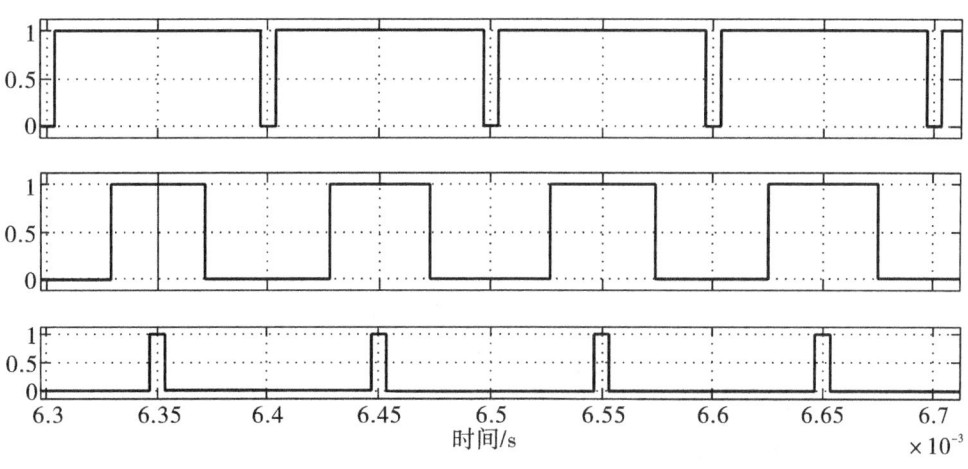

图 4-41 第一扇区驱动波形

4.6.2 高功率因数 PWM 整流器仿真

4.6.2.1 交流侧电压 $u_{AO}(t)$ 波形

三相 VSR A 相交流侧电压 $u_{AO}(t)$ 的开关函数表达式为 $u_{AO}(t)=\dfrac{2s_a-s_b-s_c}{3}u_{DC}$,三相 VSR 交流侧电压在调制过程中只取值 $\pm u_{DC}/3$、$\pm 2u_{DC}/3$、0 V,波形如图 4-42 所示。

三相 PWM 整流器

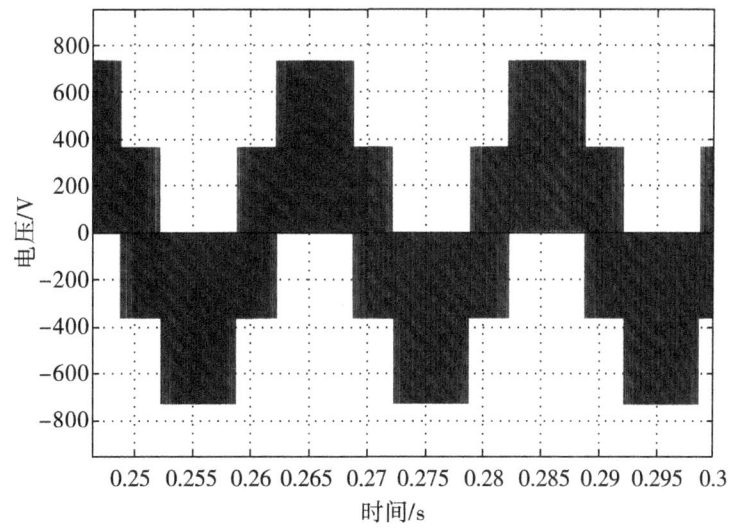

图 4-42 交流侧 A 相电压波形

4.6.2.2 网侧 A 相电感两端电压 $u_{La}(t)$

由三相 VSR 交流侧回路易得网侧 A 相电感两端电压 $u_{La}(t) = u_a(t) - u_{AO}(t)$，$u_{La}(t)$ 波形如图 4-43 所示。

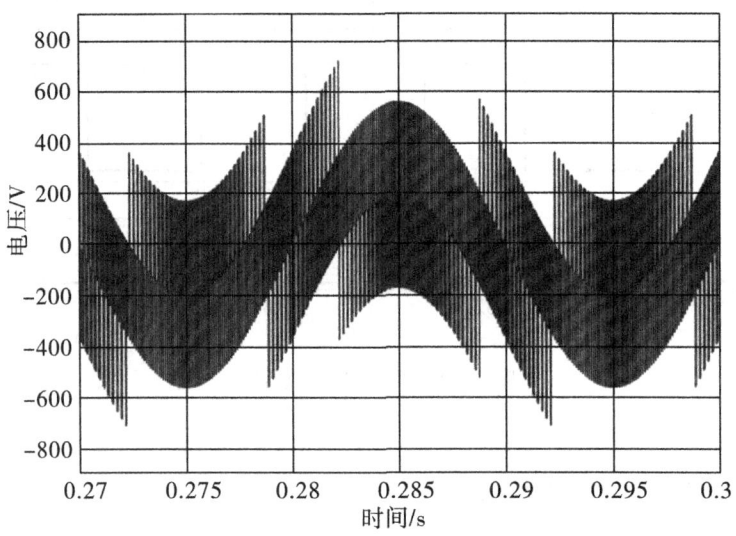

图 4-43　网侧 A 相电感两端电压波形

4.6.2.3 网侧 A 相电流 $i_a(t)$

当忽略 VSR 网侧 A 相等效电阻时，A 相电流 $i_a(t) = \frac{1}{L}\int u_{La}(t)dt = \frac{1}{L}\int [u_a(t) - u_{AO}(t)]dt$，三相 VSR 网侧 A 相电流为 A 相电感两端电压 $u_{La}(t)$ 积分，其 $i_a(t)$ 波形如图 4-44(a) 所示。经傅里叶分析得到频谱图如图 4-44(b) 所示，只包含开关频率(5 kHz)附近的谐波，电流畸变很小。

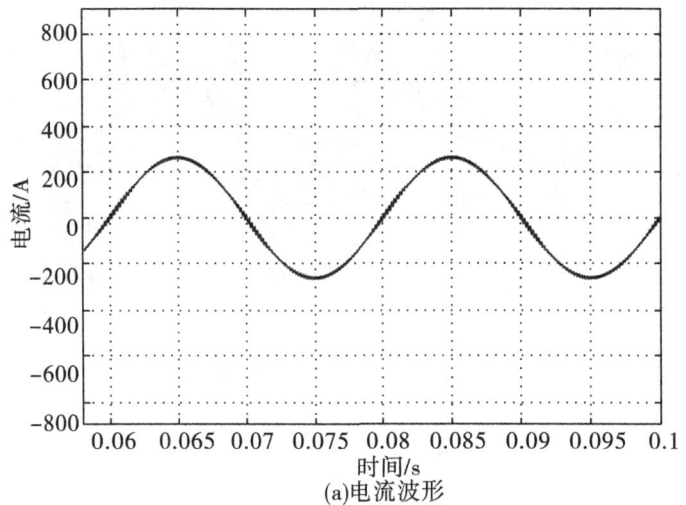

(a)电流波形

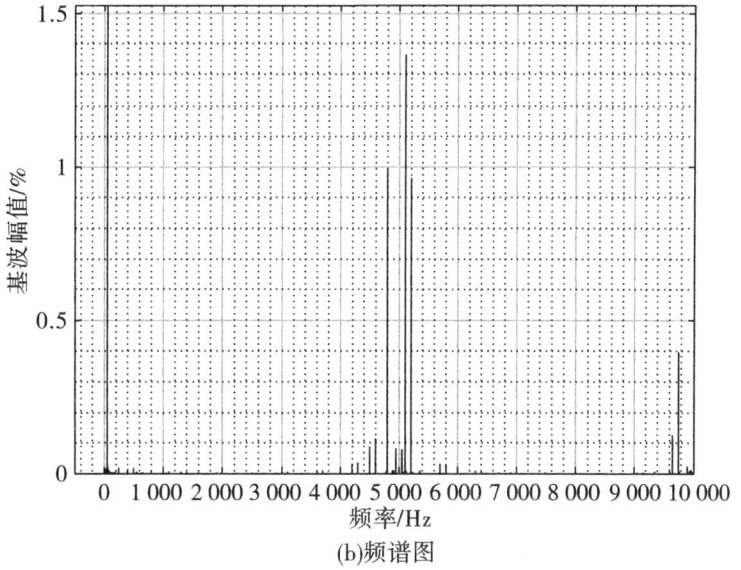

(b)频谱图

图 4-44 网侧 A 相电流 $i_a(t)$ 波形及频谱图

4.6.2.4 直流侧电流 $i_{DC}(t)$

当忽略三相 VSR 桥路损耗时，$i_{DC}(t) = i_a(t)s_a + i_b(t)s_b + i_c(t)s_c$，在任意开关模式下，$i_{DC}(t)$ 出现了不同相的网侧电流或其相反值，波形如图 4-45 所示。

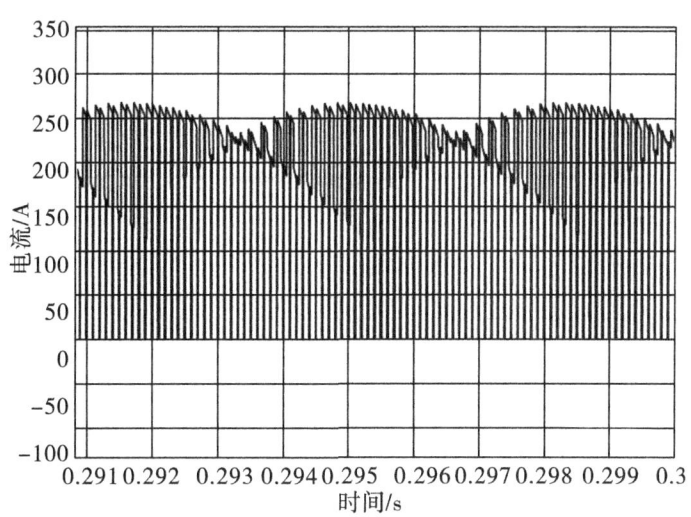

图 4-45 直流侧电流 $i_{DC}(t)$

4.6.2.5 单位功率因数整流和逆变状态

在 0.1 s 时直流侧加一个 200 A 的阶跃电流信号。由图 4-46 和图 4-47 看出，变流器可以得到快速的动态响应，考虑到 200 A 的直流电流阶跃比实际中的情况恶劣，因此实际中电压的波动将小于仿真结果。由图 4-46、图 4-47 可以看出，整流和逆变都实现了单位功率因数控制。

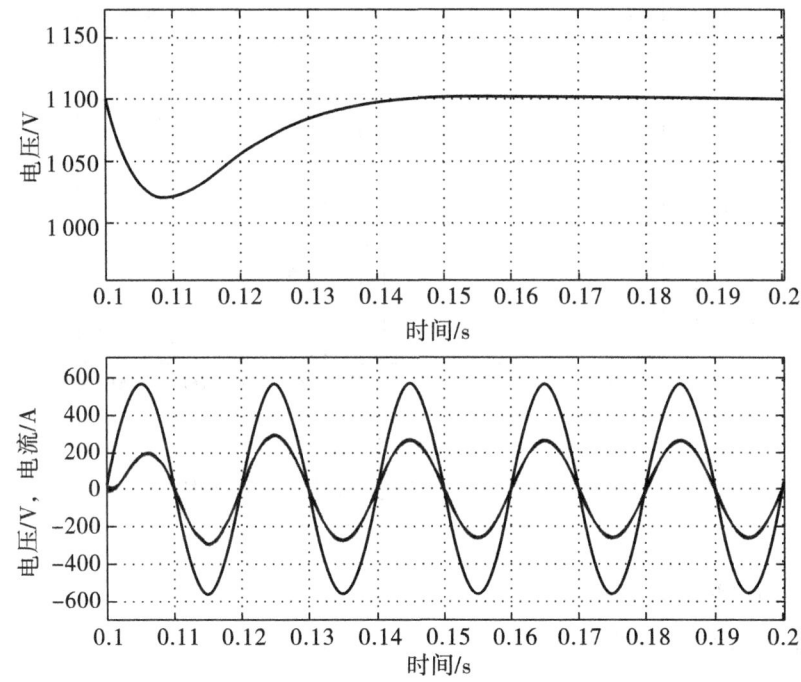

图 4-46　单位功率因数整流

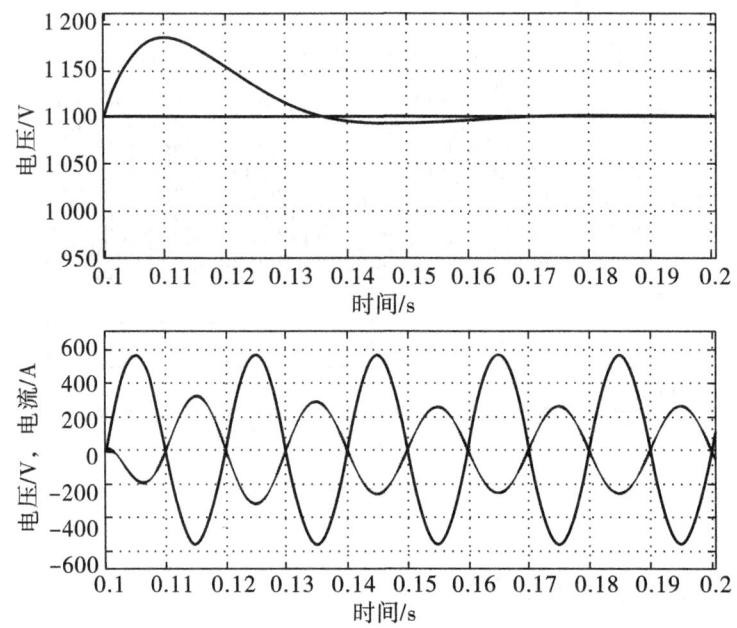

图 4-47　单位功率因数逆变

4.6.2.6 调节交流侧功率因数

改变无功电流给定值,图4-48(a)给出了有功功率和无功功率波形。通过改变无功电流的大小,使交流电压电流出现相位差,如图4-48(b)所示,调节了交流侧的功率因数。

无桥型 PFC
变换器

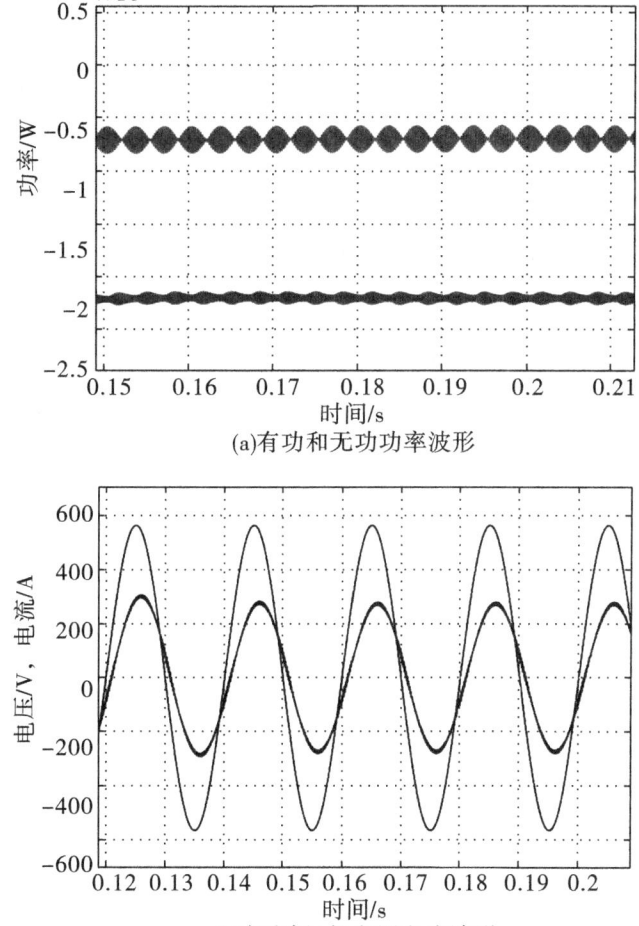

(a)有功和无功功率波形

(b)交流侧A相电压电流波形

图4-48 有功和无功功率与交流侧A相电压电流波形

4.7 本章小结

与二极管和晶闸管整流器相比,PWM整流器具有功率因数可调、波形畸变小、动态性好、能量双向流动等优点,广泛应用于各类现代功率变流器中,如功率因数校正(Power Factor Correction,PFC)、静止无功补偿器(Static Var Compensator,SVC)、有源电力滤波器

(Active Power Filter,APF)、统一潮流控制器(Unified Power Flow Controller,UPFC)、超导磁储能(Superconducting Magnetic Energy Storage,SMES)、高压直流输电(High-Voltage Direct Current,HVDC)、可再生能源并网发电、交直流电气传动等。本章从 PWM 整流器的拓扑结构、工作原理、数学建模、控制策略等方面进行讲解,主要内容如下:

(1) PWM 整流器主要分为电压源型整流器和电流源型整流器,其中电压源型整流器应用较为广泛。单相 PWM 整流器可以采用单极性调制和双极性调整,三相 PWM 采用双极性调制,重点讲述了 SVPWM 调制,通过对输入侧电压调制,就可以控制输入电流波形,实现对功率因数的控制。

(2) 根据基尔霍夫电压、电流定律,介绍了基于开关描述的三相 PWM 整流器的高频数学模型,以及基于占空比描述的低频数学模型,并对两相同步旋转坐标系下的数学模型进行了推导。

(3) 对于三相 PWM 整流器一般采用电压电流双闭环控制系统设计,电压外环稳定直流母线电压,电流内环对电流进行控制。设计时根据传递函数,先设计电流内环控制器,然后设计电压外环控制器。

(4) 为了实现控制系统中的坐标变换,需要动态获取电网电压的相位信息,因此需要锁相环对电网电压进行锁相。锁相环主要分为开环锁相和闭环锁相,目前常用的是闭环锁相技术。在选用锁相环方案时,应考虑电网是否平衡。

第 5 章　多电平 PWM 逆变器

5.1　PWM 逆变器概述

5.1.1　逆变器分类

逆变器可将直流电转换为交流电,广泛应用于交流调速用变频器、不间断电源、新能源并网发电等领域。逆变器可以从不同的角度进行分类,如图 5-1 所示,按电路结构可分为半桥式电路和全桥式电路,按直流电源的性质可分为电压型和电流型,按电网相数可分为单相电路和三相电路,按调制电平数可分为两电平、三电平和多电平等。虽然分类方法很多,但是最基本的分类方法就是将逆变器分为电压型和电流型两大类,这主要是因为电压型、电流型逆变器,无论是在主电路结构、PWM 信号发生以及控制策略等方面均有各自的特点,并且两者之间存在电路上的对偶性,从主电路拓扑结构来看,其他分类方法均可归类于电压型或电流型逆变器之列。

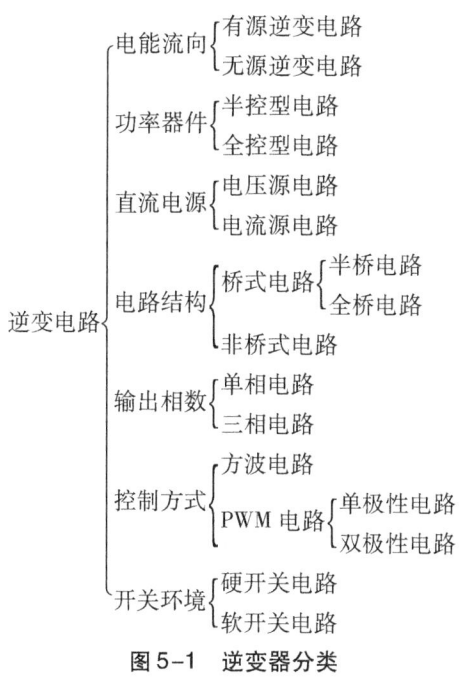

图 5-1　逆变器分类

早期的逆变电路采用简单频控方式,其输出为方波,故有方波电路之称,它存在输出端谐波含量过高等缺点。鉴于 PWM 技术在直流变换电路中的成功应用,于是斩控技术与频控方式相结合产生了 PWM 逆变电路,该电路因兼具调压变频功能,输出谐波含量小,已成为当今逆变器的主导控制方式。随着 PWM 逆变器在高性能电力电子装置(如有源电力滤波器、并网逆变器等)中应用越来越广泛,PWM 控制技术作为电力电子装置核心控制技术,引起人们的高度重视,并得到越来越深入的研究。目前已经提出并得到实际应用的 PWM 控制方案就不下 10 种,从最初追求电压波形的正弦,到电流波形的正弦,再到磁通的正弦;从效率最优,到转矩脉动最少,再到消除噪声等,PWM 控制技术的发展经历了一个不断创新和不断完善的过程。

另一方面,随着以 IGBT、IGCT 为代表的新型复合器件耐压、耐流和开关性能的迅速提高,高性能大容量功率变换器获得了飞速发展,其市场前景十分广阔。大容量是指功率等级在数百千瓦以上,而高电压是指电压等级为 3 kV、6 kV、10 kV 甚至更高。实现高压大容量的途径主要有通过器件串联进行分压和通过器件并联进行分流。由于器件串并联存在器件开关动作的差异性等问题,20 世纪 80 年代以来,又发展了多电平变换器。各种多电平变换器拓扑相继出现,其控制性能也得到提高,成为高压大容量电力电子系统的发展方向,并在大容量功率变换领域得到了广泛应用。

5.1.2 PWM 逆变器拓扑结构

PWM 逆变器有单相半桥、单相全桥、三相全桥、多电平等常见的基本电路形式,不同的电路拓扑能够实现不同的功率变换功能,而同一拓扑结构也能实现不同的电能变换。

例如,图 5-2(a)所示,在直流侧加上直流电源,可以形成单相半桥逆变器进行 DC-AC 功率变换。图 5-2(b)所示,可形成单相全桥逆变器为交流负载供电或者并网。

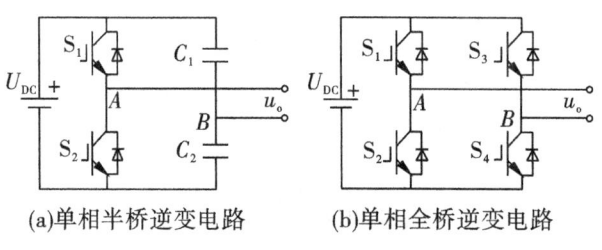

(a)单相半桥逆变电路　　(b)单相全桥逆变电路

图 5-2　单相逆变电路

类似地,图 5-3(a)所示为两电平三相逆变电路,图 5-3(b)所示为二极管箝位三电平三相逆变电路,如果接入交流电网,还可以作为有源电力滤波器、无功功率发生器等。

此外,PWM 逆变器的交流侧电压为 PWM 脉宽调制电压,含有大量开关频率相关的谐波分量,因此不能直接连接负载或电网,需要设置低通滤波环节,常见的有 L 型、LC 型和 LCL 型,如图 5-4 所示。L 型一般工作于整流模式。LCL 型一般工作于并网模式,即

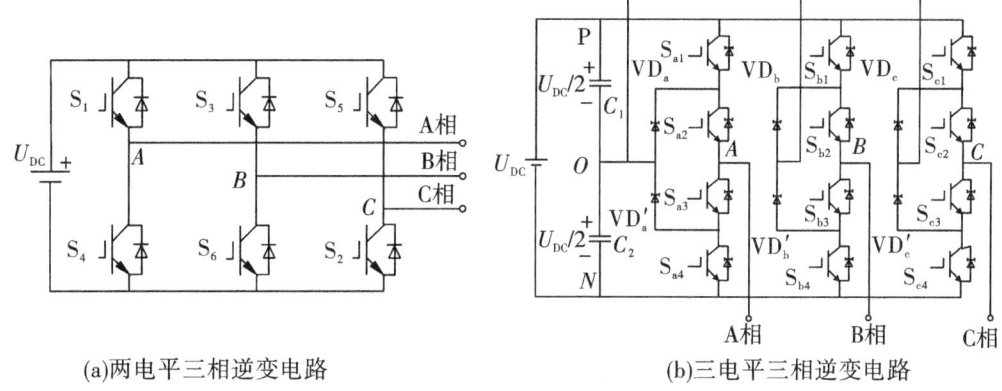

(a)两电平三相逆变电路　　　　(b)三电平三相逆变电路

图 5-3　三相逆变电路

逆变器的输出采用电流控制方式,则只需控制逆变器的输出电流以跟踪电网电压,即可达到并联运行的目的。LC 低通滤波器一般用在逆变器需要独立与并网双模式运行的场合,为了获得良好的正弦电压波形,LC 型逆变器通常采用电压型控制策略,其 LC 低通滤波器用于消除开关频率附近的高次谐波,因此在设计 LC 滤波器参数时需要两者兼顾。

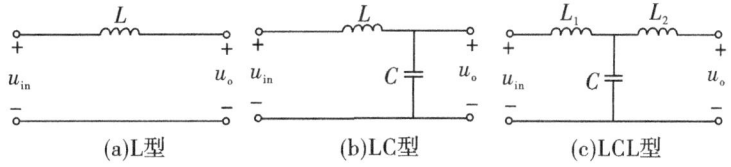

(a)L型　　　　(b)LC型　　　　(c)LCL型

图 5-4　常见滤波器环节

5.2　多电平 PWM 逆变器拓扑结构

5.2.1　多电平变换器特点

多电平 PWM 逆变器拓扑

电压型逆变器中,最先获得广泛应用的是两电平逆变器,其缺点就是受到开关功率和耐压值的限制,不能在高电压大功率场合应用。随着生产力的发展,对逆变器功率和电压等级的要求越来越高,有时已经达到几百兆安和十几千伏数量级。即使是各种各样的新型高耐压、高频率的功率器件,如 IGCT、IGET、MCT 的不断问世,也仍然满足不了高电压大功率场合的需要。为了解决这一问题,常常采用将功率开关管直接串联的方式来输出高电压,但是这种方法需要添加输出滤波器,以降低输出端谐波含量和减小 $\mathrm{d}u/\mathrm{d}t$,还要解决由于功率开关相串联而引起的动静态均压问题。20 世纪 80 年代,一种新型、环保节能的逆变器新思路——多电平逆变器的出现,解决了上述问题,并越来越引起人们的重视,这种多电平逆变器被广泛应用在无功补偿、电力有源滤波以及电机调速等领域。经过不断发展,目前已经形成了几种特定的多电平逆变器拓扑结构,并逐步形成了一门独立的新型电力电子逆变技术新学科。

多个直流源和电力电子器件经过特定的拓扑变换,并且控制不同的直流源串联输出,则在变换电路的不同开关状态下,就可以在输出端得到不同幅值的多电平输出。事实上,这是通过多个直流电源之间的不同组合得到的,采用这种原理的变换电路称为多电平电路,用这种方法实现的变换器称为多电平变换器。

在多电平变换器的发展过程中,围绕生成输出为不同电平数的波形,产生了多种电路拓扑结构,并且新的拓扑思路还在不断涌现。事实上,这些结构都可以归结为多个电力电子基本拓扑单元的组合,或者是经过一定简化后的组合。多电平变换器的基本开关单元如图5-5(a)所示,电容作为直流侧电压源,每个开关分别为可控开关、反并联二极管组合成的双向导通器件。

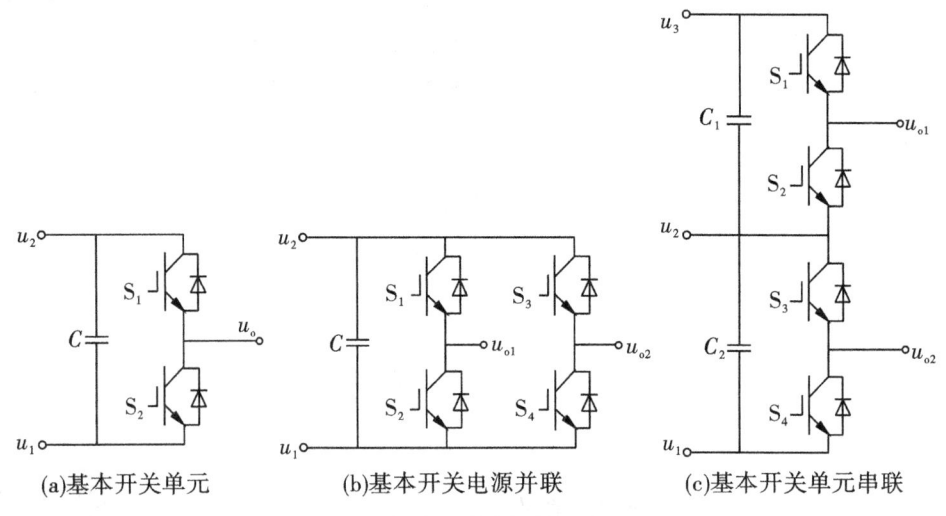

(a)基本开关单元　　(b)基本开关电源并联　　(c)基本开关单元串联

图5-5　多电平变换器的拓扑结构

为了得到更多的电平,就需要用基本开关单元进行更复杂的组合。由基本开关单元组合生成多电平电路有两种基本的方式:第一种是基本开关单元并联,如图5-5(b)所示;第二种则是串联,如图5-5(c)所示。单相全桥逆变电路就是两个两电平基本单元的并联组合,如图5-5(b)所示,当对其采用单极性调制,可得 u_2-u_1、0 V 和 u_1-u_2 三种电平。两个两电平基本单元的串联组合如图5-5(c)所示,通过对 $S_1 \sim S_4$ 通断状态的控制,在输出端可得到 u_3-u_2、u_3-u_1、u_2-u_1 和 0 V 四种电平。

多电平变换器作为一个适用于高压、大功率能量变换的电力电子电路结构,它的出现为电力电子拓扑的发展开辟了一条新思路。经过多年的发展,至今已形成了几类多电平变换器结构:第一类是箝位型变换器拓扑,包括二极管箝位型(NPC)、电容箝位型等;

第二类为级联型结构。从下述分析中可以看到,二极管箝位型结构和电容型箝位型结构为基本开关单元先串联后并联变化而成;级联型结构则为基本开关单元先并联后串联组合而成。

5.2.2 二极管钳位型多电平变换器

近年来,在高压大容量交流电动机调速系统中,二极管中点箝位型逆变器得到了广泛研究和应用。图 5-6 所示为二极管箝位型三相三电平逆变器主电路拓扑。当需要得到 N 电平输出时,则所需直流电容的个数为 $(N-1)$,每相桥臂所需主开关器件的个数为 $2(N-1)$,以及 $(N-1)(N-2)$ 个箝位二极管。其中,直流侧有两个相同的分压电容 C_1、C_2。设直流侧电压为 U_{DC},并且将每个电容的电压控制在 $U_{DC}/2$(一个电平电压),则各电容可以看作电压值为 $U_{DC}/2$ 的直流电源。VD_a 和 VD_a' 为 A 相桥臂箝位二极管,其作用是使每个全控开关器件的耐压保持在一个电平电压,其他两相作用类似。每个桥臂有四个开关器件串联,通过不同的开关状态组合,得到输出为三种电平的输出电压。

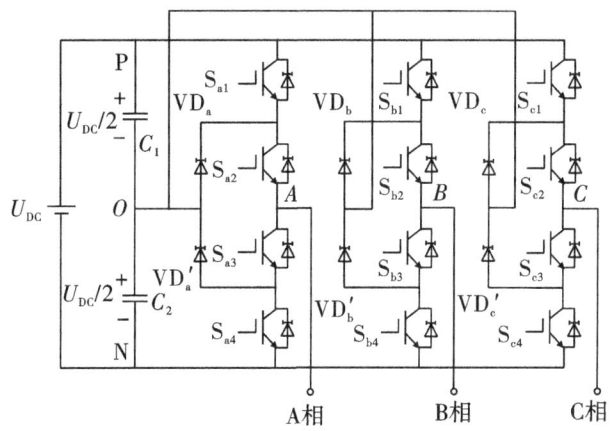

图 5-6 二极管钳位型三电平逆变器主电路拓扑

以 A 相为例分析:①当 S_{a1} 和 S_{a2} 同时导通时,A 相电平为 $u_{AO}=U_{DC}/2$;②当 S_{a3} 和 S_{a4} 同时导通时,A 相电平为 $u_{AO}=-U_{DC}/2$;③当 S_{a2} 与箝位二极管 VD_a 同时导通时,或者 S_{a3} 与钳位二极管 VD_a' 同时导通时,A 相电平为 $u_{AO}=0$。

表 5-1 以 A 相输出电压 u_{AO} 为例,具体说明阶梯形的多电平输出电压与各开关状态的关系真值表,其中"1"代表开关导通,"0"代表开关关断。

表 5-1 二极管箝位型三电平逆变器 A 相开关状态与输出电压关系

输出电压 u_{AO}	开关状态					
	S_{a1}	S_{a2}	S_{a3}	S_{a4}	VD_a	VD_a'
$U_{DC}/2$	1	1	0	0	0	0

续表 5-1

输出电压 u_{AO}	开关状态					
	S_{a1}	S_{a2}	S_{a3}	S_{a4}	VD_a	VD_a'
0 V	0	1	0	0	1	0
	0	0	1	0	0	1
$-U_{DC}/2$	0	0	1	1	0	0

图 5-7 所示为加入 PWM 控制后三电平拓扑的输出相电压和线电压波形。由 A 相和 B 相的不同开关状态组合,两相的输出电压叠加,线电压 u_{AB} 共存在五种电平状态:$-U_{DC}$、$-U_{DC}/2$、0 V、$U_{DC}/2$ 和 U_{DC}。

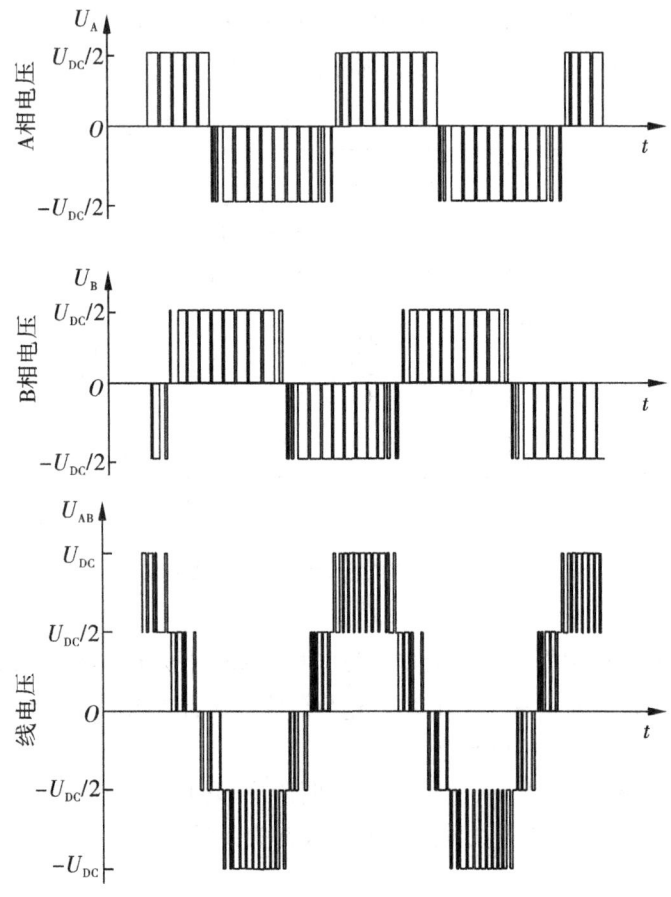

图 5-7 三电平拓扑输出相电压和线电压波形

二极管箝位型多电平逆变器具有以下优点:

(1)在解决耐压问题上,多电平逆变器没有两电平逆变器中串联器件瞬时同时导通或者关断的问题,对器件的一致性要求低。而且开关产生的 du/dt 比传统两电平逆变器小,器件受到的电压应力小,系统可靠性高。

(2)由于多电平逆变器输出为多电平阶梯波,形状更接近于正弦,在同样的开关频率下,谐波比两电平要低得多,这正适应了高压大容量逆变器由于开关损耗及器件性能的问题开关频率不能太高的要求。

(3)在同样的直流电压 U_{DC} 作用下,由于两电平逆变器的开关耐压为 U_{DC},其每个开关管必须由多个开关元件串联来充当(假设器件的额定值与多电平相同),这样它的开关器件数目将与多电平逆变器相同。

但是,二极管箝位型多电平逆变器结构也有它固有的不足:

(1)不同管子的开关时间不同。从三电平的分析中不难看出,每相桥臂越靠近中间的管子开关时间越长,如图 5-6 中 S_{a2} 和 S_{a3} 的开关时间是 S_{a1} 和 S_{a4} 的 2 倍。

(2)电容均压问题是制约多电平变换电路应用的最大障碍。由于直流侧电容一个周期内电流流入和流出可能不同,会造成某些电容总在放电,而另一部分总在充电,使得电容电压不均衡,导致输出电平偏移。实际上,有关研究表明,仅当输出相电压和线电流互差 $\pi/2$,电容上平均电流为零时,才可以使电压均衡。当进行有功传递时,如不附加均压装置或使用特别的控制策略,必将导致 N 电平退化为三电平或两电平(N 为电平数)。针对直流侧分压电容的电压平衡问题,学者们做了大量的研究,在拓扑结构和控制方法上进行了众多的改进。

(3)二极管可能需要承受不同反压,对三电平来说,箝位二极管承受反压相同。但对于更多电平电路来说,箝位二极管承受反压最高为 $(N-2)/(N-1)$,最低为 $1/(N-1)$。如果每个管子相同,按最高额定值要求,必有一部分管子容量过大,造成浪费。若用多管串联等效,则势必造成二极管数量剧增,一相所需箝位二极管数目将达到 $(N-1)\times(N-2)$ 个,大大增加了成本,系统的可靠性也被削弱。

总之,在器件耐压方面,二极管箝位型多电平逆变器仍存在问题,可靠性也受到一定限制,本领域的研究重点之一就是如何提高系统的稳定性和鲁棒性。另外,直流侧电容电压的均衡问题也是控制上比较棘手的地方,不过随着各种中点电压控制策略的研究,可以有效地平衡中点电压。生产这种变换器产品的代表公司有瑞士 ABB、德国 SIEMENS(西门子)公司、美国 GE 公司等。

5.2.3 电容箝位型多电平变换器

电容箝位型多电平变换器也称为悬浮电容式多电平(Flying-Capacitor MultiLevel,FCML)变换器,是由法国学者 T. A. Meynard 和 H. Foch 于 1992 年首先提出的。电容箝位型多电平变换器采用悬浮电容代替二极管对功率开关管进行直接箝位,不存在二极管箝位型变换器中主、从功率开关的阻断电压不均衡和箝位二极管反向电压难以快速恢复的问题。它的工作原理与二极管箝位式逆变器相似,直流侧的电容也没有发生变化。如果想得到更多的电平,则只需要按照层叠的原理进行扩展即可,同样对于三相 N 电平逆变器可输出 N 电平相电压,$(2N-1)$ 电平的线电压。

电容箝位型三相三电平逆变器拓扑结构及输出波形如图 5-8 所示,以 A 相为例分析:①当功率开关 S_1、S_2 一起开通的时候,输出端电压 $u_{AO}=U_{DC}/2$;②当功率开关 S_1'、S_2' 一起开通时,输出端电压 $u_{AO}=-U_{DC}/2$;③当功率开关 S_1、S_1' 同时开通或者 S_2、S_2' 同时开通的时候,输出端电压 $U_{AO}=0$。

这个拓扑结构的工作要点在于保持箝位电容 C_a 两端的电压维持在 $U_{DC}/2$ 的电压水平;电容 C_a 在功率开关 S_1、S_1' 接通的时候进行充电,在 S_2、S_2' 接通的时候进行放电。通过合理的选择零电平的开关组合,可以使箝位电容 C_a 达到充电和放电的平衡。表 5-2 给出了其输出电平电压与开关状态的关系,其中"1"代表开关导通,"0"代表开关关断。

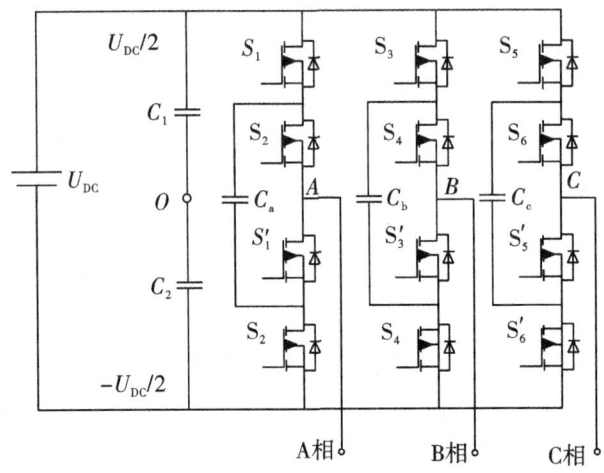

图 5-8 电容钳位型三电平逆变器拓扑结构及其波形

表 5-2 电容钳位型三电平逆变器输出电平电压与开关管状态的关系

输出电压 u_{AO}	开关状态			
	S_1	S_2	S_1'	S_2'
$U_{DC}/2$	1	1	0	0
0 V	1	0	1	0
	0	1	0	1
$-U_{DC}/2$	0	0	1	1

图 5-9 所示为加入 PWM 控制后三电平拓扑的输出相电压和线电压波形。与二极管钳位型三电平逆变器类似,由 A 相和 B 相的不同开关状态组合,两相的输出电压叠加,线电压 u_{AB} 共存在五种电平状态:$-U_{DC}$、$-U_{DC}/2$、0 V、$U_{DC}/2$ 和 U_{DC}。当需要得到 N 电平输出时,会有 $(2N-1)$ 电平线电压,直流侧需要 $(N-1)$ 个电容,每相每桥臂所需主开关器件的个数为 $2(N-1)$ 个,以及 $(N-1)(N-2)/2$ 个飞跨电容。

第5章 多电平PWM逆变器

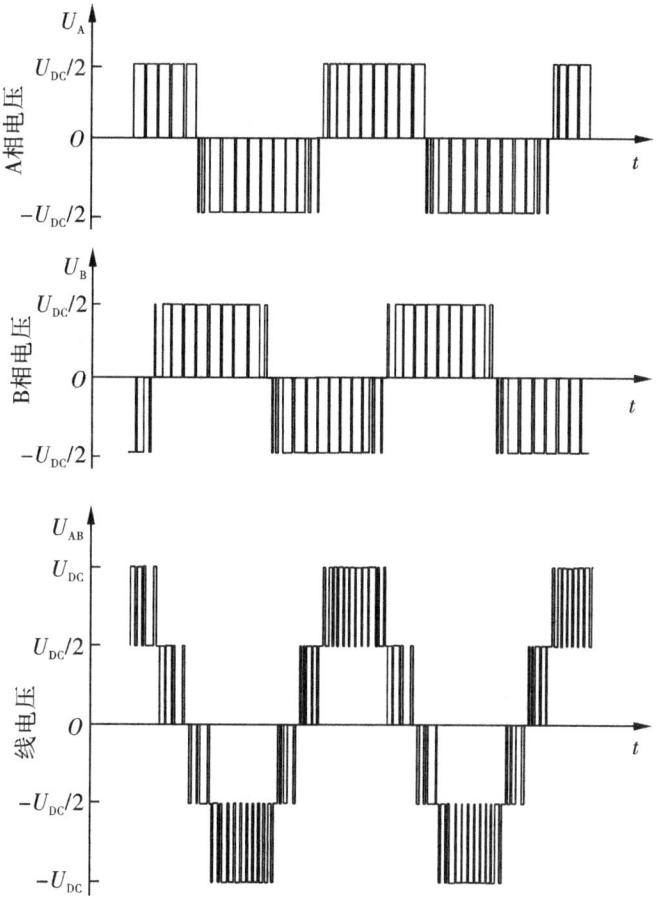

图5-9 三电平拓扑输出相电压和线电压波形

由上述分析可以看出,电容箝位型多电平电路具有以下特点:

(1)需要对电容电压进行控制。电容箝位型逆变器具有大量的冗余相电压开关状态组合,为输出给定的电平电压,无论负载电流流向如何,都可以从中找到能同时平衡悬浮电容电压的合成方法。相对于二极管箝位型,电容箝位型电路的电压合成控制和电容电压的平衡控制都有更大的灵活性,这对于控制电容电压的平衡提供了一种可能。

(2)需要较多箝位电容。如果电容的耐压与主开关相同,对于 N 级电平电路,除去直流侧的 $N-1$ 个电容外,每相还需要 $(N-1)\times(N-2)/2$ 个辅助电容。电容与其他器件相比,是一种寿命较短、可靠性较差的元件。

(3)同一桥臂内特定开关对的状态互补。以 A 相为例,互补开关对为 $(S_1, S_1')(S_2, S_2')$,其余各相类似。

通用箝位型多电平变换器

5.2.4 级联型多电平变换器

多电平变换器的主要目的之一是采用低耐压器件输出高压。上面提到的基于基本单元先串联后并联的几种多电平变换器的共同特点是只需一个独立直流电源,且电力电子器件相互串联。因此,为了降低单管耐压又要输出多个电平台阶,需要用多个直流电容分压,这样就出现了直流电容均压问题,在这类拓扑结构的变换器系统中只能用控制算法来解决这个问题。

而后文介绍的独立电源的结构中提供了避免直流电容平衡问题的途径,实现方案是采用多个电气独立的直流电源,通过桥式逆变器串联,输出多个台阶的电平,即具有独立直流电源的级联型变换器。级联型多电平拓扑最早是由著名学者 P. W. Hammond 于 1975 年提出的,后来 P. W. Hammond 和 F. Z. Peng 等将其应用到了高压大功率电动机传动领域,使这种拓扑在 20 世纪 90 年代后逐渐流行起来。级联型变换器现在已广泛应用于高压大功率电动机传动、高压大功率电源、高压大功率电力有源滤波、高压大功率无功补偿等场合。

如图 5-10 所示为级联型 H 桥五电平逆变电路拓扑结构,每一相均通过各级联 H 桥单元输出电压相叠加,然后输出阶梯五电平电压波形,随着电平数增加,逐渐逼近正弦波,电压波动减小,使得电动机调速更加有利。因此,基于 H 桥级联的逆变电路所组成的高压变频器在实际应用中最为广泛。如图 5-10 所示,每个功率单元均需要独立的低压直流悬浮电源,因此需要由多绕组输出的移相变压器来提供独立电源,尽管移相变压器能够使换流器与电网之间形成电气隔离,并通过多重化技术大大改善电网侧的电流谐波,但这将使该拓扑结构存在,如悬浮电源过多造成回馈困难,储能电容接在逆变器输入端,所需容量过大等问题,这些都成为制约其广泛应用的重要因素。

级联型五电平变换器每个桥臂有 2 个 H 桥结构串联,有 8 个开关器件,在某一时刻只有其中 4 个开关器件同时处于导通状态,另外 4 个开关器件为关断状态,通过不同的开关状态组合,得到输出为 5 种电平的输出电压。

以下为图 5-10 中 A 相输出电压 u_{AO} 与桥臂开关管导通状态关系:

(1) 当输出 $u_{AO}=2U_{DC}$ 时,对应开关状态为 S_{a1}、S_{a4}、S'_{a1}、S'_{a4} 导通,其余关断。

(2) 当输出 $u_{AO}=U_{DC}$ 时,对应开关状态有 4 种可能组合:①开通 S_{a1}、S_{a4}、S'_{a1}、S'_{a3},其余关断($u_{AO}=U_{DC}+0$);②开通 S_{a1}、S_{a4}、S'_{a2}、S'_{a4},其余关断($u_{AO}=U_{DC}+0$);③开通 S_{a1}、S_{a3}、S'_{a1}、S'_{a4},其余关断($u_{AO}=0+U_{DC}$);④开通 S_{a2}、S_{a4}、S'_{a1}、S'_{a4},其余关断($u_{AO}=0+U_{DC}$)。

(3) 当输出 $u_{AO}=0$ 时,对应开关状态有 6 种可能组合:①开通 S_{a1}、S_{a3}、S'_{a1}、S'_{a3},其余关断($u_{AO}=0+0$);②开通 S_{a1}、S_{a3}、S'_{a2}、S'_{a4},其余关断($u_{AO}=0+0$);③开通 S_{a2}、S_{a4}、S'_{a1}、S'_{a3},其余关断($u_{AO}=0+0$);④开通 S_{a2}、S_{a4}、S'_{a2}、S'_{a4},其余关断($u_{AO}=0+0$);⑤开通 S_{a1}、S_{a4}、S'_{a2}、S'_{a3},其余关断($u_{AO}=U_{DC}-U_{DC}$);⑥开通 S_{a2}、S_{a3}、S'_{a1}、S'_{a4},其余关断($u_{AO}=-U_{DC}+U_{DC}$)。

(4) 当输出 $u_{AO}=-U_{DC}$ 时,对应开关状态有 4 种可能组合:①开通 S_{a2}、S_{a3}、S'_{a1}、S'_{a3},其余关断($u_{AO}=-U_{DC}+0$);②开通 S_{a2}、S_{a3}、S'_{a2}、S'_{a4},其余关断($u_{AO}=-U_{DC}+0$);③开通 S_{a1}、S_{a3}、

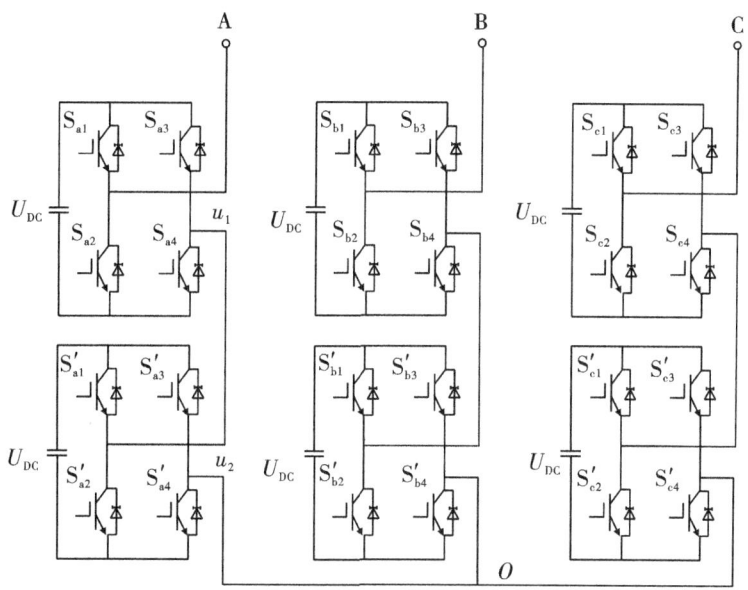

图 5-10 级联型五电平变换器拓扑结构

S'_{a2}、S'_{a3},其余关断($u_{AO}=0-U_D$);④开通 S_{a2}、S_{a4}、S'_{a2}、S'_{a3},其余关断($u_{AO}=0-U_{DC}$)。

(5)当输出 $u_{AO}=-2U_{DC}$ 时,对应开关状态为 S_{a2}、S_{a3}、S'_{a2}、S'_{a3} 导通,其余关断。

表 5-3 以 A 相输出电压 u_{AO} 为例,具体说明阶梯形的多电平输出电压与各开关状态的关系真值表。其中"1"代表开关导通,"0"代表开关关断。

表 5-3 级联型五电平逆变器 A 相开关状态与输出电压关系

输出电压 u_{AO}	开关状态							
	S_{a1}	S_{a2}	S_{a3}	S_{a4}	S'_{a1}	S'_{a2}	S'_{a3}	S'_{a4}
$2U_{DC}$	1	0	0	1	1	0	0	1
U_{DC}	1	0	0	1	1	0	1	0
	1	0	0	1	0	1	0	1
	1	0	1	0	1	0	0	1
	0	1	0	1	1	0	0	1
0 V	1	0	1	0	1	0	1	0
	1	0	1	0	0	1	0	1
	0	1	0	1	1	0	1	0
	0	1	0	1	0	1	0	1
	1	0	0	1	0	1	1	0
	0	1	1	0	1	0	0	1

续表 5-3

输出电压 u_{AO}	开关状态							
	S_{a1}	S_{a2}	S_{a3}	S_{a4}	S'_{a1}	S'_{a2}	S'_{a3}	S'_{a4}
$-U_{DC}$	0	1	1	0	1	0	1	0
	0	1	1	0	0	1	0	1
	1	0	1	0	0	1	1	0
	0	1	0	1	0	1	1	0
$-2U_{DC}$	0	1	1	0	0	1	1	0

图 5-11 所示为加入 PWM 控制后级联型三相五电平逆变器拓扑的输出相电压和线电压波形。

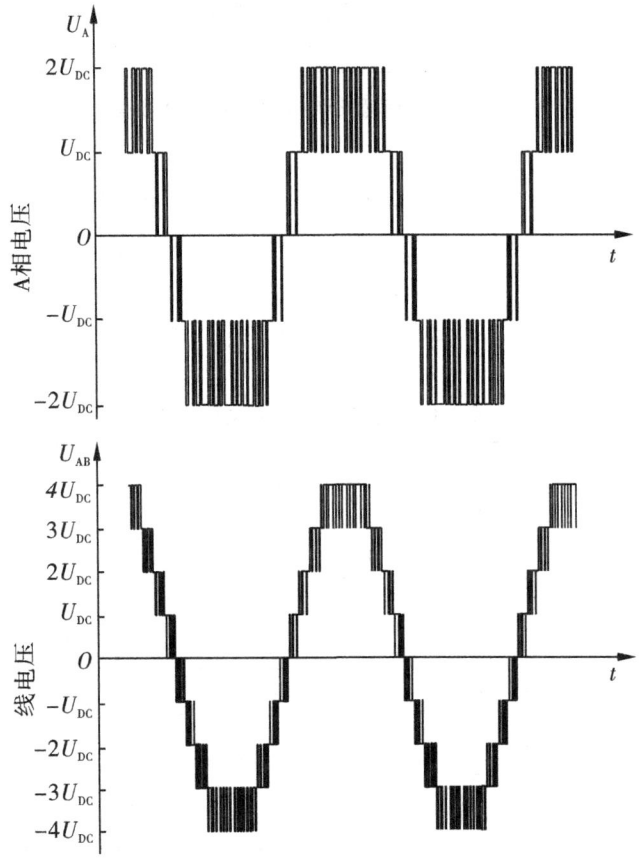

图 5-11 五电平拓扑输出相电压和线电压波形

与其他多电平结构相比,级联型结构具有以下优点:
(1) 主电路拓扑简单,易于模块化和冗余设计。

(2)与箝位型多电平变换器相比,输出同样的电平数所需要的功率器件最少。

(3)容易实现五电平以上的多电平,以减少系统的注入谐波,提高变换器的功率等级。

(4)使用低电压等级的功率器件就可实现中、高压等级的电压输出。

(5)通过适当的控制策略较容易实现模块故障后的无扰切换等技术,提高系统的可靠性。

(6)级联多电平逆变器输出相电压电平数为($2M+1$),其中 M 为每相功率单元个数。

近年来,基于级联型的多电平拓扑又有了许多新的发展,出现了采用不同类型的拓扑之间、相同拓扑类型不同电压等级的模块之间等组成混合型的多电平拓扑,通过混合控制策略充分地发挥各种器件的优点。混合型级联是一个值得关注的话题,但对其实用化还需要做进一步的研究。

5.3 多电平逆变器 SPWM 调制技术

多电平脉宽调制 PWM 技术是多电平变换器研究的重要方面。传统的两电平逆变器 PWM 控制思想也可推广到多电平变换器的控制中。由于多电平变换器的 PWM 控制方法和其拓扑是紧密联系的,不同特点的拓扑对特定的性能指标有不同的要求,所以,多电平变换器 PWM 控制的目标更多、性能指标要求更高。但归纳起来,多电平变换器 PWM 技术主要对两方面的目标进行控制:

(1)输出电压的控制,即变换器输出的脉冲序列在伏秒意义上与目标参考波形等效。

(2)变换器本身运行状态的控制,包括储能电容的电压平衡控制、输出谐波控制、所有功率开关的输出功率平衡控制、器件开关损耗控制等。

多电平变换器的 PWM 控制方法主要有两类:载波调制方法和空间矢量脉宽调制 SVPWM 方法。载波调制方法又有载波移相法和载波层叠法之分,空间矢量脉宽调制方法也有不同的实现方法。在这两类 PWM 控制方法中,对于不同的拓扑结构和要求,又派生出许多具体的多电平 PWM 控制策略,在这一点上和两电平 PWM 控制策略有许多不同。另外,载波调制法和空间矢量脉宽调制法在一定条件下又具有内在联系的一致性。

一般认为,多电平变换器是由三电平中点箝位变换器发展而来的。因而,对于多电平 PWM 控制方法的研究大多也是从三电平拓扑开始,然后扩展到对多电平控制的研究。从实际的发展过程来看,典型的三电平变换器一般是指二极管箝位型三电平结构,其 PWM 控制方法比其他多电平的 PWM 控制相对要简单,因此本节重点介绍载波法 PWM 技术,且从三电平的控制方法开始进行阐述,然后扩展到多电平变换器的分析。

载波调制 PWM 技术,就是通过载波和调制波的比较,得到开关脉宽控制信号。载波调制方法又分为三角载波层叠法和三角载波移相法。

5.3.1 三角载波层叠法

三角载波层叠法是两电平载波 PWM 法的直接扩展,是指由两组频率和幅值相同的三角载波上下层叠,且两组载波对称分布于同一个调制波的正负半波,以图 5-6 所示为三相二极管箝位型三电平逆变器为例,分析其单相桥臂的输出波形,载波层叠法的原理如图 5-12 所示。

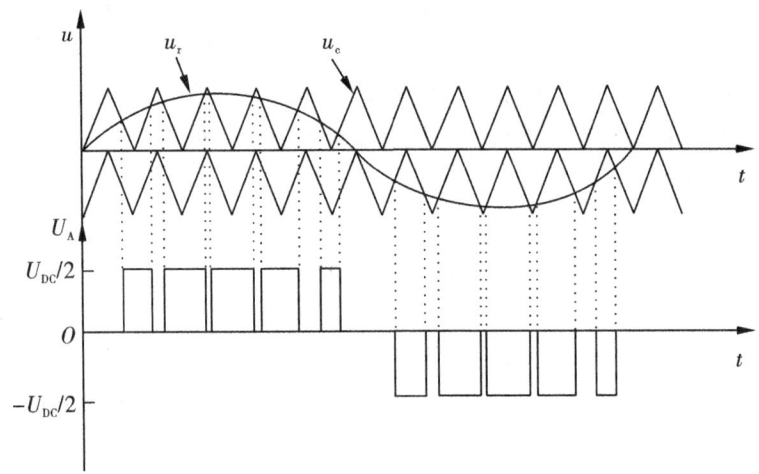

图 5-12 载波层叠法的原理

当输出为三相时,载波相同,仅调制波变为三相对称波形,其载波调制关系及相应输出脉冲如图 5-13 所示。

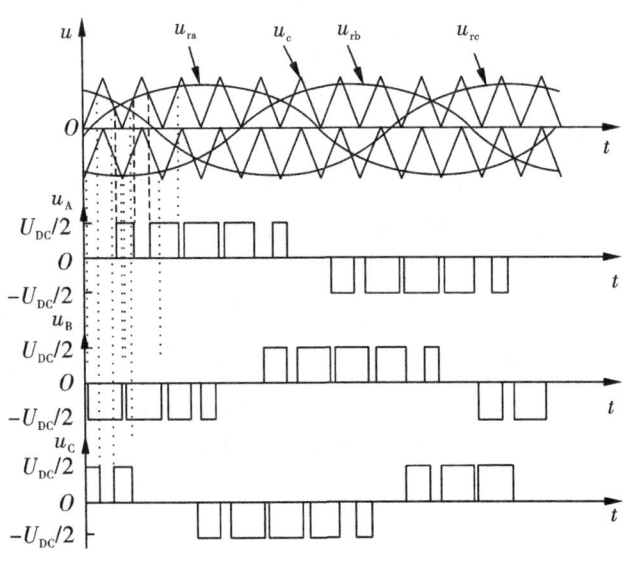

图 5-13 三相调制逆变器相电压波形

在一个载波周期内,采用对称规则采样时三相输出的载波调制如图 5-14 所示。

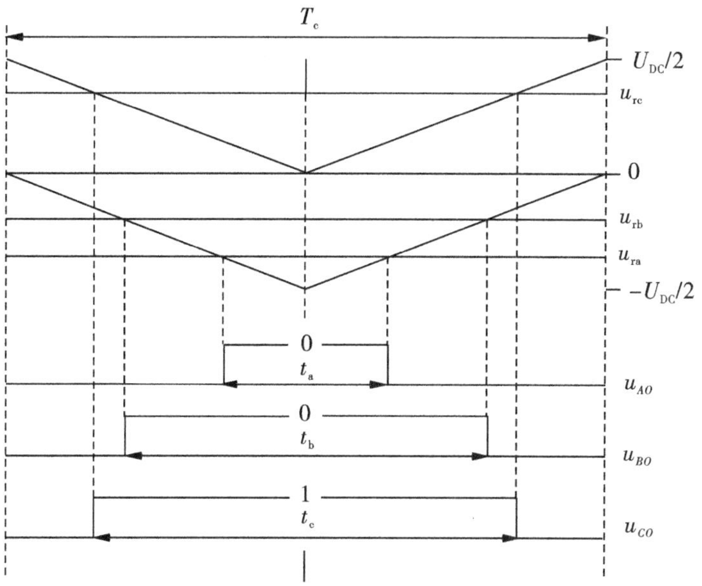

图 5-14 载波周期内载波调制

假设载波周期为 T_c,三相输出脉冲对应的占空比为 t_a、t_b、t_c,每组载波幅值 $A_c=1$,载波频率为 $f_c=1/T_c$,三相调制波幅值 A_m 最大为 1,且在三角波负峰处的值分别为 u_{ra}、u_{rb}、u_{rc},由相似三角形的几何关系,得到占空比计算公式为

$$\begin{cases} t_a = (1 + u_{ra})T_c \\ t_b = (1 + u_{rb})T_c \\ t_c = u_{rc}T_c \end{cases} \tag{5-1}$$

上述方法中,两组三角载波相位相同,当相位相反时,则成为另一种载波方法——载波反相层叠调制法,如图 5-15 所示。

图 5-16 所示为典型的三电平逆变器的相电压、线电压波形。由图 5-15 中可以看出,逆变器输出相电压中包含三个电平,而对应的线电压具有五个电平。

这两种方法调制波均为正弦波,实现简单,但电压利用率低,同时没有很好地考虑中点电压的控制问题。因此,为了增大调制比,降低开关损耗,可以在调制波中叠加零序分量,或者将调制波改成梯形波进行优化。

对于 N 电平变换器,采用 $N-1$ 个等幅值、同频率的三角波为载波,上下连续层叠,与同一调制波进行比较,在采样时刻根据调制波与各个三角波的比较结果输出不同的电平,并决定对应开关管的开关状态。这类方法可直接用于二极管箝位型多电平结构的控制。根据三角载波之间相位关系的排列不同,可分为三种不同的多电平载波比较 PWM 方法,下面以五电平为例进行介绍。

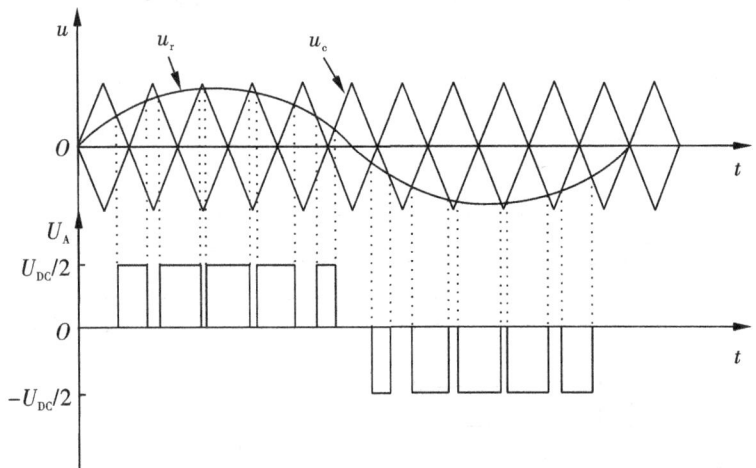

图 5-15 载波反相层叠调制法

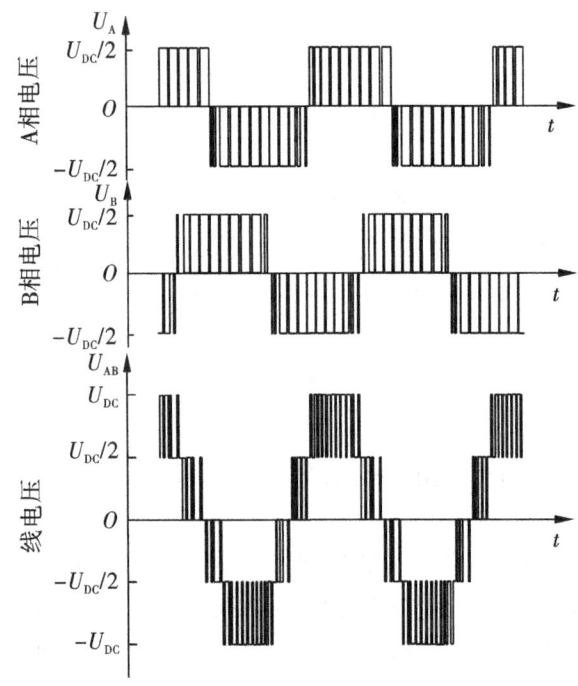

图 5-16 典型三电平逆变器的相电压和线电压波形

(1) 同相层叠 (Phase Disposition) 方式。所有的三角载波以相同的相位上下排列叠加,然后进行调制,如图 5-17 所示。

(2) 正负反相层叠 (Phase Opposition Disposition) 式。这种方法是指使零值以上的三角载波相位和零值以下的三角载波相位相反,如图 5-18 所示。

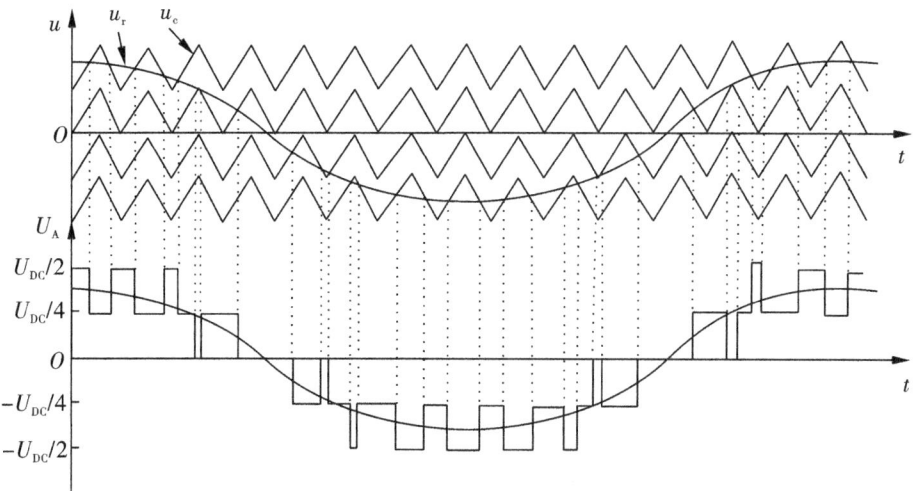

图 5-17　五电平同相层叠方式调制

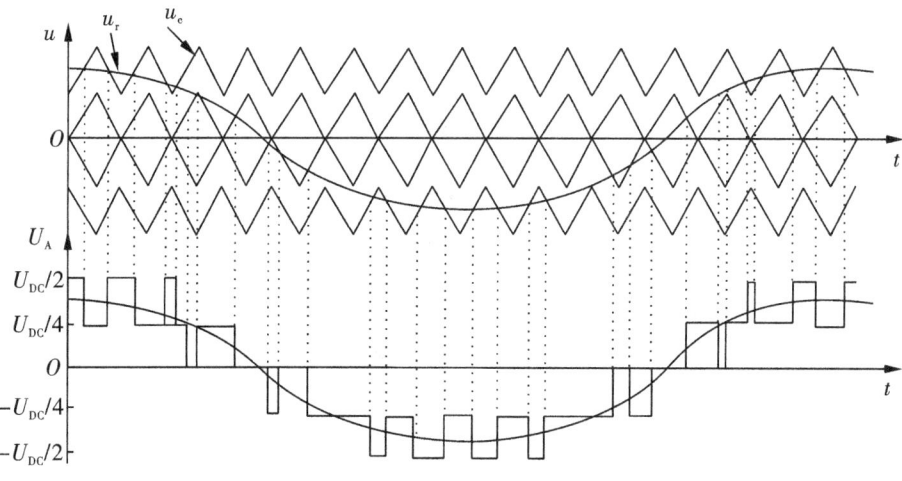

图 5-18　五电平正负反相层叠方式调制

（3）交替反向层叠（Alternative Phase Opposition Disposition）式。这种方法是指所有相邻的三角载波的相位都相反,如图 5-19 所示。

载波比较法生成 PWM 脉冲后,就可以控制功率开关管动作,进而输出三相 PWM 电压。以二极管箝位型五电平桥臂的 PWM 控制为例,图 5-20 中给出其开关动作与 PWM 控制脉冲的对应关系。图 5-20 中四层 PWM 波形分别对应四组互补的开关 $S_1(S_1')$、$S_2(S_2')$、$S_3(S_3')$、$S_4(S_4')$,每一层中为高电平时上半桥的开关导通,而低电平时则相应的互补管导通。

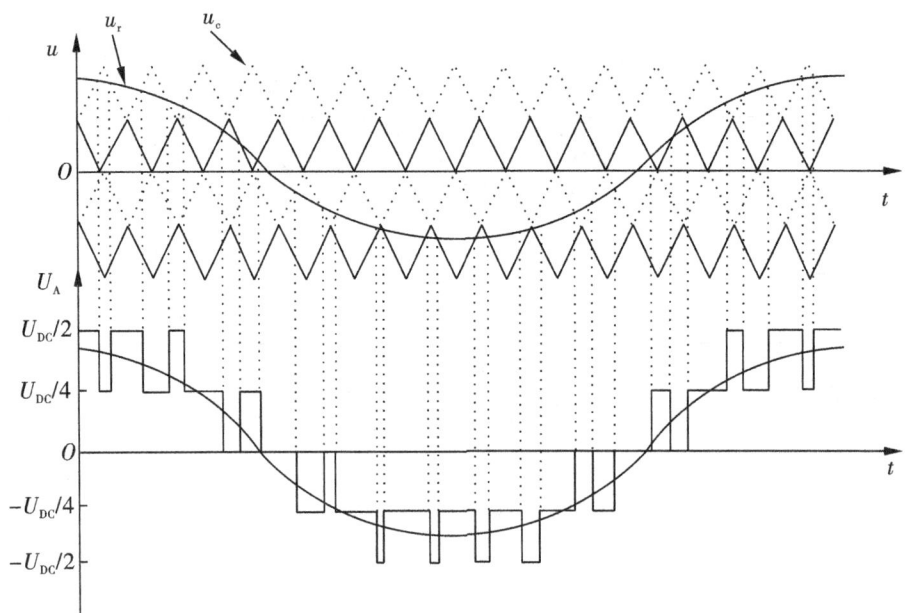

图 5-19 五电平交替反相层叠方式调制

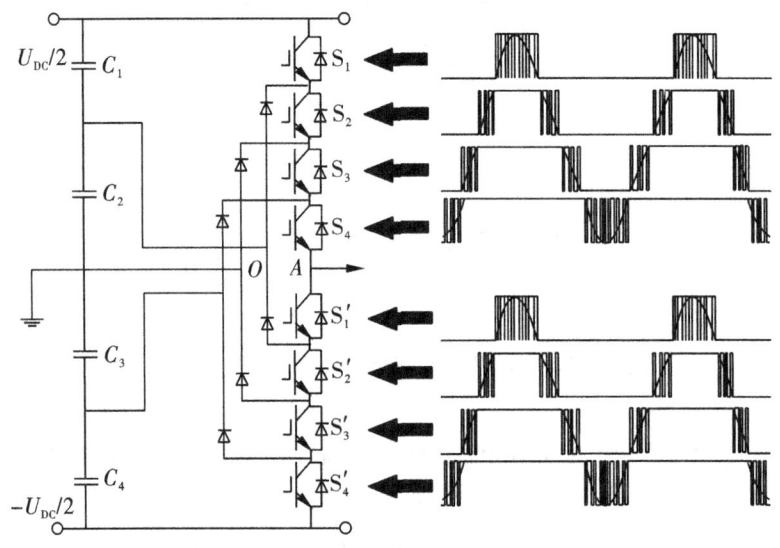

图 5-20 桥臂的开关动作与 PWM 控制脉冲的对应关系

同时,多电平载波 PWM 方法还需要实现其他的控制目标和性能指标,如电容电压的平衡、优化输出谐波、提高电压利用率、平衡开关管功率等。其解决途径主要有三方面:①在多个载波上想办法,即可以改变三角载波之间的相位关系,如各载波同相位、交替反相、正负反相以及载波移相;②在调制波上加入相应的零序分量;③对于某些特殊的结构,如 H 桥级联型结构、电容箝位型结构以及层叠式多单元结构等,当桥臂上输出相同的电压时,可以有多个不同的开关状态组合对应,这些不同的开关状态组合对于上述一些性能指标的影响是不同的,选择适当的开关状态组合就可以实现上述控制目标。应用上述思路,对于不同的多电平拓扑,相应地有不同的载波 PWM 控制策略。

5.3.2 三角载波移相法

载波移相调制技术是一种专门应用于级联 H 桥电路的调制方法,已成为标准调制方式,获得了广泛应用。载波移相调制技术的基本工作原理是:各个 H 桥的 PWM 波通过三角载波与正弦调制波进行比较产生,同一相的所有功率单元采用同一正弦调制波,相邻功率单元的载波之间存在移相角,通过这种方式各 H 桥的 PWM 波的基波相位、幅值都相同,但 PWM 波形并不重合,同一相各桥输出电压叠加后的等效开关频率能够成倍提高。因此,它能在不提高器件开关频率的情况下,使输出的谐波含量减少。根据每一个功率模块所需要的正弦调制波的个数,可以把载波移相调制分为双极性调制和单极性调制。

5.3.2.1 单极性载波移相调制

在调制波的半个周期内,载波只有正极性或者负极性,其输出的 PWM 波也只在单极性范围内变化。单极性载波移相调制中,每个功率模块的控制信号都是由一个正弦调制波与一个三角载波进行比较而产生的。

两 H 桥级联电路的单极性载波移相调制的原理如图 5-21 所示。两 H 桥的调制波相同,采用载波移相原理,两单元的载波之间错开 180°相位角。把这两个三角载波和同一调制波相比较,可以得到两组控制信号,然后去驱动相对应的 H 桥电路。将经过载波移相得出的两桥交流侧电压 u_1 和 u_2 进行叠加得到的交流侧总电压为五电平的阶梯波。由于两个单元的载波之间错开 180°,叠加以后输出的总电压的等效开关频率为载波频率的 2 倍。因此,载波移相调制技术在不提高开关频率的前提下,可以有效减少谐波含量。

对于 N 级级联的 H 桥电路来说,各 H 桥的调制波相同,采用载波移相原理,各个单元的载波之间依次错开 $\theta=2\pi/n$ 的相位角。把这 N 个依次错开角度的三角载波和同一调制波相比较,可以得到 N 组控制信号,然后去驱动相对应的 H 桥电路。把所有 H 桥的交流侧电压进行叠加,输出电压为 $2N+1$ 电平阶梯波,由于各个单元的载波之间依次错开 θ 角度,N 个 H 桥叠加以后输出的总电压的等效开关频率为载波频率的 N 倍。

另外,由图 5-21 可以看出,各桥开关管所承受的最大电压为其直流侧电压 U_{DC},而交流侧合成的阶梯波的最大电压为 $2U_{DC}$。由此可知,采用级联 H 桥电路可以将低耐压的功率器件应用于较高电压等级的功率变换场合,级联单元数越多,交流侧阶梯波的电平数就越多,其电压等级就越高。

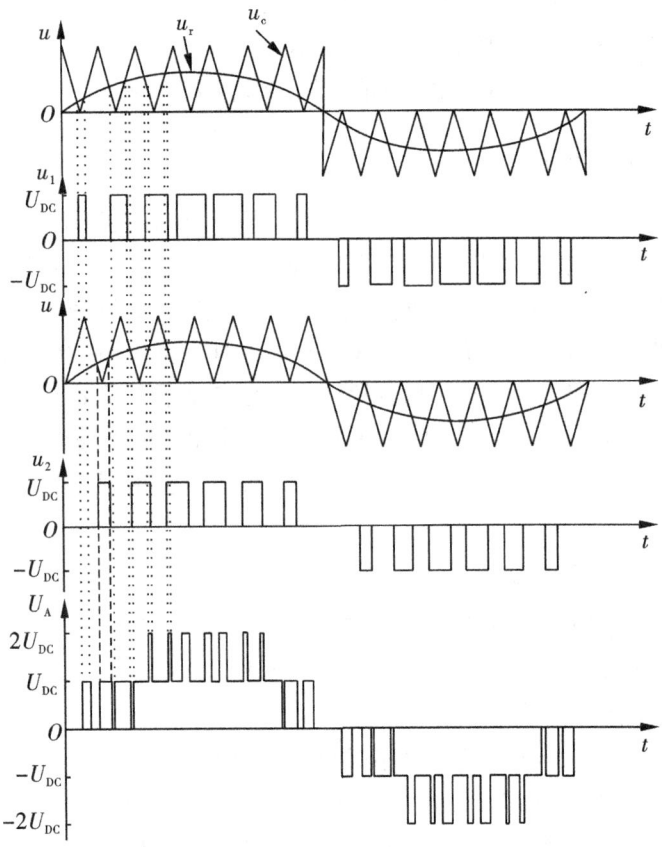

图 5-21 两 H 桥级联电路的单极性载波移相调制原理

5.3.2.2 双极性载波移相调制

方法一：每一个 H 桥的控制信号都是由一个调制波和一对相位相反的三角载波相比较而产生的。

方法二：每一个 H 桥的控制信号都是由一个三角载波和一对相位相反的正弦调制波相比较而产生的。

这两种方法的原理如图 5-22 所示。其中，正弦调制波为 $\pm u_r$，载波为 $\pm u_c$，u_{L1}、u_{R1} 分别为第一个 H 桥的左、右桥臂输出的电压波形，u_{L1}、u_{R1} 之差就是左桥臂与右桥臂中点之间的电压波形，即为第一个 H 桥的交流侧电压 u_1 的波形，其他各桥与之类似，只不过是三角载波与之错开相应角度。

从图 5-22 可以看出，不论是方法一还是方法二，其效果完全一样，这两种方法在一个开关周期内每个开关仅导通一次，输出端能够生成两个矩形脉冲，因此级联 H 桥的交流侧电压的等效开关频率为载波频率的 $2N$ 倍。

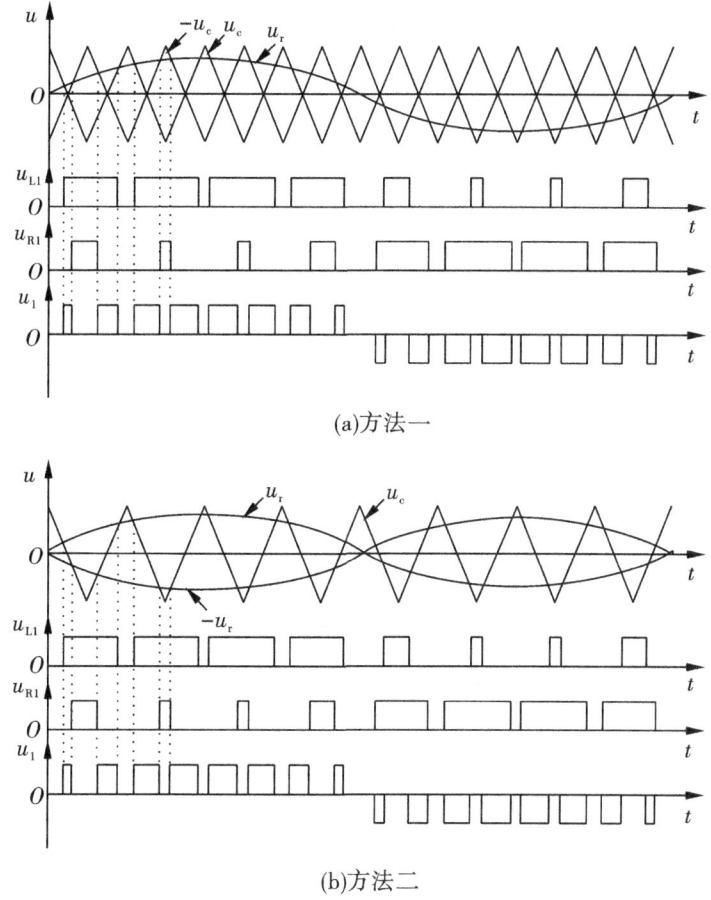

图 5-22 双极性载波移相调制原理

5.4 多电平高压变频器

5.4.1 级联 H 桥多电平变频器拓扑结构

多电平级联 H 桥（Cascaded H-Bridge，CHB）逆变器，是中压传动系统的主流拓扑结构之一。与其他多电平逆变器需要采用高压 IGBT 或门极换流晶闸管（Gate Commutated Thyristor，GCT）不同的是，CHB 逆变器通常在功率单元中采用低压 IGBT 作为开关器件，然后把功率单元串联起来，以满足中压系统的要求。

CHB 逆变器可根据电压等级的不同而进行相应的配置。图 5-23(a) 给出了采用七电平 CHB 逆变器的中压传动系统结构框图。移相变压器是 CHB 逆变器不可缺少的设备，它主要提供三种功能：①为功率单元提供隔离的电源；②减小线电流的 THD；③隔离电网和变频器，以减小共模电压。

移相变压器有 3 组二次绕组，每一组又包括 3 个相同的绕组。在七电平 CHB 传动系统中,每相任意两个相邻绕组间的相角差为20°。在这种结构中,每个二次绕组都与一个三相二极管整流器相连,本质上就是18脉波二极管整流器。

图5-23(b)所示的功率单元,由三相二极管整流器、直流电容和单相H桥逆变器组成。每个功率单元的输出电压为480 V(基波电压有效值)。这样就可以采用低压器件,例如1 200 V或1 700 V的IGBT,相比于高压器件,其有成本低的优势。值得注意的是,尽管采用低压器件,功率单元之间以及单元对地之间必须达到中压等级的绝缘水平。

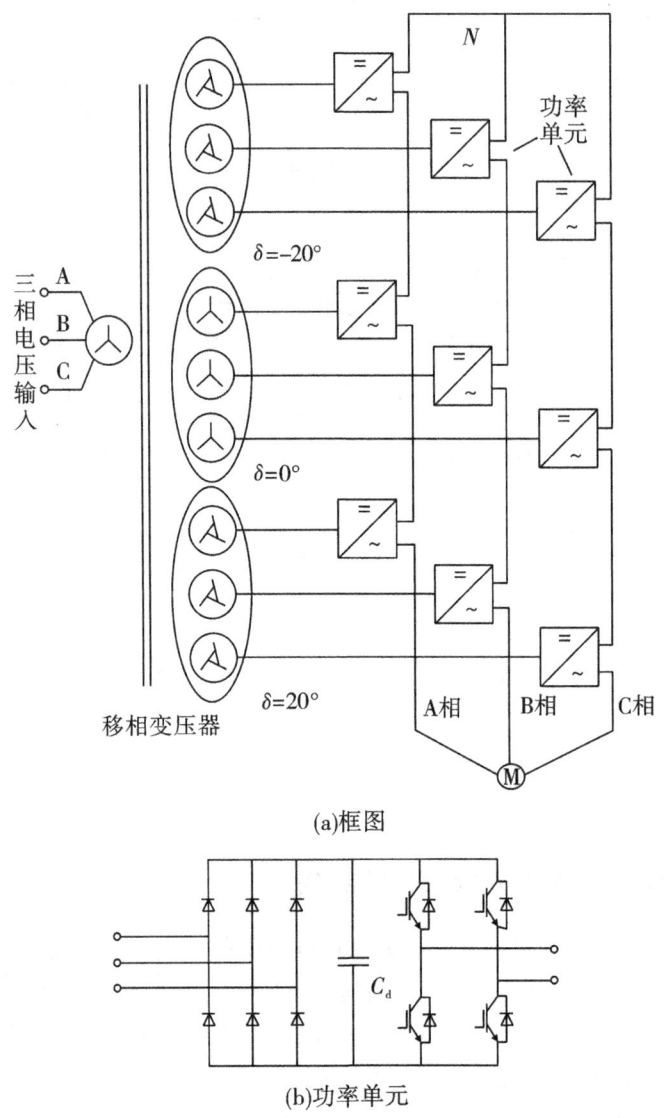

图5-23 七电平级联H桥变频器结构框图

将三个功率单元的交流输出串联,就得到了系统三相输出电压中的一相。在每相电压中,具有七种不同的电平,因此称为七电平逆变器。CHB逆变器通常采用载波相移调制方案,详见第5.3节。

表5-4总结了采用多电平CHB逆变器的中压传动系统配置。随着系统运行电压的变化,整流器和逆变器的拓扑结构有所变化。例如,在电网/电动机电压为3 300 V时,可以选择24脉波二极管整流器和九电平CHB逆变器。为减少开关损耗,IGBT的典型开关频率f_{dev}为600 Hz。然而,多电平结构使得逆变器的等效开关频率f_{inv}远高于IGBT开关频率。这种传动系统的功率容量在0.3~10 MW之间。

表5-4 采用低压IGBT的级联H桥变频器系统配置

电网/电动机额定电压/V	多脉波二极管整流器				多电平CHB逆变器				
	整流器脉波数/个	二次绕组数/个	变压器二次侧电缆数/根	功率单元数量/个	IGBT数量/个	电压水平/V	功率单元额定输出电压/V	开关管开关频率f_{dev}/Hz	逆变器输出等效频率f_{inv}/Hz
2 300	18	9	27	9	36	7	480	600	3 600
3 300	24	12	36	12	48	9	480	600	3 600
4 160	30	15	45	15	60	11	480	600	3 600

5.4.2 异步电动机按转子磁场定向旋转坐标系下的数学模型

当异步电动机用于机车牵引传动机、轧钢机、数控机床、机器人、载客电梯等的高性能调速系统和伺服系统时,系统需要较高甚至很高的动态性能,仅用基于稳态模型的各种控制不能满足要求。要实现高动态性能,必须首先研究异步电动机的动态数学模型,高性能的传动控制,如矢量控制(磁场定向控制),往往是以 dq 模型为基础的。

两相同步旋转坐标下只规定了两轴的垂直关系和旋转角速度,如果对坐标轴系的取向加以规定,即定向,使其成为特定的同步旋转坐标系,将会对矢量控制系统的实现起到关键作用。当选择同步旋转坐标系的某一旋转轴作为特定磁链轴时,称为磁链定向。矢量控制系统是按转子全部磁链矢量定向的,将 d 轴取为转子磁链轴,因此被称为按转子磁链定向的矢量控制系统。为了区分,一般将按转子磁链定向的坐标轴系称为 MT 坐标系,如图5-24所示。

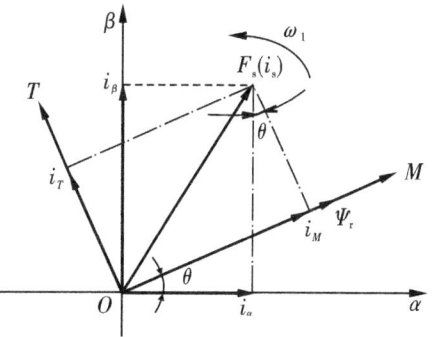

图5-24 按转子磁链定向的坐标系

5.4.2.1 磁链方程

由于按转子全部磁链定向,所以:

$$\psi_{rM} = \psi_r \tag{5-2}$$

$$\psi_{rT} = 0 \tag{5-3}$$

磁链方程为

$$\begin{bmatrix} \psi_{sM} \\ \psi_{sT} \\ \psi_r \\ 0 \end{bmatrix} = \begin{bmatrix} L_s & 0 & L_m & 0 \\ 0 & L_s & 0 & L_m \\ L_m & 0 & L_r & 0 \\ 0 & L_m & 0 & L_r \end{bmatrix} \begin{bmatrix} i_{sM} \\ i_{sT} \\ i_{rM} \\ i_{rT} \end{bmatrix} \tag{5-4}$$

由式(5-4)的第三行和第四行分别可得

$$\psi_r = L_m i_{sM} + L_r i_{rM} \tag{5-5}$$

$$0 = L_m i_{sT} + L_r i_{rT} \tag{5-6}$$

5.4.2.2 电压方程

由于转子绕组通常短路(如鼠笼式异步电动机)、转子电压为零(或忽略不计),则电压方程为

$$\begin{bmatrix} u_{sM} \\ u_{sT} \\ 0 \\ 0 \end{bmatrix} = \begin{bmatrix} R_s + L_s p & -\omega_1 L_s & L_m p & -\omega_1 L_m \\ \omega_1 L_s & R_s + L_s p & \omega_1 L_m & L_m p \\ L_m p & 0 & R_r + L_r p & 0 \\ \omega_s L_m & 0 & \omega_s L_r & R_r \end{bmatrix} \begin{bmatrix} i_{sM} \\ i_{sT} \\ i_{rM} \\ i_{rT} \end{bmatrix} \tag{5-7}$$

5.4.2.3 转矩方程

由式(5-5)和式(5-6)分别可得

$$i_{sM} = \frac{\psi_r - L_r i_{rM}}{L_m} \tag{5-8}$$

$$i_{rT} = -\frac{L_m i_{sT}}{L_r} \tag{5-9}$$

则电磁转矩为

$$T = n_p L_m (i_{sT} i_{rM} - i_{sM} i_{rT}) = n_p L_m \left[i_{sT} i_{rM} - \frac{\psi_r - L_r i_{rM}}{L_m} \left(-\frac{L_m i_{sT}}{L_r} \right) \right] = n_p \frac{L_m}{L_r} \psi_r i_{sT} \tag{5-10}$$

$$= C_M \psi_r i_{sT}$$

这个电磁转矩表达式与直流电动机电磁转矩表达式非常相似,表明电磁转矩取决于转子总磁链和定子电流 T 轴分量 i_{sT} 的乘积。如果在能维持转子总磁链恒定下,控制定子 T 轴分量 i_{sT} 就可以控制电磁转矩,从而实现异步电动机的转速控制,因此 i_{sT} 被称为定子电流的转矩分量。

5.4.2.4 运动方程

运动方程为

$$T = T_L + \frac{J}{n_p} \frac{d\omega}{dt} \tag{5-11}$$

$$\omega = \frac{d\theta}{dt} \tag{5-12}$$

由式(5-7)的第三行可得

$$R_r i_{rM} + p(L_m i_{sM} + L_r i_{rM}) = 0 \tag{5-13}$$

将式(5-5)代入式(5-13)得

$$R_r i_{rM} + p\psi_r = 0 \tag{5-14}$$

则

$$i_{rM} = -\frac{p\psi_r}{R_r} \tag{5-15}$$

将式(5-15)代入式(5-8)得

$$\psi_r = \frac{L_m}{T_r p + 1} i_{sM} \tag{5-16}$$

式中,T_r 为异步电动机转子的电磁时间常数,$T_r = \frac{L_r}{R_r}$。

式(5-16)表明,转子总磁链 ψ_r 仅由定子电流的 M 轴分量 i_{sM} 产生,与 T 轴分量 i_{sT} 没有关系,因此 i_{sM} 被称为定子电流的励磁分量。如果 ψ_r 能维持恒定,即 $p\psi_r = 0$,由式(5-16)可知 $\psi_r = L_m i_{sM}$,说明磁链稳态值由 i_{sM} 唯一决定。在动态过程中,在 ψ_r 与 i_{sM} 之间是一阶惯性环节,说明磁场的建立要滞后于励磁电流,符合电流与磁场之间的电磁关系,其时间常数就是转子电磁时间常数。

根据坐标变换和式(5-10)、式(5-16)可以绘出按转子磁链定向的异步电动机等效模型,如图5-25所示。该等效模型可以将异步电动机看成是由两个坐标变换阵和等效直流电动机模型构成的。

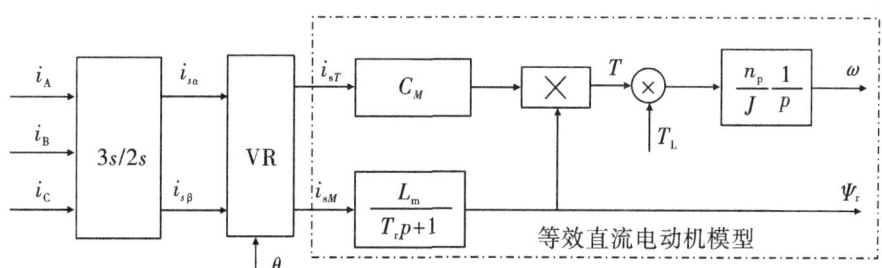

图5-25 按转子磁链定向的异步电动机等效模型

由式(5-7)的第四行和式(5-5)可得

$$R_r i_{rT} + \omega_s (L_m i_{sM} + L_r i_{rM}) = R_r i_{rT} + \omega_s \psi_r = 0 \tag{5-17}$$

则

$$\omega_s = -\frac{R_r}{\psi_r} i_{rT} \tag{5-18}$$

将式(5-9)代入式(5-18)得

$$\omega_s = \frac{R_r}{\psi_r} \frac{L_m}{L_r} i_{sT} = \frac{L_m}{T_r} \frac{i_{sT}}{\psi_r} \tag{5-19}$$

式(5-19)说明,转差角频率 ω_s 由 ψ_r、i_{sT} 和转子时间常数 T_r 决定。

式(5-10)、式(5-16)和式(5-19)构成了按转子磁链定向矢量控制系统的基本方程式。如果在实际控制中,通过 i_{sM} 的控制实现 ψ_r 恒定,则电磁转矩 T 就由 i_{sT} 单独控制,实现了异步电动机控制中变量的解耦,就可以获得与直流电动机控制相近的控制性能。

5.4.3 转子磁场定向控制系统

5.4.3.1 磁场定向

直流电动机传动系统具有突出的动态性能,这主要归功于直流电动机定子磁场和电磁转矩的解耦控制。直流电动机的转矩是由两个正交的磁场相互作用而产生的:一个磁场是由定子绕组中的励磁电流 i_f 产生的;而另一个磁场则由电枢(转子)电流 i_a 产生。两个磁场相互作用所产生的转矩可以表示为

$$T_e = K_a \psi_f i_a \tag{5-20}$$

式中,K_a 为电枢常数;ψ_f 为 i_f 所产生的磁链。在高性能的直流传动系统中,通常通过保持 i_f 恒定来使得 ψ_f 保持不变,在这样的条件下 i_a 将和转矩 T_e 成正比,从而可以直接控制转矩。

异步电动机磁场定向控制也称为矢量控制,是一种模拟直流电动机的控制方式。通过选择合适的磁场定向方式,定子电流可以分解为可独立控制的励磁分量和转矩分量。磁场定向方式通常可以分为定子磁场定向、气隙磁场定向和转子磁场定向。转子磁场定向方式在交流传动中广泛应用,下面对这一方法进行详细介绍。转子磁场定向方式的控制原理可以很容易地应用于其他两种磁场定向控制方法中。

如图5-26所示,将同步坐标系的 d 轴和转子磁链矢量 $\boldsymbol{\psi}_r$ 重合,即可实现转子磁场定向。这样得到的 d 轴和 q 轴转子磁链分量为

$$\psi_{qr} = 0, \psi_{dr} = \psi_r \tag{5-21}$$

式中,ψ_r 为 $\boldsymbol{\psi}_r$ 的幅值。

将式(5-21)代入方程组可以得到

$$T_e = K_T \psi_{dr} i_{qs} = K_T \psi_r i_{qs} \tag{5-22}$$

式中,$K_T = \dfrac{3pL_m}{2L_r}$。

式(5-22)表明,在转子磁场定向方式下,异步电动机的转矩表达式和直流电动机的转矩表达式类似。如果 ψ_r 在电动机运行期间保持恒定,则可以通过调节 q 轴定子电流 i_{qs} 直接控制电动机转矩。

图5-26中,定子电流矢量 $\boldsymbol{i}_s$ 沿 dq 轴方向分解为两个分量,d 轴电流 i_{ds} 为励磁电流分量,而和 i_{ds} 垂直正交的 q 轴电流 i_{qs},则为转矩电流分量。在磁场定向控制中,通常设定 i_{ds} 为额定值,而对 i_{qs} 进行独立控制。在 i_{ds} 和 i_{qs} 的解耦控制下,可以方便地实现高性能交流调速。

第 5 章 多电平 PWM 逆变器

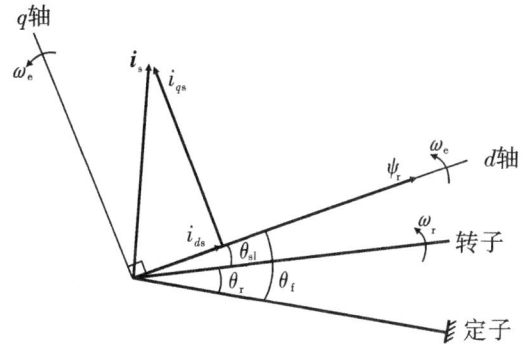

图 5-26 转子磁场定向方式（d 轴和 ψ_r 方向一致）

转子磁场定向控制中的一个关键问题是如何精确得到定向所需的转子磁链角 θ_f。目前有多种方法可以得到 θ_f，例如，根据定子的电压/电流值计算可以得到，也可以用式 (5-23) 计算得到。

$$\theta_f = \theta_r + \theta_{sl} \tag{5-23}$$

式中，θ_r 是测量得到的转子机械位置角；θ_{sl} 是计算得到的滑差角。

5.4.3.2 直接磁场定向控制

根据转子磁链角度获得的方式不同，磁场定向控制可分为直接和间接磁场定向控制两种方法。如果 θ_f 是用集成在电动机内部的磁感应装置或用测量电动机端电压和电流得到的，则称为直接磁场定向控制；如果转子磁链角度 θ_f 是通过检测转子机械位置角 θ_r 和计算出来的滑差角 θ_{sl} 得到的 [如式 (5-23) 所示]，则称为间接磁场定向控制。

（1）系统框图。图 5-27 为异步电动机直接磁场定向控制框图，为简化起见，其中没有给出转速控制器。图 5-27 中有 3 个闭环控制：一个是转子磁链 ψ_r 闭环控制；另外两个分别是 d 轴励磁电流 i_{ds} 和 q 轴转矩电流 i_{qs} 的闭环控制。

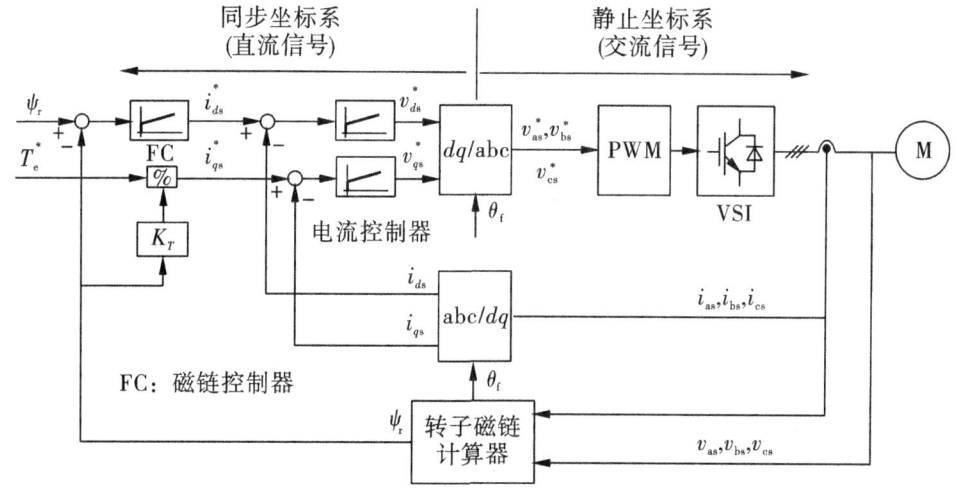

图 5-27 采用转子磁场定向的直接磁场定向控制

转子磁场控制是通过磁链控制器(Flux Controller,FC)将计算得到的 ψ_r 与给定值 ψ_r^* 比较,得到 d 轴励磁电流给定值 i_{ds}^* 来实现的。根据转矩给定值可以得到 q 轴转矩电流给定值 i_{qs}^*。将 dq 轴反馈电流 i_{ds} 和 i_{qs} 与它们的给定值进行比较,其误差值经过电流控制器的计算,最后得到定子电压给定值和 v_{ds}^*、v_{qs}^*。根据 PWM 控制的需要,可将同步旋转坐标系下的 dq 轴电压 v_{ds}^* 和 v_{qs}^* 变换为静止坐标系下的三相定子电压 v_{as}^*、v_{bs}^* 和 v_{cs}^*。PWM 模块可以采用不同的 PWM 方法,例如采用基于载波调制的方法,对 v_{as}^*、v_{bs}^*、v_{cs}^* 和三角形载波进行比较,来产生逆变器开关器件所需的 PWM 门(栅)极驱动信号。

图 5-27 中的 abc/dq 和 dq/abc 变换模块都用到了转子磁链角 θ_f。变换模块左边的变量都是同步旋转坐标系中的直流信号,而右边的变量则是静止坐标系中的交流变量。

(2) 转子磁链计算。基于静止坐标系电动机模型,定子磁链矢量为

$$\boldsymbol{\psi}_s = \int (v_s - R_s \boldsymbol{i}_s) \, dt \tag{5-24}$$

转子磁链矢量可以从式(5-25)中得到。

$$\boldsymbol{\psi}_r = L_r \frac{\boldsymbol{\psi}_s - L_s \boldsymbol{i}_s}{L_m} + L_m \boldsymbol{i}_s = \frac{L_r}{L_m}(\boldsymbol{\psi}_s - \sigma L_s \boldsymbol{i}_s) \tag{5-25}$$

式中,σ 是由式(5-26)定义的总漏感系数。

$$\sigma = 1 - \frac{L_m^2}{L_s L_r} \tag{5-26}$$

将转子磁链 $\boldsymbol{\psi}_r$ 分解为 d 轴和 q 轴分量,则有

$$\begin{cases} \psi_{dr} = \dfrac{L_r}{L_m}(\psi_{ds} - \sigma L_s i_{ds}) \\ \psi_{qr} = \dfrac{L_r}{L_m}(\psi_{qs} - \sigma L_s i_{qs}) \end{cases} \tag{5-27}$$

则转子磁链的幅值和角度为

$$\begin{cases} \psi_r = \sqrt{\psi_{dr}^2 + \psi_{qr}^2} \\ \theta_f = \arctan \dfrac{\psi_{qr}}{\psi_{dr}} \end{cases} \tag{5-28}$$

根据式(5-24)~式(5-28)可以得到:

(1) 通过定子电压 v_s 和定子电流 $\boldsymbol{i}_s$,以及电动机参数(L_s、L_r、L_m 和 R_s)可以计算转子磁链幅值 ψ_r 和它的角度 θ_f。

(2) 由于公式都是基于静止坐标系电动机模型的,所以所有的变量,如 ψ_{dr}、ψ_{qr}、i_{ds} 和 i_{qs}(除 ψ_r 及 θ_f 外)都是交流信号。当忽略功率开关器件动作而造成的谐波时,这些变量在稳态工况下都为正弦波。

图 5-28 为转子磁链矢量 $\boldsymbol{\psi}_r$ 和用于转子磁链计算的定子电流矢量 $\boldsymbol{i}_s$ 的矢量图。两个矢量在空间每旋转一周,它们的 dq 轴分量 ψ_{dr}、ψ_{qr}、i_{ds} 和 i_{qs} 在静止(定子)坐标系中会相应地变化一个周期。

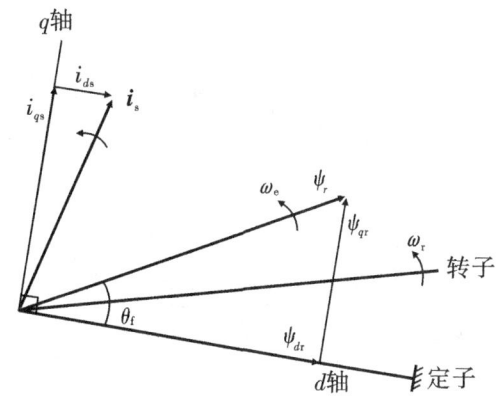

图 5-28 用于转子磁链计算的 ψ_r 和 i_s 的矢量图

图 5-29 给出了转子磁链的计算框图。由于 $v_{as}+v_{bs}+v_{cs}=0$,通常只需要测量三相定子电压 v_{as}、v_{bs} 和 v_{cs} 中的两个即可。定子电压也可以通过逆变器功率开关器件的开关关系和直流电压测量值重构得到,这样可以减少电压传感器的数量,从而降低成本。计算框图中,通过 3/2 静止变换将定子电压和电流变为 dq 轴变量,其余的模块则可由式(5-24)~式(5-28)推导得到。转子磁链计算的结果包括转子磁链幅值 ψ_r 和角度 θ_f。

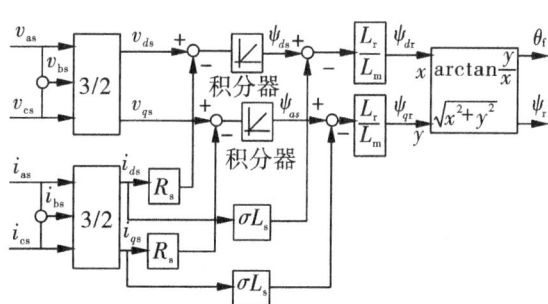

图 5-29 转子磁链的计算框图

5.4.4 级联 H 桥变频器磁场定向控制系统仿真

对异步电动机进行矢量控制的仿真研究。电动机参数为:$R_S = 1.115\ \Omega$,$R_r = 1.083\ \Omega$,$L_{sL}=0.005\ 974\ H$,$L_{rL}=0.005\ 974\ H$,$L_m = 0.203\ 7\ H$,$J = 0.02\ kg\cdot m^2$,$n_p=2$,$U_N=380\ V$,$f_N=50\ Hz$,额定转速 1 460 r/min。变频器采用 3 个 H 桥级联,采用载波调制,载波频率 1 kHz,输出等效频率为 3 kHz。

级联 H 桥变频器

仿真条件是:转速给定信号为阶跃给定,0.1 s 时转速给定为 120 rad/s,0.7 s 时转速降为 80 rad/s;电动机空载启动,0.3 s 加载 5 N·m,0.5 s 减载为 2 N·m。

(1)级联 H 桥变频器输出电压波形如图 5-30 所示,由于每相采用 3 个 H 桥级联,输出电压为七电平。

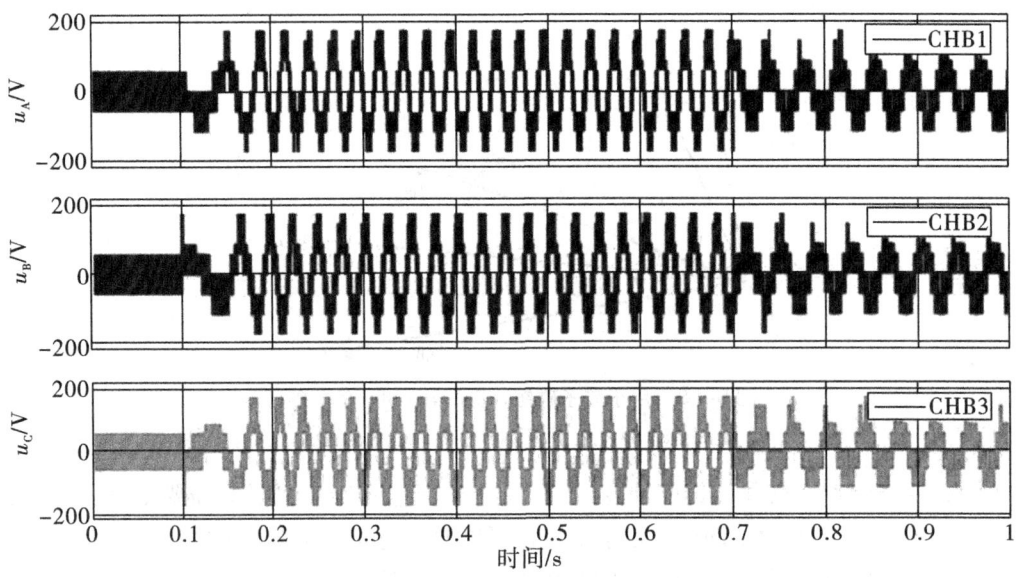

图 5-30 变频器输出三相电压波形

(2) 转矩、定子电流、转速、转角 θ 的波形如图 5-31 所示。0.1 s 时转速给定为 120 rad/s,0.2 s 时转速降为 80 rad/s;电动机空载启动,0.3 s 时加载 5 N·m,0.5 s 时减载为 2 N·m。

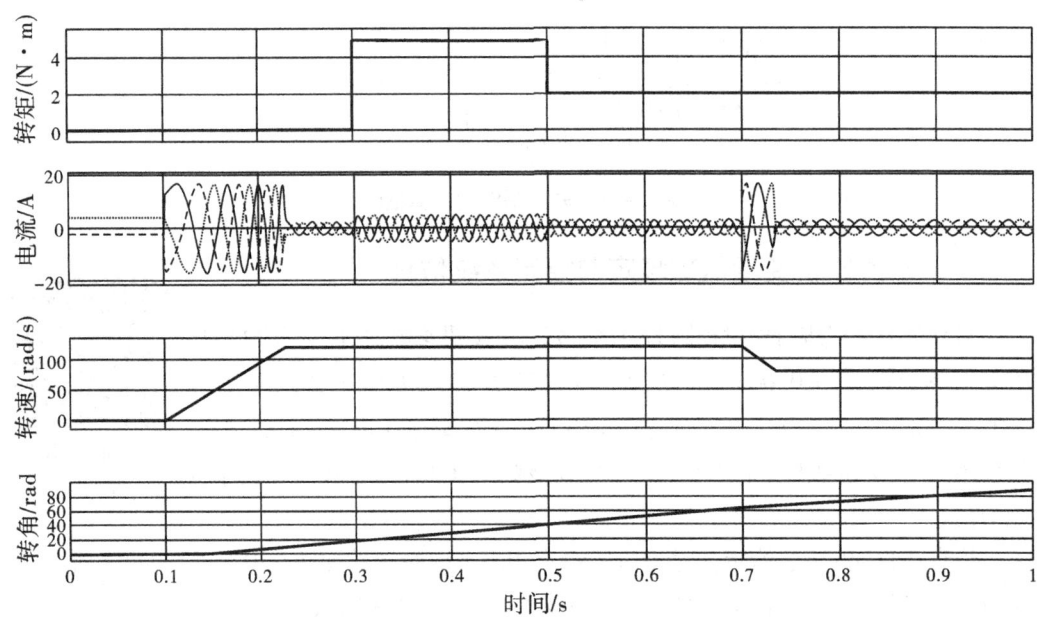

图 5-31 转矩、定子电流、转速、转角 θ 的波形

5.5 本章小结

在现代功率变换和控制领域中，逆变器的应用非常广泛，在电力系统中，多电平逆变器可用于电力调节和电压稳定。在太阳能、风能等再生能源领域，多电平逆变器可用于将直流电转换为交流电，实现能源的并网和有效利用。在交流电驱动系统中，如电动汽车、电动工具等，多电平逆变器能够提供高质量、稳定的交流电源，实现电动机的高效、精确控制。本章介绍了多电平逆变器的拓扑结构和调制技术，以及级联 H 桥多电平变频器，具体内容如下：

（1）根据输入直流电源的性质逆变器分为电压源型逆变器和电流源型逆变器。本章重点介绍电压源型逆变器。根据控制电压的取值，逆变器可以分为两电平逆变器和多电平逆变器。大功率逆变器通过逆变器模块并联、级联或者多电平技术来实现。

（2）在高压大容量现代功率变换技术有关内容中，重点介绍了最具代表性的多电平变换器，包括二极管箝位型、飞跨电容型以及级联型结构。对多电平变换器研究的重要方面是多电平脉宽调制（PWM）技术，主要分为三角载波层叠法和三角载波移相法。

（3）级联 H 桥变频器在高压电动机节能调速领域具有明显优势，具有电网谐波污染小、输入功率因数高、输出波形好等特点，本章重点介绍了其结构、矢量控制控制策略。

相比传统逆变器，多电平 PWM 逆变器具有更高的输出波形质量和更低的谐波含量，能够显著降低对电网的干扰，提高电力系统的稳定性，具有广阔的应用前景。

第6章 工程案例设计

  静止无功发生器(Static Var Generator,SVG)是当今无功补偿领域新技术的代表,是现代功率变换器技术的典型应用之一。SVG 并联于电网中,相当于一个可变的无功电流源,其无功电流可以快速地跟随负荷无功电流的变化而变化,实现系统感性或容性的无极快速补偿。目前,SVG 的应用主要呈现两个不同的发展方向:一个是以高压输电系统无功补偿及电压支持为目标的高压大功率 SVG 技术;另一个是以配电网终端用户无功就地补偿为目标的低压 SVG。前者多采用多重化或链式拓扑来提高补偿装置的容量和电压等级,以发挥提高系统无功容量、阻尼系统震荡和稳定系统电压的作用;而后者侧重于应用各种智能控制算法和检测手段,以提高装置的功能与性能。模块化技术的应用,为低压 SVG 的扩容提供了方便快捷的技术支持。当然,更高的效率、更低的损耗以及更小的体积依然是各类 SVG 永恒追求和发展的目标。

  本章将以 SVG 为例,介绍其工作原理与工程设计流程。结合德州仪器(TI)公司的 C2000 系列 DSP,介绍现代功率变换器嵌入式控制的程序框架与实现方法,对 DSP 软件开发中遇到的一些常见问题提供了解决思路,并给出了部分程序的实现代码。SVG 的参数设计要求如表 6-1 所示。

表 6-1 SVG 参数设计要求

参数名称	取值	参数名称	取值
电网制式	交流三线三相制	SVG 直流电压 U_{DC}	700 V
电网电压 E	380 V	并网电流 THD	≤3%
电网频率 f	50 Hz	开关频率 f_s	5 kHz
额定容量 Q	65 kvar		

6.1 SVG 工作原理与设计流程

6.1.1 工作原理

  常见的 SVG 连接如图 6-1 所示,SVG 通过一个滤波器并联在电网的公共连接点(Point of Common Coupling,PCC)处。图 6-1 中,$u_{a,b,c}$ 为电网 PCC 点电压,

SVG 工作原理
与设计流程

$i_{a,b,c}$ 为电网电流,$u_{as,bs,cs}$ 为 SVG 交流输出电压,$i_{as,bs,cs}$ 为 SVG 交流输出电流,$i_{aL,bL,cL}$ 为负载电流。SVG 工作时,根据电网正序基波电压的相位提取出负载电流的无功电流分量,并以其为参照目标,产生一个与其大小相等、极性相反的无功电流,注入电网 PCC 点中,实现负载无功功率的补偿。从系统上看,SVG 运行补偿后,负载产生的无功电流只能在 SVG 与负载之间交换,切断了负载无功功率与电网之间的交换通道。若 SVG 的容量足够大,理论上补偿后的 PCC 点将实现单位功率因数运行。

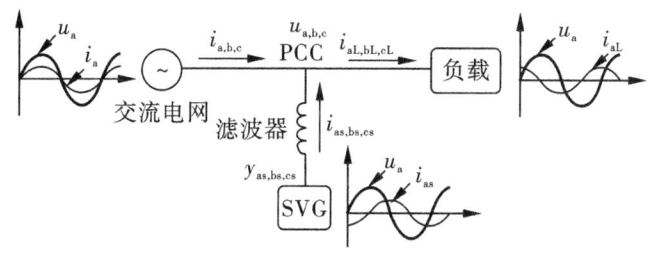

图 6-1　SVG 与系统的连接

SVG 的交流侧可等效为图 6-2 所示的电路形式。

无功补偿时,交流侧各电压基波矢量的关系如图 6-3 所示。

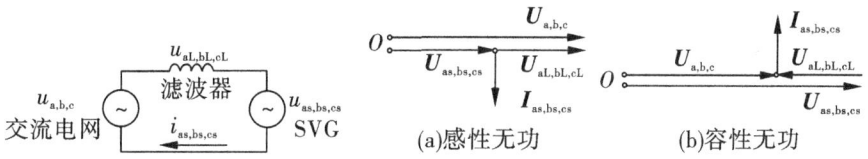

图 6-2　SVG 与电网等效电路图　　图 6-3　SVG 交流侧基波矢量关系

控制 SVG 交流侧输出的电压矢量 $U_{as,bs,cs}$ 与电网 PCC 点的电压矢量 $U_{a,b,c}$ 同方向,若令 $|U_{as,bs,cs}|<|U_{a,b,c}|$,SVG 输出的电流矢量 $I_{as,bs,cs}$ 滞后 $U_{as,bs,cs}$ 为 90°,输出对电网呈现感性;若令 $|U_{as,bs,cs}|>|U_{a,b,c}|$,SVG 输出的电流矢量 $I_{as,bs,cs}$ 超前 $U_{as,bs,cs}$ 为 90°,输出对电网则呈现容性。控制矢量 $U_{as,bs,cs}$ 与 $U_{a,b,c}$ 的幅值差,即可控制 SVG 输出电流的大小。

SVG 的具体控制环节分为锁相环、无功指令提取、直流母线电压控制、负载无功补偿以及 PWM 调制。

锁相环的目的是在波动或不平衡的电网中能可靠地获取电网正序基波电压的角度,从而为电网电压、SVG 交流电流的旋转坐标变换提供角度信息,其原理参照 4.5 节中锁相环的有关内容。

负载无功电流的提取,采用旋转坐标变换加滤波器法实现。通过正序坐标变换将三相负载电流变换到正序的 dq 坐标系下。d 轴分量代表负载消耗的有功量,这部分是负载运行所必需的有功消耗;q 轴代表负载电流消耗的无功量,是 SVG 补偿的目标。现实中,三相负载电流通常会存在不平衡或谐波,即存在电流负序分量与谐波分量。通过正序的坐标变换,负序分量与谐波分量在 q 轴上呈现交流形式,而正序的无功分量在 q 轴上呈现直流形式。因此,通过低通滤波器即可非常容易地将该正序的无功分量分离出来,负载无功电流的提取方法如图6-4所示。低通滤波器的实现见6.3.3节的有关内容。

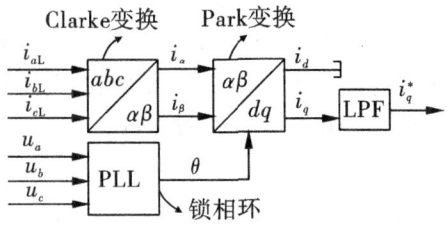

图6-4 负载无功电流提取

直流母线电压的控制、负载无功功率补偿控制可采用经典的矢量控制。将交流信号转换到同步旋转的 dq 坐标系下进行控制,其框图如图6-5所示。

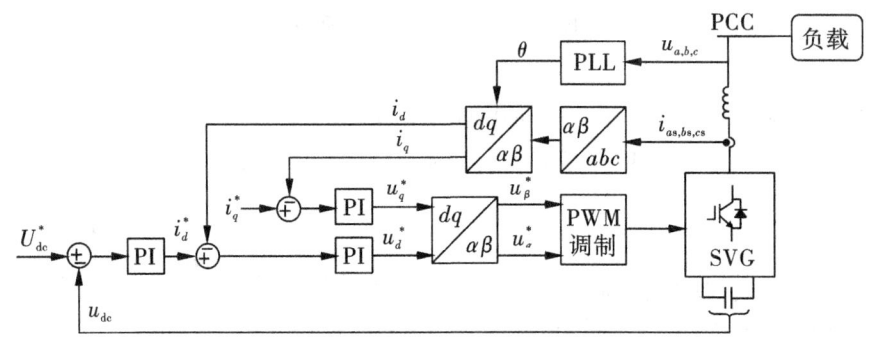

图6-5 SVG矢量控制框图

不同于PWM整流器,SVG在直流侧不连接直流负载,直流侧电容仅起到缓冲无功功率的作用,但由于SVG自身的损耗,为维持SVG直流母线电容的电压恒定,依然需要消耗一定的有功功率。因此,在SVG电流环的 d 轴控制上依然保留直流母线的电压外环;SVG电流环的 q 轴控制着无功电流的输出,q 轴指令为图6.4中得到的负载无功电流分量 i_q^*。

图6-5中的PWM调制部分,需根据SVG的拓扑进行选择。如三相全桥两电平拓扑,可选择SPWM或SVPWM,高压的级联H桥拓扑,可选择移相载波PWM或层叠载波PWM等。

6.1.2 设计流程

SVG的设计流程如图6-6所示,包括硬件设计、软件设计两大部分。硬件设计与软件设计可以同步进行,设计思路可遵循"总分总"的原则:系统总体设计→组件设计与调试→系统调试。

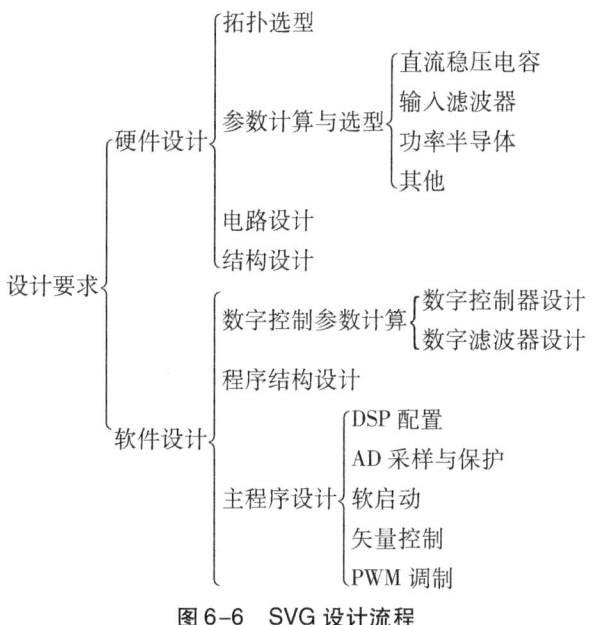

图 6-6 SVG 设计流程

"系统总体设计"是指将要设计的硬件和软件进行整体的把握和拆分。整体把握体现在系统硬件的构成、软件程序的框架上;拆分则体现在将一个大的 SVG 系统变为一个个软、硬件功能组件,如硬件设计的功率单元、主控板,软件设计的软启动程序、PWM 初始化子程序等。

之后开始分步实现这些功能组件,即"组件设计与调试",可按照"组件选型→组件参数计算→组件调试"三个步骤完成功能组件设计。"组件选型"在硬件上表现为拓扑选型、输入滤波器选型、嵌入式处理选型等,在软件上表现为数字控制器、数字滤波器的选型等。"参数计算"是在"组件选型"的基础上进行的,其在硬件设计中体现为对器件参数的计算,在软件设计中体现为数字控制器、数子滤波器参数的计算。组件的设计完成后,需要对各组件的功能进行测试,在软件上可以通过 MATLAB 等仿真软件辅助测试,在硬件上需通过实验完成测试。最后,将调试好的组件拼装起来构成系统,进行系统测试,从而完成最终的设计。

6.2 SVG 的硬件设计

SVG 的硬件大体上可分为主控板、功率单元、配电单元、人机交互系统等几部分,各部分的关系如图 6-7 所示。下面将主要针对主控板与功率单元的设计进行介绍。

6.2.1 主控板

主控板是整套系统的控制核心,包括嵌入式处理器、模拟量采样电路、通信模块、PWM 驱动电路、数字量输入输出电路以及供电电路等。

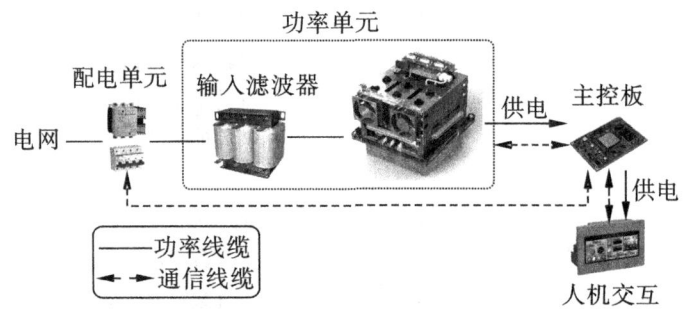

图 6-7 小型低压 SVG 系统的构成

6.2.1.1 嵌入式处理器

嵌入式处理器是主控板的大脑,负责 SVG 的算法处理、AD 转化、PWM 发波、各类故障的判断与保护、协调处理操作员命令等。

TI 公司的 DSP 产品始终处于工业嵌入式处理器的第一梯队,其 C2000 系列 DSP 专门用于电力电子产品的控制。与普通的微控制器相比,C2000 系列 DSP 针对处理、传感和驱动进行了优化,集成了电力电子产品开发常用的功能模块,一些芯片还集成了复数数学加速器、三角数学单元加速器、控制律加速器等硬件模块,极大地提升了 DSP 对实时系统控制的性能。C2000 系列 DSP 分为高性能产品和入门级到中级性能产品,如表 6-2 所示。

表 6-2 TI 公司的 C2000 系列 DSP 产品性能、参数对比

	名称	性能/MIPS	内核	SRAM/kB	闪存
高性能	TMS320F2838xD	925	2×C28x+2×CLA+ARM	338	1.5 MB
	TMS320F2838xS	525	C28x+CLA+ARM	277	1 MB
	TMS320F2837xD	800	2×CPU+2×CLA	**204**	1 MB
	TMS320F2837xS	400	CPU+CLA	164	1 MB
入门级到中级性能	**TMS320F2833x**	100~150	C28x	**68**	512 kB
	TMS320F2807x	120~240	CPU+协处理器	100	512 kB
	TMS320F28004x	100~200	CPU+协处理器	100	256 kB
	TMS320F2806x	90~180	CPU+协处理器	**100**	256 kB
	TMS320F2805x	60~120	CPU+协处理器	20	128 kB
	TMS320F2803x	60~120	CPU+协处理器	20	128 kB
	TMS320F2802x	60	CPU	12	64 kB

其中,高性能产品中的 TMS320F2837x 系列、TMS320F2833x 系列,入门级到中级性能产品中的 TMS320F2806x 系列性价比较高,应用也相对广泛。DSP 芯片集成的 ePWM、ADC 等模块的原理、设置与其后续芯片中这些模块具有一定的通用性,因此本案例选择了近年来应用最为广泛的 TMS320F28335 作为主控板的处理器。

DSP 的最小系统包括片外 30 MB 无源晶体振荡器、芯片供电与滤波等电路,DSP 电路连接如图 6-8 所示。

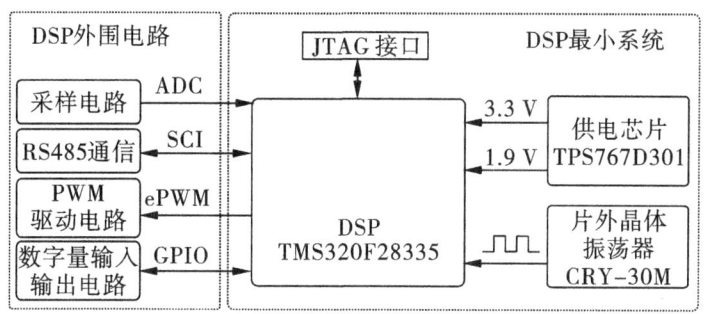

图 6-8　DSP 电路连接

DSP 的供电分为芯片内核供电与芯片外设供电两部分。TMS320F28335 的芯片内核需要 1.9 V 供电,外部设备需要 3.3 V 供电。为此,TI 公司推出了 TPS767D301 专用供电芯片,该芯片为双输出低压差电压调节器,最大输出电流可达 1 A,其供电原理如图 6-9 所示。

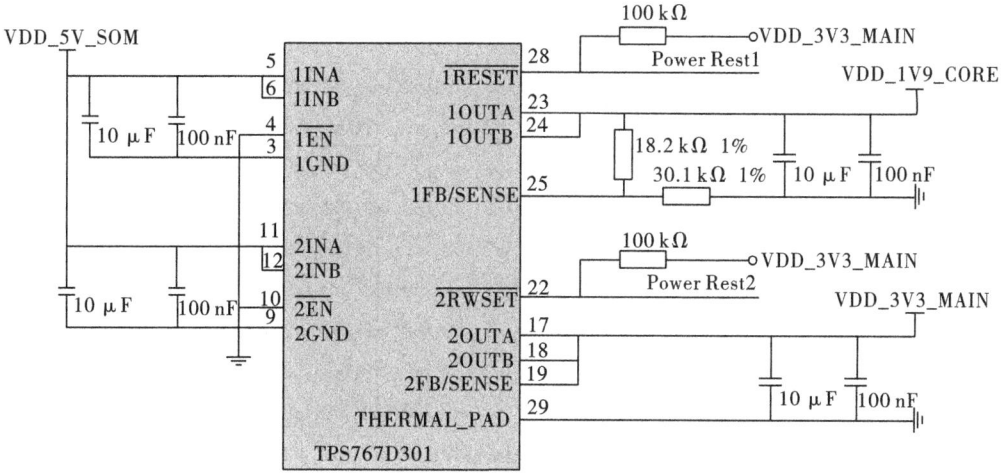

图 6-9　TPS767D301 供电原理

6.2.1.2　模拟量采样电路

模拟量采样时,AD 模块的前端通常需要设计由运算放大器构成的调理电路,增大对采集电路的输入阻抗,降低对 AD 模块的输出阻抗,从而保障 AD 模块采集的电压与精度。采样运算放大器对温漂、精度和速度等要求较高。常见的精密运算放大器如表 6-3 所示。

表 6-3 精密运算放大器

名称	工作电压/V	通道数	工作电流(典型值)/mA	增益带宽积(典型值)/MHz	压摆率/(V/μs)
OP07	6~36	1	5	0.6	0.3
OPA128LM	10~36	1	1.5	1	3
OPA2704UA	4~12	4	0.2	3	3
OPA27GP	8~44	1	4.7	8	1.9
OPA2350UA	2.7~5.5	2	7.5	38	22
AD8221	2.3~18	1	1	0.8	2
AD8421	2.5~18	1	2.3	10	35
AD8422	2.3~18	1	0.3	2.2	0.8

其中,OP07、OPA27 以及 AD8221 更为常用。这里选用运算放大器 AD8221AR 构建有源差分输入电路,如图 6-10 所示。由于 DSP 的 AD 模块对输入电压有一定的范围要求,传感器输出的电压信号通过运放芯片进行调理。同时,为消除数字采样的频谱混叠,在进入差分调理前添加了硬件滤波电路。为保护芯片的运行安全,芯片外部添加了由二极管 1N4148 构成的箝位型电路。

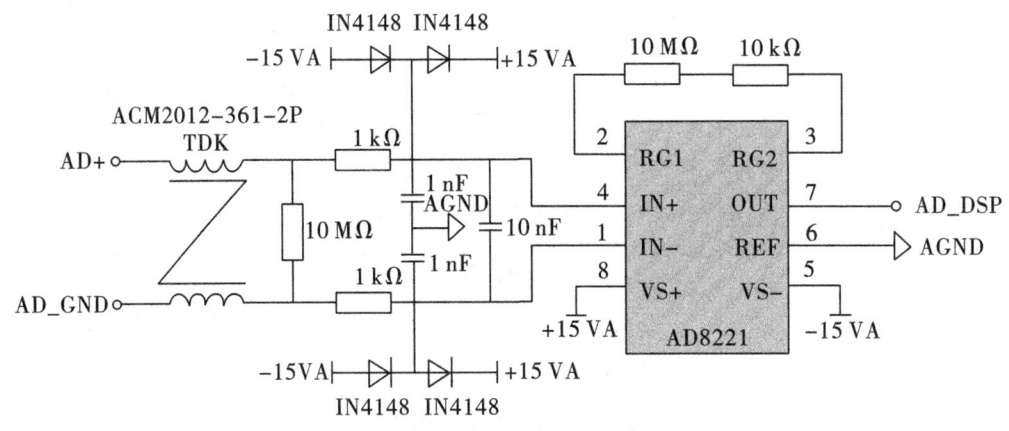

图 6-10 差分采样电路原理

6.2.1.3 通信模块

采用 MAX485CSA 芯片构建 RS485 总线的通信模块,实现功率单元、配电单元与人机交互系统的通信,为了使 DSP 与 MAX485CSA 的互联电压匹配,采用了双向电压电平转换芯片 TXS0102DCTTG4,如图 6-11 所示。

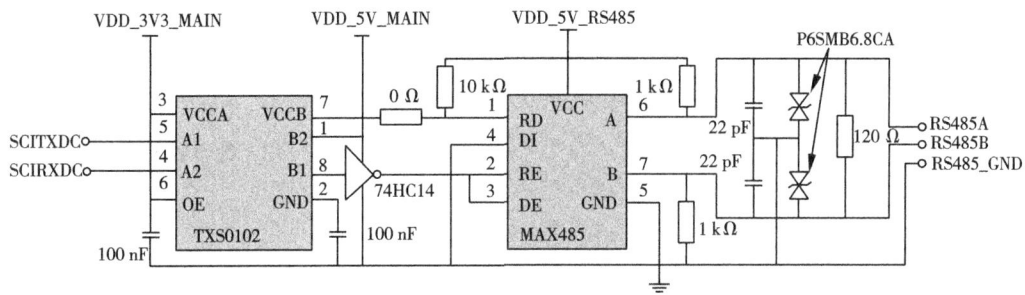

图 6-11　RS485 通信模块电路原理

6.2.1.4　PWM 驱动电路

为提高嵌入式处理的带载能力,降低处理器功耗,添加了 SN74LVC245 芯片,对 DSP 芯片发出的 PWM 调制波进一步调理,将 3.3 V 的 PWM 输出电压提高到 5 V,如图 6-12 所示。也可以通过高速三极管将芯片输出电压与带载能力做进一步的提升。

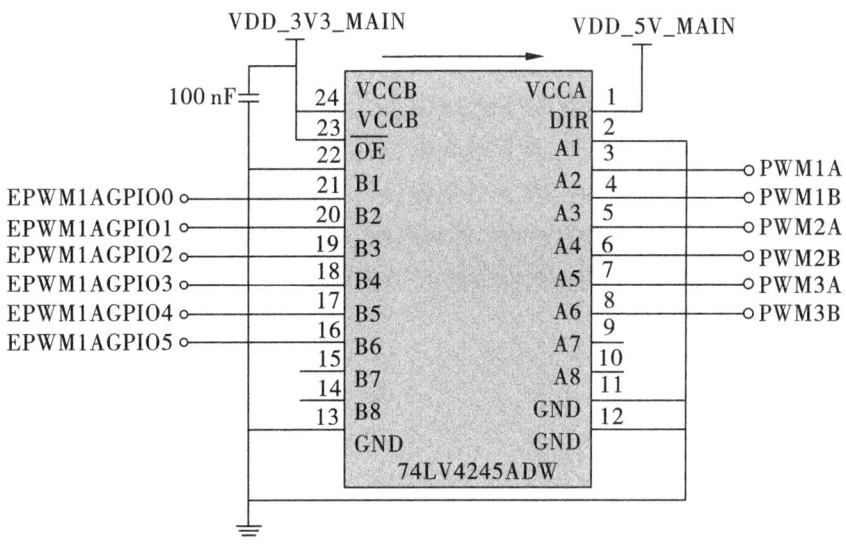

图 6-12　DSP PWM 3.3 V 转 5 V 电路原理

6.2.1.5　数字量输入输出电路

主控板的数字量输入为 SVG 系统的开关反馈信号,如接触器常开或常闭触点的反馈信号、温度继电器的反馈信号等,用于主控板对外部开关状态的感知,再综合 SVG 当前的运行状态,实现相关的保护动作关联。

主控板的数字输出信号一般连接着各类继电器、接触器的控制线圈、LED 灯、蜂鸣报警器等。正常状态下,数字输出信号控制 SVG 投入电网中,故障状态下,控制 SVG 从电网系统中脱离,同时给予操作人员设备运行状态的指示。输入、输出的数字量一般对实际效果要求不高,因此数字量输入、输出电路可采用低速光电耦合器或三极管搭建,如图6-13、图6-14 所示。

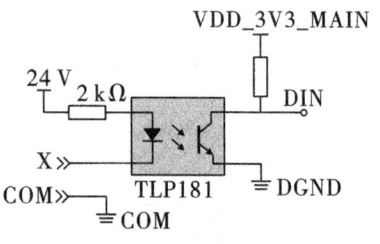

图6-13 数字输入电路原理

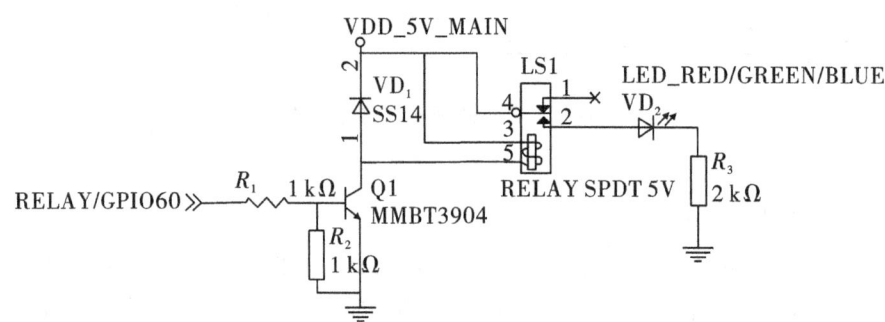

图6-14 数字输出继电器控制原理

6.2.1.6 供电电路

供电电路是主控板得以运行的基础,主控板需用到的电压等级很多,除嵌入式处理器需要 3.3 V、1.9 V 供电电压外,运算放大器、通信模块、板载继电器等还需 5 V、±15 V 或者 24 V 的供电电压。通常主控板由外部提供一个统一的供电总电源,如 15 V,再通过各类升降压板载芯片调理到所需要的各等级电压。在低压 SVG 系统上,供电总电源可以从电网直接取得,通过整流+反激变换电路调理获得 15 V 供电电压,也可以购买开关电源模块。

6.2.2 功率单元

功率单元是 SVG 无功补偿的具体执行机构,其设计内容包括拓扑选型、功率半导体及其驱动设计、散热设计、直流稳压电容设计、交流输入滤波器设计等,如图6-15 所示。

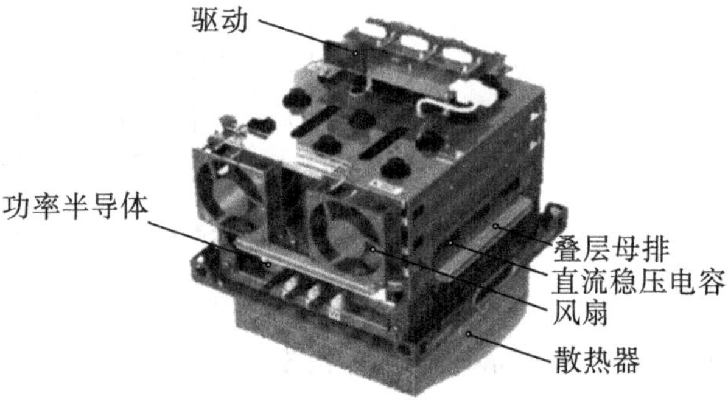

图6-15 风冷式功率单元

6.2.2.1 拓扑结构

由表 6-1 可知,流行的 IGBT 单管子可完全满足电压与容量要求。由于链式拓扑结构控制复杂、元器件使用量大、整机故障率相对较高,应不予使用。两电平三相全桥与三电平三相全桥结构应优先考虑。

在相同开关频率和交流滤波器下,采用三电平拓扑的 SVG 并网电流质量优于两电平拓扑的 SVG,但三电平的成本与控制复杂度却均高于两电平的。根据 SemiSel 仿真模拟与现场测试,在开关频率低于 5 kHz 的应用场合,采用硅材质 IGBT 的两电平结构在功耗上要优于二极管箝位型三电平结构。综上分析,本案例采用两电平三相全桥结构。

6.2.2.2 功率半导体及其驱动

功率半导体的选型应考虑功率半导体管最恶劣运行环境下的电压、电流、工作频率、材质、类型、结构以及成本等。根据表 6-1 给出的设计要求,两电平正常工作,功率半导体将承受直流母线电压 700 V,考虑 1.5 倍的耐压余量,功率半导体的耐压需大于 1 000 V。在这个耐压等级下,可选碳化硅材质的 MOSFET 或硅材质的 IGBT,显然,IGBT 更具成本优势。通过考察,1 200 V 耐压的硅材质 IGBT 的流行性和成本优势最为明显;IGBT 的额定电流至少需大于 IGBT 工作电流有效值的两倍。因此,IGBT 的额定电流选为 200 A;为保障系统散热与结构的紧凑,选择半桥式 IGBT 模块。最终,选择了英飞凌(Infineon)公司的 IGBT 半桥模块 FF200R12KT4。FF200R12KT4 采用第四代高速 TRENCHSTOP^{TM} IGBT 和优化的发射极控制二极管,最高工作温度为 150 ℃,IGBT 与其集成的二极管耐压、耐流、通断速度均可满足设计需求。IGBT 的驱动电路采用瑞士 Concept 公司生产的双路 IGBT 驱动器 2SD315A。

6.2.2.3 散热系统

SVG 运行时存在着各种损耗,且损耗量与 SVG 的容量成正比,这些损耗绝大多数会以热量形式存在,尤其是功率半导体的发热,如果不及时把这些热量从功率设备中排出,会加速整个设备的老化,严重时会导致设备的损坏,因此设计一套可靠有效的散热系统至关重要。常见的散热方式包括两大类:风冷散热和水冷散热。为保障散热效果,对发热严重的功率半导体需要配备专门的铝合金或铜合金散热器。

功率单元散热的设计流程可参照图 6-16。散热设计是一个反复修正的过程,利用软件的仿真与实际测试的结果对设计方案进行不断的改进,最终达到设计的要求。这种修正的设计思路,贯穿在整个现代功率变换器产品的设计之中,也是当前各类功率变换器产品不停迭代更新的原因。

图 6-16 中 IGBT 的损耗计算包括:IGBT 和二极管的平均导通损耗、IGBT 的开关损耗以及二极管的反向恢复

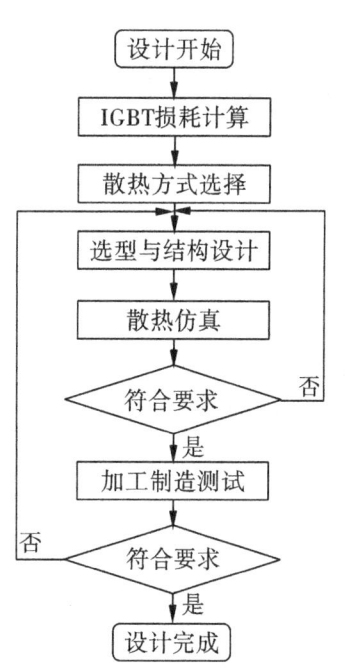

图 6-16　功率单元散热设计流程

损耗。不同的功率半导体型号、不同的运行工况都会导致损耗量的不同,在 Infineon、塞米控(Semikron)公司官网上提供有损耗计算软件,方便用户对功率半导体的损耗进行初步的计算。在损耗计算的基础上,选择散热方案与散热器,设计功率单元的结构。之后

通过散热仿真软件完成散热系统的计算机模拟。散热仿真一般采用有限元分析软件,如 FloTHERM 等。最后制作样机,实际测试散热效果。图 6-16 中"符合要求"指的是:在一定的环境温度下,系统实现热平衡后,散热系统可以保障功率单元内部各部分的温度不高于设定值。

考虑成本与工艺难度,本案例采用风冷散热方案、铝合金铸造散热器,风机采用外转子电容运转异步电动机,额定电压为 230 V,输入功率为 295 W,输出功率为 85 W,转速 1 350 r/min。

6.2.2.4 直流稳压电容

直流稳压电容选取主要从容量、耐压、纹波电流耐受三方面考虑。SVG 直流稳压电容的容量选择与逆变器结构、控制策略、线路参数等都有很大的联系。三相全桥结构的 SVG,从理论上讲,在理想情况下直流侧是不需稳压电容的。但实际工况下的电网谐波、负序以及开关器件等因素都会导致直流侧电压出现波动,因此在 SVG 的直流侧依然要安装稳压电容。电容的选择可先根据经验公式(6-1)进行初步的计算,再进行实验调整,最终完成选型。

$$C \approx \frac{|S|}{U_{DC}\tilde{u}'_{DC}} \tag{6-1}$$

式中,S 是 SVG 的视在功率;$\tilde{u}'_{DC}$ 为直流电压的变化率,其表达式为

$$\tilde{u}'_{DC} = \Delta u_{DC} \cdot n\omega \tag{6-2}$$

式中,Δu_{DC} 为直流电压纹波的峰值,按照额定直流电压的 0.9% 的误差取值,Δu_{DC} 为 6.3 V。若考虑电网电压平衡无谐波,直流电压纹波将是系统电压频率的 6 倍,可得直流纹波 Δu_{DC}:

$$\begin{cases} \tilde{u}_{DC} = \Delta u_{DC}\sin(6\omega t + \gamma) \\ \tilde{u}'_{DC} = 6\omega \cdot \Delta u_{DC}\cos(6\omega t + \gamma) \end{cases} \tag{6-3}$$

考虑最恶劣的情况,正常计算电容容量时可取 $\tilde{u}'_{DC}$ 的峰值 $6\omega \cdot \Delta u_{DC}$,可得电容容量约为 7 800 μF。

电容组所在直流回路电压的最大值为 700 V,考虑进线电压的 +15% 波动,直流回路电容的总耐压值必须确保不低于 805 V。综合成本、体积因素,采用电解电容方案,电容容量 8 100 μF。为保证电解电容的耐压,将 450 V 耐压、2 700 μF 的电解电容"六并两串"获得最终需要的直流稳压电容。

6.2.2.5 交流输入滤波器

交流输入滤波器可以采用 L 型、LC 型以及 LCL 型。相较下,LCL 型成本、体积、滤波效果均是最优的,但 LCL 型滤波器存在谐振尖峰,需要在滤波器中加入阻尼。SVG 输出电流反馈点与电网电压反馈点的选取相对麻烦,不恰当的选择会导致系统稳定性下降,以及功率因数控制性能下降。为消除无源阻尼的功耗,各厂家大都采用了有源虚拟阻尼的方案,这进一步增加了系统控制的复杂度。L 型滤波器在这三种滤波器中成本最高,但控制最简单,功率因数控制性能好,且不存在谐振尖峰。因此,本案例采用 L 型滤波器。

选择 L 型滤波器时,还需要考虑磁芯的材质以及电抗器的感量。由于电抗器运行的频率为 50 Hz,电抗器的磁芯可以选择硅钢片也可以选择铁粉芯材质。比较起来,硅钢片电抗器价格便宜,但体积大、运行噪声大。铁粉芯电抗器价格较高,罐式封装后噪声低,结构紧凑。考虑成本因素,这里选择硅钢片铝箔电抗器。根据表 6-1 可计算出相电流最大值:

$$I_m = \frac{Q}{\sqrt{3}U} = \frac{65\,000}{\sqrt{3} \times 380} \approx 100(A)$$

L 的最大电抗值为

$$L_{max} = \frac{2U_{DC}}{3I_m\omega} = \frac{2 \times 700}{3 \times 100 \times 314} \approx 14.86(mH)$$

L 的最小电抗值为

$$L_{min} = \frac{(2U_{DC} - 3E_m)E_m}{2U_{DC}\Delta i_{max}}T_S = \frac{(2 \times 700 - 3 \times 220 \times \sqrt{2}) \times 220 \times \sqrt{2}}{2 \times 700 \times 100 \times \sqrt{2} \times 20\%} \times \frac{1}{5\,000} \approx 0.7(mH)$$

因此,将电抗器的电抗值选取为 0.7 mH。

6.3 SVG 的软件设计

6.3.1 SVG 软件框架设计

在控制软件开发前,首先需要搭建一套适用于 SVG 控制的软件框架,即程序结构。在此框架下进行控制算法的编写。由于采用的 DSP 没有操作系统,软件框架可采用一个无限循环的程序结构,称为方案 1,实现代码如下:

```
#define CONTROL_PERIOD  1/(5000)              //开关频率=控制频率=5kHz
//-----定义完成一次 super loop 所需的时间-----
#define LOOP_PERIOD CPUCLK_PEROID * INSTRUCTIONS_PER_LOOP
int is_controlcycle_start = 1;                //用来表示控制周期是否开始
int counter = 0;                              //super loop 计数
void main( )
{
  SystemInit( );                              //系统初始化
  while(1)
  {
    //-----数字闭环控制开始-----
    if( is_controlcycle_start)
    {
      DoADC( );                               //启动 AD 采集与转换
      DoControlScheme( );                     //数字控制
      DoPWM( );                               //实现调制与占空比的更新,完成输出控制
```

```
            is_controlcycle_start = 0;
        }
        //-----检查新的控制周期是否开始-----
        if( counter >= CONTROL_PERIOD/LOOP_PERIOD )
        {
            is_controlcycle_start = 1;
            counter = 0;
        }
        else
        {
            counter++;
        }
        //-----数字闭环控制结束-----
        DoSomeOtherTask( );                          //通信等其他任务
    }
}
```

为方便阅读,上述代码省略了一些函数和变量的声明。从整体上看,方案 1 中的程序按照顺序循环执行。由于实现思路直接,方案 1 与它的变体在实际工程设计中应用得相当广泛。为了更清楚地分析方案 1 的执行情况,可将其在时间轴上描绘出来,如图 6-17 所示。

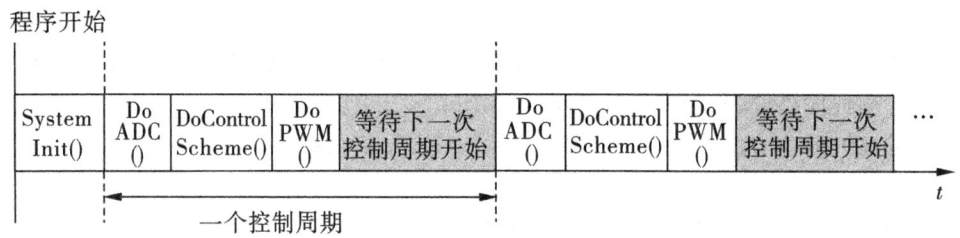

图 6-17　程序整体结构-方案 1 时序图

程序在调用 SystemInit( ) 完成系统初始化后,就进入了无限循环中。一个循环称为一个控制周期,每个控制周期由三个函数组成,分别是 DoADC( )、DoControlScheme( ) 和 DoPWM( )。三个函数分别对应着闭环系统的被控量采集、闭环控制算法以及 PWM 调制输出。当嵌入式处理器依次完成三个函数后,就完成了一个控制周期的计算任务。

需要注意的是:单个控制周期内计算任务所消耗的时长必须小于一个控制周期的时长,否则,会影响下一个开关周期占空比的更新,导致控制带宽降低。因此,从三个函数计算完成到新的控制周期开始,嵌入式处理器都会处于等待的状态。方案 1 的时序实现由 is_controlcycle_start 控制,当 is_controlcycle_start 为 1 时,标志新控制周期的开始;在控制闭环运算完成后,将 is_controlcycle_start 置 0,处理器进入"等待"状态,从而保证了在一个控制周期内只进行一次控制闭环的运算。

方案 1 中,代码中宏(CONTROL_PERIOD 和 LOOP_PERIOD)和变量(counter)的作用是辅助对 is_controlcycle_start 进行置 1 操作,在本质上是对控制周期的定时。方案 1 假定了每个循环中 DSP 执行的指令数是常量(INSTRUCTIONS_PER_LOOP),由于 DSP 的指令周期(CPUCLK_PEROID)恒定,所以可计算出一次循环需要消耗的时间:LOOP_PERIOD = INSTRUCTIONS_PER_LOOP×CPUCLK_PEROID。一个控制周期内的循环数为 CONTROL_PERIOD/LOOP_PERIOD。在每个控制周期开始时,令变量 counter 从 0 开始计数,每个主程序循环令 counter 自增 1。当 counter 大于或等于 CONTROL_PERIOD/LOOP_PERIOD 时,一个控制周期就执行完成了。

方案 1 以软件方式利用处理器的主时钟实现定时,由于单次循环消耗的时间(程序中的 LOOP_PERIOD)在通常情况下并非常数,所以难以实现"精确"定时。此外,这种定时方案需要处理器完全参与,会浪费大量的计算资源。这种方案通常适用于几百个嵌入式处理器指令周期以下的定时场合,且要求定时的需求是偶发的。对于周期运行的 SVG 数字控制来说,它并不合适。

为改进方案 1 在定时上的不足,可以利用嵌入式处理器的通用定时器实现精确定时。采用定时中断实现的程序框架,称为方案 2,实现代码如下:

```
void main( )
{
    SystemInit( );                    //系统初始化
    StartTimer( );                    //启动定时器
    //-----系统主循环---执行通信,开关控制等其他任务-----
    while(1)
    {
        DoSomeOtherTask( );           //通信等其他任务
    }
}
//-----定时器中断---执行数字闭环控制-----
interrupt void TimerISR( void )
{
    DoADC( );                         //启动 AD 采集与转换
    DoControlScheme( );               //数字控制
    DoPWM( );                         //实现调制与占空比的更新,完成输出控制
}
```

方案 2 采用专用的硬件定时器实现了精确的定时,时间轴上的执行时序如图 6-18 所示。对比图 6-17,方案 2 的时序图被分成了两行:上面一行是 while 构建的主循环时序,下面一行是中断服务程序 TimerISR( )的时序。闭环系统的被控量采集、闭环控制算法以及 PWM 调制输出都被放置在了 TimerISR( )中。方案 2 的定时器中断打破了原有的程序流程,程序流在某些时刻变得复杂,如图 6-18 中方框(1)和(2)部分,DoSomeOtherTask( )被分割成了两段执行,但核心控制的周期变得更加"精确"。由于处

理器不再负责定时,在响应中断服务程序后,"空闲"的时间可以去完成其他任务 DoSomeOtherTask(),从而充分地利用了计算资源。

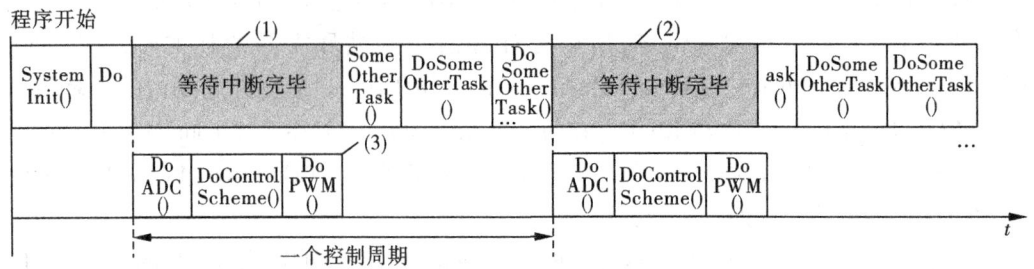

图6-18 程序整体结构-方案2时序图

同样,方案2也需要考虑完成一次控制闭环所消耗的时间,即图6-18中方框(3)部分。一般来说,将其控制在一个控制周期的80%以下是比较合适的。这样处理器才能保证有一定的计算资源完成其他任务。如果控制闭环需要的时间太长,以致在一个控制周期内无法完成,那就必须降低系统的闭环带宽,延长控制周期。方案2与DSP实现的关系如图6-19所示。

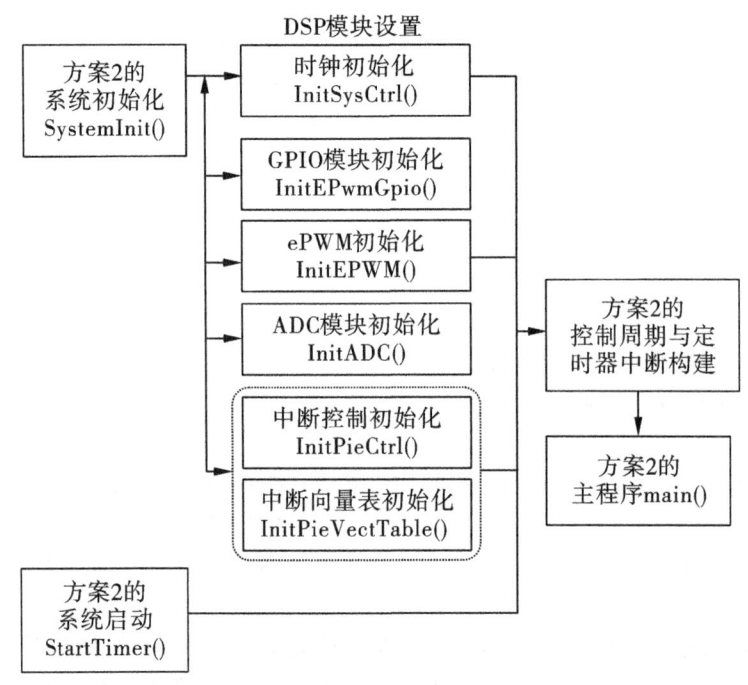

图6-19 方案2程序结构的DSP实现

DSP环境下,构建方案2的程序框架可分为两部分内容:第一部分是完成DSP各模块寄存器的配置,构建定时器中断;第二部分是通过main()函数构建主循环。这里的重点在于第一部分,对应着方案 2 中的系统初始化子程序 SystemInit( )。

方案 2 中的定时器中断可由 DSP 的 PWM 模块产生与触发,定时器中断的设置关联着 DSP 的 PWM 模块、系统时钟模块、中断向量表等寄存器的初始化配置,PWM 模块的配置还牵连着 GPIO 模块、ADC 模块的初始化配置。因此,方案 2 中的系统初始化子程序 SystemInit( )包含:DSP 系统初始化配置子程序 InitSysCtrl( )、ADC 初始化配置子程序 InitADC( )、GPIO 初始化配置子程序 InitEPwmGpio( )、中断初始化配置子程序 InitPieCtrl( )与 InitPieVectTable( ),以及 PWM 初始化配置子程序 InitEPWM( )。SystemInit( )子程序的实现代码如下:

```
//-----系统初始化-----
void SystemInit(void)
{
    InitSysCtrl();                          //DSP 系统初始化
    InitADC();                              //ADC 系统初始化
    InitEPwmGpio();                         //GPIO 初始化
    InitPieCtrl();                          //中断控制初始化
    InitPieVectTable();                     //中断向量表初始化
    InitEPWM();                             //PWM 初始化
}
```

下面将逐一介绍 SystemInit( )包含的子程序原理与 DSP 实现,DSP 的配置说明可参看有关数据手册。

6.3.1.1 DSP 系统初始化配置

DSP 系统初始化包含了看门狗初始化、时钟初始化等。其中,系统时钟子程序是片外晶体振荡器与 DSP 外部设备模块时钟的桥梁。为保障不同外部设备对时钟的需求,TMS320F28335 首先通过时钟配置子程序将晶体振荡器频率倍频到系统的时钟频率——150 MHz,再将其分频为高速时钟 HISPCP 与低速时钟 LOSPCP 供不同的外部设备模块使用。在实现 SVG 数字控制时,ADC 模块需要使用分频后的高速时钟,PWM 的定时器中断和 GPIO 模块的时钟频率可与系统时钟保持一致。看门狗程序是为了防止程序跑飞而设置的,为了调试方便,将看门狗程序禁止。DSP 系统初始化配置的实现代码如下:

```
//-----系统时钟初始化-----
void InitSysCtrl(void)
{
    //-----禁止看门狗-----
    DisableDog();
    //-----初始化锁相环与 DSP 时钟。注释:TI 例程一般都会设置好,无须改动-----
    InitPll(DSP28_PLLCR,DSP28_DIVSEL);
    //-----初始化外部时钟-----
    EALLOW;                                 //允许关键寄存器操作
```

```
        SysCtrlRegs. HISPCP. all = 0x0;                    //高速时钟 = 系统时钟 = 150MHz
        SysCtrlRegs. LOSPCP. all = 0x2;                    //低速时钟 = 1/4 系统时钟 = 37.5MHz
    //-----外部接口时钟,DSP 外部如没有外扩存储等芯片,可不用理会-----
        XintfRegs. XINTCNF2. bit. XTIMCLK = 0x1;
        XintfRegs. XINTCNF2. bit. CLKMODE = 0x1;
        XintfRegs. XINTCNF2. bit. CLKOFF = 0x0;
    //-----外部设备的时钟使能,对不用的外部设备可以关闭时钟使能,以降低能耗-----
        SysCtrlRegs. PCLKCR0. all = 0x0;
        SysCtrlRegs. PCLKCR1. all = 0x0;
        SysCtrlRegs. PCLKCR3. all = 0xffff;
        SysCtrlRegs. PCLKCR0. bit. ADCENCLK = 0x1;         //使能 ADC 模块时钟
        SysCtrlRegs. PCLKCR1. bit. EPWM1ENCLK = 0x1;       //使能 ePWM1 时钟
        SysCtrlRegs. PCLKCR3. bit. GPIOINENCLK = 0x1;      //使能 GPIO 输入时钟
    //-----调用 TI 的 ADC 矫正函数-----
        ADC_cal( );
        EDIS;                                              //禁止关键寄存器操作
    }
```

6.3.1.2 ADC 模块初始化配置

DSP 通过 ADC 模块(及其附属电路),将被控对象的电压、电流等模拟量转化为数字量,为闭环控制做好准备。ADC 对模拟量的离散转化被认为是线性的,其关系如下:

$$v_{\text{digital}} = v_{\text{analog}} \frac{2^M - 1}{v_{\text{ref+}} - v_{\text{ref-}}} \tag{6-4}$$

式中,v_{digital} 为经 ADC 模块转化后的数字量;v_{analog} 为转换前的模拟量;M 为 ADC 模块的位数(或分辨率),M 的值越大,ADC 的采样精度就越高;$v_{\text{ref+}}$、$v_{\text{ref-}}$ 分别为 ADC 的正负参考电压。以 TMS320F28335 的 12 位 ADC 为例,$v_{\text{ref+}} = 3$ V、$v_{\text{ref-}} = 0$ V,若采集的模拟量 $v_{\text{analog}} = 1.4$ V,转换之后的 v_{digital} 为

$$v_{\text{digital}} = v_{\text{analog}} \frac{2^M - 1}{v_{\text{ref+}} - v_{\text{ref-}}} = 1.4 \times \frac{2^{12} - 1}{3} = 1\,911$$

一般来说,v_{analog} 是经过传感器采集调理后的电压值,其值与实际值之间呈线性的比例关系。在计算实际值时,需通过式(6-4)将 v_{digital} 值反推出 v_{analog},再将 v_{analog} 乘以系数 k_{ad} 得到实际值。系数 k_{ad} 可以通过精密的校准电源测试获取,如三用表校准仪。对于采集值与实际值线性度较差的场合,可以通过分段线性化的方法设置多个系数 $k_{\text{ad},i}$,在不同的范围采用不同的系数,从而提高 ADC 采样的准确性。

TMS320F28335 的 ADC 可由多种方式触发启动,如软件启动、PWM 启动等,本案例将 ADC 模块的启动方式配置为由 PWM 启动;ADC 的模块时钟配置为 12.5 MHz,采样频率 6.25 MHz;采用 ADC 的 9 个通道分别采样三相电网电压、SVG 的三相输出电流以及负载的三相电流。ADC 模块的初始化程序如下:

```
    //-----ADC 模块初始化-----
```

```
void InitADC(void)
{
    //-----复位 ADC 模块-----
    unsigned int i;
    AdcRegs.ADCTRL1.bit.RESET=0x1;              //复位 ADC 模块
    for(i=0;i<1000;i++)NOP;                     //空指令等待复位完成
    AdcRegs.ADCTRL1.bit.SUSMOD=0x3;             //序列发生器和数字电路逻辑停止工作
    //-----配置 ADC 模块频率与采样频率-----
    //-----HSPCP=150MHz-----
    //-----ADC 模块频率:ADCCLK=HSPCP/[ADCLKPS*2*(CPS+1)]=150/(3*2*2)=12.5MHz-----
    //-----ADC 采样频率:SH clock=ADCCLK/(ACQ_PS+2)=12.5/2=6.25MHz-----
    AdcRegs.ADCTRL1.bit.ACQ_PS=0;               //SOC 脉冲宽度设置为模块时钟的一半
    AdcRegs.ADCTRL1.bit.CPS=0x1;
    AdcRegs.ADCTRL3.bit.ADCCLKPS=0x3;
    //-----配置运行模式-----
    AdcRegs.ADCTRL1.bit.SEQ_CASC=1;             //级联排序模式
    AdcRegs.ADCTRL1.bit.SEQ_OVRD=0;             //完成 MAX_CONV n 个通道转换后,排序复位
    AdcRegs.ADCTRL1.bit.CONT_RUN=0;             //启动/停止运行模式
    //ADC 模块上电
    AdcRegs.ADCTRL3.bit.ADCBGRFDN=0x3;          //内部带隙及参考电压上电
    for(i=0;i<10000;i++)NOP;                    //空指令等待上电完成
    AdcRegs.ADCTRL3.bit.ADCPWDN=0x1;            //其余电路上电
    for(i=0;i<5000;i++)NOP;                     //空指令等待上电完成
    AdcRegs.ADCTRL3.bit.SMODE_SEL=0x1;          //同步采样模式
    AdcRegs.ADCTRL3.bit.ADCCLKPS=0x3;
    //-----ADC 模块通道选择
    AdcRegs.MAX_CONV.bit.MAX_CONV=8;            //最大转化 8 个通道
    AdcRegs.CHSELSEQ1.bit.CONV00=0;             //ADCINA0 为 ua
    AdcRegs.CHSELSEQ1.bit.CONV01=1;             //ADCINA1 为 ub
    AdcRegs.CHSELSEQ1.bit.CONV02=2;             //ADCINA2 为 uc
    AdcRegs.CHSELSEQ1.bit.CONV03=3;             //ADCINA3 为 ias
    AdcRegs.CHSELSEQ2.bit.CONV04=4;             //ADCINA4 为 ibs
    AdcRegs.CHSELSEQ2.bit.CONV05=5;             //ADCINA5 为 ics
    AdcRegs.CHSELSEQ2.bit.CONV06=6;             //ADCINA6 为 ial
    AdcRegs.CHSELSEQ2.bit.CONV07=7;             //ADCINA7 为 ibl
    AdcRegs.CHSELSEQ3.bit.CONV08=8;             //ADCINA8 为 icl
    AdcRegs.ADC_ST_FLAG.bit.INT_SEQ1_CLR=0x1;   //清除 SEQ1 的中断标志位
    AdcRegs.ADCTRL2.bit.RST_SEQ1=0;             //复位排序器
    AdcRegs.ADCTRL2.bit.INT_ENA_SEQ1=0x1;       //允许 SEQ1 向 CPU 发送中断请求
```

```
    AdcRegs.ADCTRL2.bit.INT_MOD_SEQ1 = 0;          //每次 SEQ1 序列结束时置位
    AdcRegs.ADCTRL2.bit.EPWM_SOCA_SEQ1 = 0x1;      //允许 ePWM 启动 SEQ
}
```

6.3.1.3 GPIO 模块初始化配置

GPIO 模块是 DSP 内部各外部设备模块与芯片管脚的接口。TMS320F28335 的引脚数量有限,因此厂家在开发芯片时设计了 88 路功能复用的引脚,通过对寄存器的配置可将引脚配置成普通 I/O 口或者特殊功能接口,实现同一引脚的不同功能切换。SVG 的核心控制涉及 6 路 PWM 信号,对应的 GPIO 需配置为特殊功能;涉及继电器、接触器、指示灯等周边设备的控制与反馈信号,对应的 GPIO 需配置为普通 I/O。PWM 的 GPIO 初始化配置实现代码如下:

```
void InitEPwmGpio(void)
{
    EALLOW;                                    //允许关键寄存器操作
    GpioCtrlRegs.GPAPUD.bit.GPIO0 = 0;          //使能 EPWM1A 的内部上拉
    GpioCtrlRegs.GPAPUD.bit.GPIO1 = 0;          //使能 EPWM1B 的内部上拉
    GpioCtrlRegs.GPAPUD.bit.GPIO2 = 0;          //使能 EPWM2A 的内部上拉
    GpioCtrlRegs.GPAPUD.bit.GPIO3 = 0;          //使能 EPWM2B 的内部上拉
    GpioCtrlRegs.GPAPUD.bit.GPIO4 = 0;          //使能 EPWM3A 的内部上拉
    GpioCtrlRegs.GPAPUD.bit.GPIO5 = 0;          //使能 EPWM3B 的内部上拉
    GpioCtrlRegs.GPAMUX1.bit.GPIO0 = 1;         //GPIO0 配置为 EPWM1A
    GpioCtrlRegs.GPAMUX1.bit.GPIO1 = 1;         //GPIO1 配置为 EPWM1B
    GpioCtrlRegs.GPAMUX1.bit.GPIO2 = 1;         //GPIO2 配置为 EPWM2A
    GpioCtrlRegs.GPAMUX1.bit.GPIO3 = 1;         //GPIO1 配置为 EPWM2B
    GpioCtrlRegs.GPAMUX1.bit.GPIO4 = 1;         //GPIO0 配置为 EPWM3A
    GpioCtrlRegs.GPAMUX1.bit.GPIO5 = 1;         //GPIO1 配置为 EPWM3B
    EDIS;                                      //禁止关键寄存器操作
}
```

6.3.1.4 中断初始化配置

TMS320F28335 的 CPU 可处理 1 路非屏蔽中断(Non Maskable Interrupt, NMI)以及 16 路可屏蔽中断(INT1 ~ INT14、RTOSINT 和 DLOGINT)。但 TMS320F28335 的外部设备众多,每个外部设备都可以产生一个或多个中断请求。CPU 能响应的中断数量无法和外部设备中断数量完全匹配。因此,TI 公司设计了一个外部设备中断扩展模块(Peripheral Interrupt Expansion, PIE)来仲裁外部设备中断请求,并将仲裁结果送入 CPU 进行处理。

对 DSP 中断的初始化程序包含中断控制初始化子程序与中断向量表初始化子程序。前者的作用是禁止所有 PIE 级和 CPU 级的中断使能,并清除所有 PIE 级和 CPU 级的中断标志;后者的作用是将定义的中断子程序指向对应的中断。中断初始化配置实现代码如下:

```
//-----中断控制初始化-----
```

```
void InitPieCtrl(void)
{
    DINT;                                    //禁止 CPU 中断
    PieCtrlRegs.PIECTRL.bit.ENPIE = 0;       //禁止 PIE 外设中断
    //-----禁止 PIE 中断-----
    PieCtrlRegs.PIEIER1.all = 0;
    PieCtrlRegs.PIEIER2.all = 0;
    PieCtrlRegs.PIEIER3.all = 0;
    PieCtrlRegs.PIEIER4.all = 0;
    PieCtrlRegs.PIEIER5.all = 0;
    PieCtrlRegs.PIEIER6.all = 0;
    PieCtrlRegs.PIEIER7.all = 0;
    PieCtrlRegs.PIEIER8.all = 0;
    PieCtrlRegs.PIEIER9.all = 0;
    PieCtrlRegs.PIEIER10.all = 0;
    PieCtrlRegs.PIEIER11.all = 0;
    PieCtrlRegs.PIEIER12.all = 0;
    //-----清除所有的中断标志位-----
    PieCtrlRegs.PIEIFR1.all = 0;
    PieCtrlRegs.PIEIFR2.all = 0;
    PieCtrlRegs.PIEIFR3.all = 0;
    PieCtrlRegs.PIEIFR4.all = 0;
    PieCtrlRegs.PIEIFR5.all = 0;
    PieCtrlRegs.PIEIFR6.all = 0;
    PieCtrlRegs.PIEIFR7.all = 0;
    PieCtrlRegs.PIEIFR8.all = 0;
    PieCtrlRegs.PIEIFR9.all = 0;
    PieCtrlRegs.PIEIFR10.all = 0;
    PieCtrlRegs.PIEIFR11.all = 0;
    PieCtrlRegs.PIEIFR12.all = 0;
    IER = 0x0000;
    IFR = 0x0000;
}
//-----中断向量表初始化-----
void InitPieVectTable(void)
{
    int16 i;
    Uint32 * Source = (void *)&PieVectTableInit;
    Uint32 * Dest = (void *)&PieVectTable;
    EALLOW;                                  //允许关键寄存器操作
```

```
    for(i=0;i<128;i++) * Dest++ = * Source++;
    PieVectTable.EPWM1_INT = &TimerISR;          //ePWM 下溢中断
    EDIS;                                         //禁止关键寄存器操作
}
```

6.3.1.5 PWM 模块初始化配置

SVG 的控制归根结底要落实在开关管的控制触发上,即 PWM 脉宽调制,如图 6-20 所示。图 6-20 中的锯齿波为载波,正弦波为调制波,随着调制波与载波相交位置的变化,PWM 脉宽也随之发生变化。这个过程中,DSP 的 PWM 模块所要解决的问题是在数字芯片的内部实现离散化的载波与调制波。

离散化的载波 DSP 采用"时基+计数器"的方式实现。载波可以是锯齿波,也可以是对称的三角波(图 6-20 中的载波)。本案例要实现频率为 5 kHz 的对称载波,将 PWM 模块的时基频率设定为 150 MHz,则 PWM 模块的时基周期为 0.006 67 μs。每经过一个时基周期,令 PWM 模块内部的计数器增 1,当计数器的值大于 15 000 后,每经过一个时基周期令 PWM 模块内部计数器减 1,直到计数器的值变为 0。计数器数值的变化将呈现出如图 6-21 所示的阶梯波,该波形即构成了离散化的载波。由于定时器的频率为 150 MHz,所以计数器从 0 开始到再变回到 0 的时间为 30 000/150 MHz = 200 μs,即载波频率为 5 kHz。

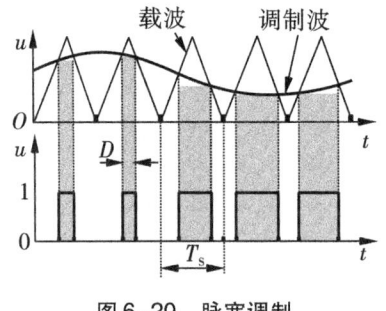

图 6-20 脉宽调制   图 6-21 5 kHz 载波的离散化

离散化的调制波 DSP 通过设置 PWM 模块中的"比较寄存器"实现,如图 6-21 中的点画线。通过比较寄存器的"影子寄存器"控制离散化调制波的更新时间点。影子寄存器使能后,写入比较寄存器的值会首先存入影子寄存器中,在特定时刻发生时(如周期匹配、下溢匹配),将影子寄存器的数值装载到比较寄存器中,完成调制波的更新。

PWM 波形的最终生成还需要对匹配发生时引脚的输出电平进行配置。如图 6-21 中 PWM 模块内部计数器增计数发生比较匹配时,配置引脚输出高电平;当 PWM 模块内部计数器减计数发生比较匹配时,配置引脚输出低电平。

时基与计数器确定了 PWM 波形的频率与分辨率,比较寄存器确定了 PWM 波形的占空比。在使用 PWM 模块时,上述三个参数确定后,PWM 的波形也就基本确定了。

TMS320F28335 集成了 6 个独立 ePWM 的外部设备模块。每个 ePWM 包含有两路 PWM 信号:EPWMxA 与 EPWMxB。本案例的 PWM 初始化,将载波设置为对称的三角载波,载波频率设为 5 kHz;当调制波大于载波时,设置 PWM 输出高电平,反之输出低电平;PWM1A、PWM1B 控制 SVG A 相桥臂的上下管,PWM2A、PWM2B 控制 SVG B 相桥臂的上下管,PWM3A、PWM3B 控制 SVG C 相桥臂的上下管;在 PWMxA、PWMxB 之间添加死区,其中 x=1,2,3;使能 ePWM 中断,作为方案 2 定时器中断的触发源;在 PWM 定时器为 0 时,启动 ADC 模块。以 PWM1A、PWM1B 为例,PWM 模块的配置实现代码如下:

```
void InitEPWM( void)
{
   InitEPWM1AB();
   InitEPWM2AB();
   InitEPWM3AB();
}
//-----ePWMx1 模块初始化-----
void InitEPWM1AB( void)
{
   EALLOW;                                    //允许关键寄存器操作
   SysCtrlRegs.PCLKCR0.bit.TBCLKSYNC = 0;     //初始化 EPWM 时,时钟要停止
   EDIS;                                      //禁止关键寄存器操作
   EPwm1Regs.TBPRD = 15000;                   //载波周期 = 150 000 000/5 000,5 kHz
   EPwm1Regs.TBPHS.all = 0x0;                 //不使用相位寄存器
   EPwm1Regs.TBCTR = 0x0;                     //计数寄存器清零
   //-----时间基准控制寄存器设置-----
   EPwm1Regs.TBCTL.bit.CTRMODE = 0x02;        //选择增减计数模式
   EPwm1Regs.TBCTL.bit.PHSEN = 0;             //相位寄存器不使能
   //计数器为 0 时,周期寄存器的影子寄存器装载
   EPwm1Regs.TBCTL.bit.PRDLD = 0;
   EPwm1Regs.TBCTL.bit.SYNCOSEL = 1;          //EPWMxSYNCO 信号(同步)
   EPwm1Regs.TBCTL.bit.HSPCLKDIV = 0;         //高速时钟分频
   EPwm1Regs.TBCTL.bit.CLKDIV = 0;            //基准时钟分频
   //-----比较控制寄存器设置-----
   EPwm1Regs.CMPCTL.bit.SHDWAMODE = 0;        //CMPA 使能影子寄存器
   EPwm1Regs.CMPCTL.bit.LOADAMODE = 0;        //计数器为 0 时,将影子寄存器的值装载
   //-----动作限定寄存器设置-----
   //增计数时发生比较匹配,ePWM 输出低电平
   EPwm1Regs.AQCTLA.bit.CAU = 0x02;
   EPwm1Regs.AQCTLA.bit.CAD = 0x01;
   EPwm1Regs.AQCTLB.bit.CAU = 0x01;
   EPwm1Regs.AQCTLB.bit.CAD = 0x02;
   //-----死区模块设置-----
```

```
    EPwm1Regs. DBCTL. bit. OUT_MODE = 0x03;        //使能死区
    EPwm1Regs. DBCTL. bit. IN_MODE = 0;
    EPwm1Regs. DBCTL. bit. POLSEL = 0x02;          // Active Hi complementary
    EPwm1Regs. DBFED = 300;                        //FED = 2us,下降沿
    EPwm1Regs. DBRED = 300;                        //RED = 2us,上升沿
    //-----事件触发选择寄存器设置---与中断相关设置-----
    EPwm1Regs. ETSEL. bit. INTSEL = 0x1;           //当计数器为0时,触发下溢中断计数
    EPwm1Regs. ETSEL. bit. INTEN = 0x1;            //使能ePWM产生中断
    EPwm1Regs. ETPS. bit. INTPRD = 0x1;            //下溢中断计数1次,触发下溢中断
    EPwm1Regs. ETCLR. bit. INT = 0x1;              //清除中断标志位
    //-----ePWM启动ADC-----
    EPwm1Regs. ETSEL. bit. SOCAEN = 0x1;           //使能ePWM启动ADC
    EPwm1Regs. ETSEL. bit. SOCASEL = 0x1;          //当计数器为0时,触发启动ADC计数
    EPwm1Regs. ETPS. bit. SOCAPRD = 0x1;           //启动ADC计数1次,启动ADC
    EPwm1Regs. ETCLR. bit. SOCA = 0x1;             //清除ADC启动信号状态标志
}
```

SystemInit( )子程序执行完成后,方案2框架将执行启动子程序StartTimer( )。启动主要是针对系统时钟计数以及中断的使能,程序实现如下:

```
//系统启动子程序——启动定时器,使能中断
void StartTimer( void)                             //初始化中断向量表
{
    EALLOW;                                        //允许关键寄存器操作
    SysCtrlRegs. PCLKCR0. bit. TBCLKSYNC = 1;      //ePWM时钟开始
    EDIS;
    //-----使能CPU中断-----
    IER |= M_INT3;                                 //使能CPU中断INT3
    PieCtrlRegs. PIEIER3. bit. INTx1 = 1;          //使能EPWM中断
    PieCtrlRegs. PIECTRL. bit. ENPIE = 1;          //使能外部设备中断中读取中断
    EINT;                                          //禁止关键寄存器操作
}
```

至此,基于方案2的SVG程序框架搭建完成。

6.3.2 数字控制器设计

SVG的硬件参数确定后,就可以对其电流环、电压环的数字控制器进行设计,设计原则是先内环后外环。其设计步骤为:先根据变换器的数学模型设计出连续系统的控制器,再对连续系统控制器进行离散化处理,然后将离散的控制器转化为差分方程形式,最后编写DSP的C语言程序完成设计。

6.3.2.1 连续系统的控制器设计

根据第4章的数学模型,忽略SVG交流电感的内阻,按典型的Ⅰ型系统设计SVG的

电流环控制器,电流环的开环传递函数为

$$G(s) = \frac{1}{1.5T_s \cdot s + 1} \cdot \frac{1}{Ls} = \frac{1\ 250}{s(0.000\ 3s + 1)} \quad (6-5)$$

通过 MATLAB 软件的 sisotool 工具,设计满足要求的连续串联矫正环节控制器 $C(s)$。具体设计如下:

在 MATLAB 命令行窗口中键入如下代码:

```
% 声明 s 为传递函数
s = tf('s')
% 键入未加控制器的开环传递函数
Gs = 1250/(s*(0.0003*s+1));
% 打开 sisotool 设计工具
sisotool
```

按"Enter"键后,MATLAB 软件将弹出"Control System Designer"工具,如图 6-22 所示。工具窗口中包含 Bode 图、根轨迹图以及单位阶跃响应图。点击"Edit Architecture"图标按钮,编辑系统结构。在弹出的"Edit Architecture"对话框左侧,对照第 4 章电流环的控制思路(串联矫正),选择最上面的系统结构,如图 6-23 所示。"Edit Architecture"对话框右侧图中,"H"为反馈增益、"F"为输入增益,此处无须设置,"C"为将要设计的控制器,"G"为被控对象。这里将刚建立的传递函数"Gs"装入到"G"中,点击"G"模块的装入图标按钮,在弹出的"Import Data for G"对话框中选择"Gs"行,点击"Import"按钮,完成开环控制系统的装载,如图 6-24 所示。

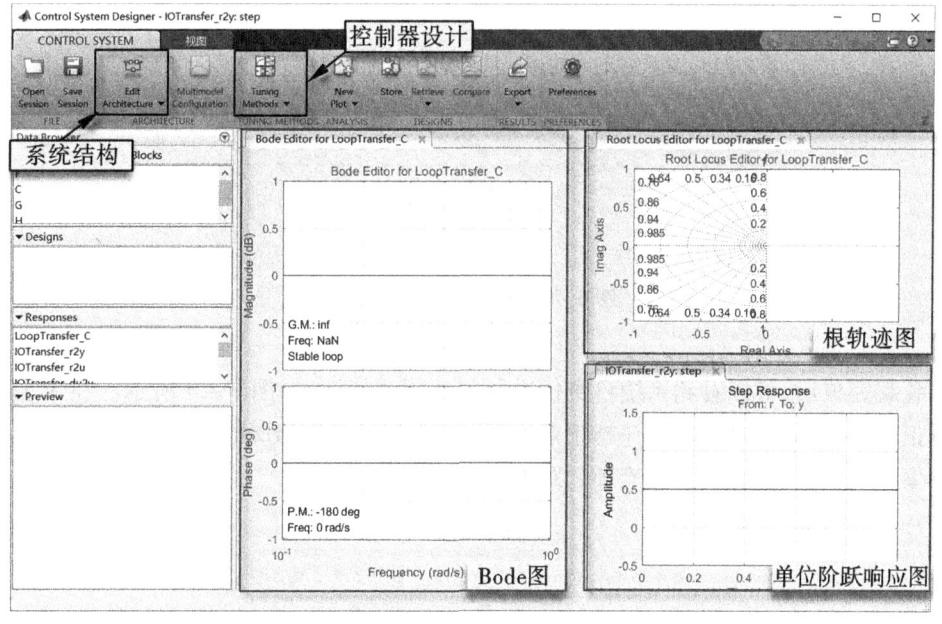

图 6-22 sisotool 设计工具

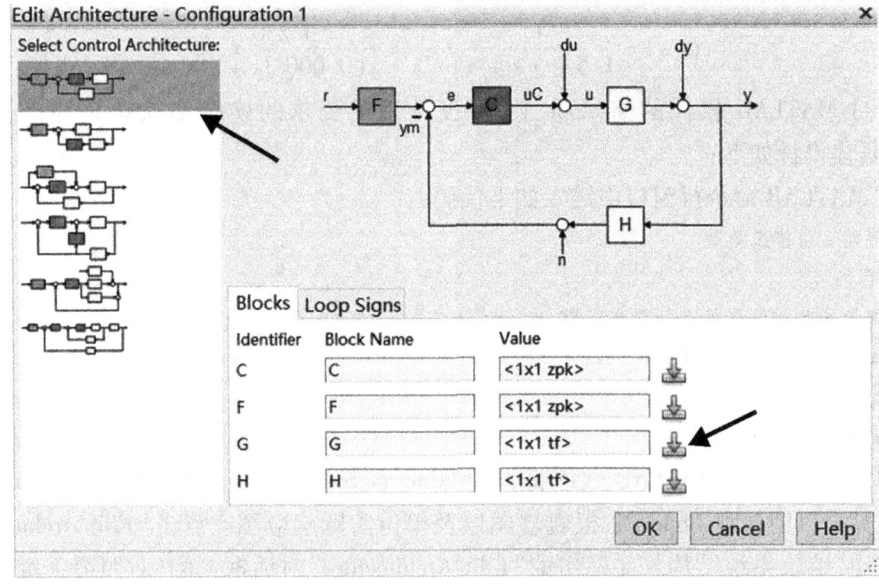

图 6-23 系统结构图

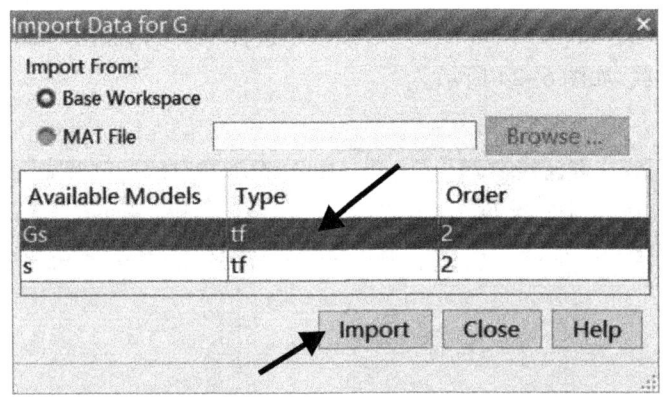

图 6-24 传递函数导入窗口

装载完成后,可以看到系统自身传递函数的幅频特性,如图 6-25 所示。在未加入串联矫正的控制器时,电流环的穿越频率为 188 Hz,相对于 5 kHz 的开关频率,电流环的穿越频率过低,严重地影响了电流环的跟踪性能。

第6章 工程案例设计

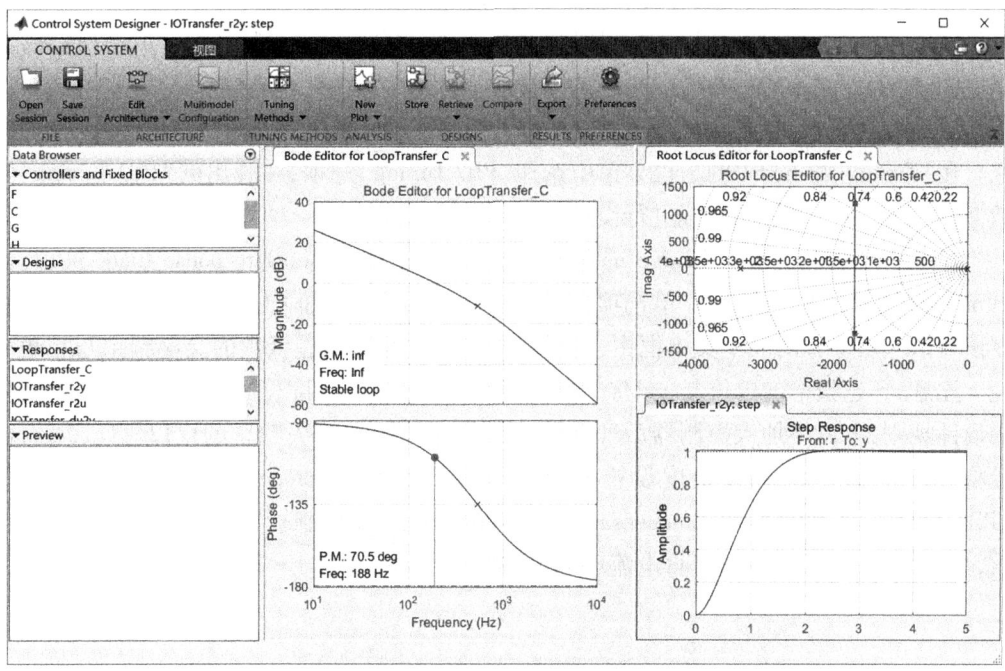

图 6-25　未加控制器的电流开环系统

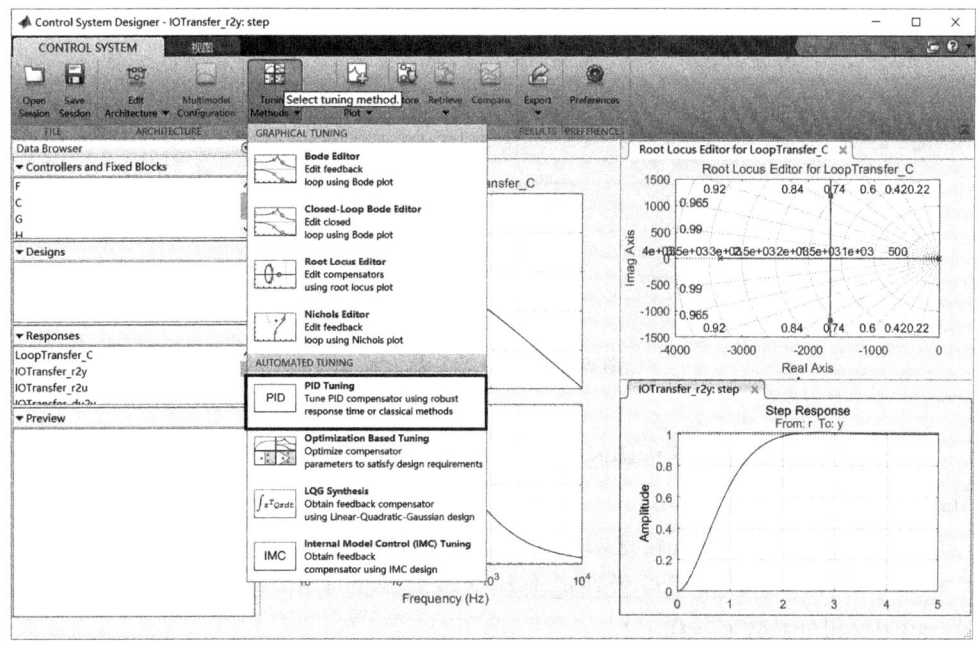

图 6-26　选择控制器设计方法

因此，需要为系统添加串联矫正控制器"C"，从而改善电流环的跟踪性能。在"Control System Designer"工具栏中选择"Tuning Methods"按钮，在"Tuning Methods"的下拉菜单中 MATLAB 提供了多种控制器的设计方法，也提供了控制器的自动设计选项，如图 6-26 所示。由于 SVG 采用矢量控制，电流环的跟踪是在旋转坐标系下完成的，指令信号与反馈信号相对为直流量，所以普通的 PI 控制器即可满足反馈信号对指令信号的跟踪。在"Tuning Methods"的下拉菜单中选择"PID Tuning"选项，在弹出的"PID Tuning"对话框(图 6-27)中对控制目标进行设置。

在上述对话框中，在"Tuning method"文本框中选择"Robust response time"选项，在"Controller Type"栏选择"PI"单选项，在"Design mode"文本框中选择"Frequency"选项。在该对话框右下方的两个文本框中，需要填入调整后开环传递函数的穿越频率与相角余度。注意，穿越频率的单位是 rad/s，相角余度填入的单位是度(°)。根据电流环控制器的设计规则，电流环加入控制器后开环截止频率应设置在开关频率的1/12～1/10 处，此处将其设置为 1/12，相角余度设置为 60°。点击"Update Compensator"按钮，可以看到"PID Tuning"对话框上部"Compensator"栏自动生成了 PI 控制器"C"的传递函数以及参数，如图 6-27 所示。由此可得电流环 PI 控制器的比例系数 $k_{cp}=2.64$，积分系数 $k_{ci}=120$。

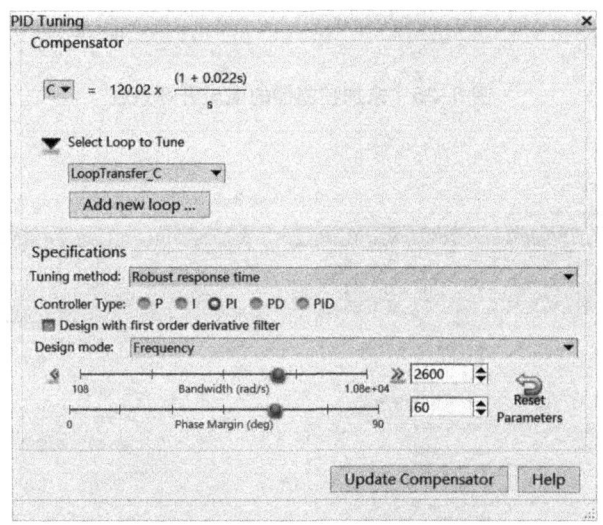

图 6-27　PID 控制器设置

系统补偿后，电流环开环传递函数的穿越频率为 413 Hz，相角余度约为 51°，开环与闭环的 Bode 图如图 6-28 所示。

同样地，将电流环的闭环传递函数，嵌入到电压环中，可设计电压环的串联矫正控制器。电压环的开环穿越频率设置在电流环穿越频率的 1/10 处，设计结果为：比例系数 $k_{up}=0.02$，积分系数 $k_{ui}=0.2$。

在控制器设计时，若常规的 PI 控制器不能满足系统稳定性的要求，则需要设计一些更为复杂的控制器。这时依然可以采用 MATLAB 的 sisotool 工具实现辅助设计。点击

"CONTROL SYSTEM"选项卡"Tuning Methods"按钮下拉菜单的"Bode Editor"选项,手动在"Bode Editor for LoopTransfer_C"窗口中添加零点与极点,并在 Bode 图上调整添加的零、极点,以满足最终的设计要求。控制器设计完成后,在"Bode Editor for LoopTransfer_C"窗口中单击右键,选择"Edit Compensator"选项查看最终设计的控制器结构与参数。

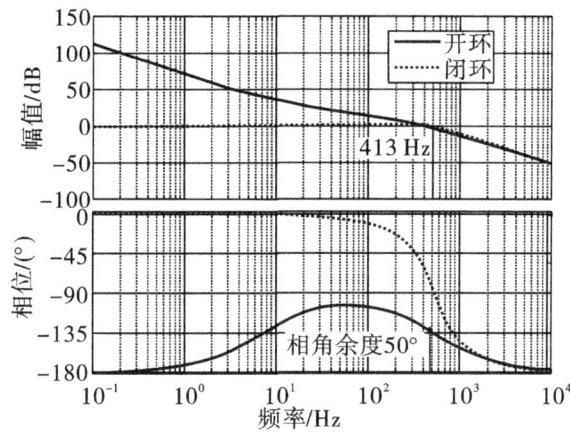

图 6-28 电流环开环 Bode 图

6.3.2.2 控制器离散化

以电流环 PI 控制器为例,控制器 $C(s)$ 在连续系统下的频域模型如式(6-6)所示。

$$C(s) = 120.02 \times \frac{(1 + 0.022s)}{s} \tag{6-6}$$

将 $C(s)$ 导出到 MATLAB 的 workspace 中,由于控制频率与开关频率均为 5 kHz,利用 Tustin 变换对控制器 $C(s)$ 进行离散化处理,离散周期为 0.2 ms,离散程序实现如下:

```
% 输入控制 Cs 的 s 域传递函数,若传递函数已经导入到 workspace,则无须再输入 Cs
s = tf('s')
Cs = 120.02 * (1+0.022 * s)/s;
% 定义 Cz 为离散化的控制器
Cz = c2d(Cs,1/5000,'Tustin')
```

离散结果如式(6-7)所示。

$$C_{\text{Tustin}}(z) = \frac{2.652z - 2.628}{z - 1} \tag{6-7}$$

6.3.2.3 离散控制器转差分方程

在 MATLAB 中新建如下程序脚本,命名为 caldeq.m,并保存在当前 MATLAB 的工作目录下以备调用。

```
function caldeq(Dz)
% 计算离散传递函数的差分方程实现
```

```
Dz = tf(zpk(Dz))
[num,den] = tfdata(Dz,'v');
num = num/den(1);
den = den/den(1);
N = length(den);
a = ' u(K) = ';
for i = 2:N,
    if(-den(i)>=0)
        a = sprintf('%s+%6.3fu(K-%d)',a,abs(-den(i)),i-1);
    elseif(-den(i)<0)
        a = sprintf('%s-%6.3fu(K-%d)',a,abs(-den(i)),i-1);
    %未丢弃 den(i) = = 0 的情况
    end
end
for i = 1:N,
    if i == 1
%num(0)单独处理,e(K)
        if(num(i)>=0)
            a = sprintf('%s+%6.3fe(K)',a,abs(num(i)));
        else
            a = sprintf('%s-%6.3fe(K)',a,abs(num(i)));
        end
    else
%其他的处理为 e(K-i+1)
        if(num(i)>=0)
            a = sprintf('%s+%6.3fe(K-%d)',a,abs(num(i)),i-1);
        else
            a = sprintf('%s-%6.3fe(K-%d)',a,abs(num(i)),i-1);
        end
    end
end
```

在 MATLAB 命令行窗口中键入式(6-7),程序代码如下:

```
>>z = tf('z',1/5000);%定义z与采样频率
>>Dz = (2.652*z-2.628)/(z-1)%输出传递函数
>>caldeq(Dz)%调用转换程序 caldeq
```

执行后可得到控制器的差分方程,如式(6-8)所示。

$$u(k) = u(k-1) + 2.652e(k) - 2.628e(k-1) \tag{6-8}$$

式中,$e(k)$表示当前周期的偏差值,即当前采样信号与给定信号的差值;$e(k-1)$表示前一

个周期的偏差值,以此类推;$u(k)$表示当前周期数字控制器的输出;$u(k-1)$表示前一个周期的数字控制器的输出,以此类推。对照 PI 控制器的工程实现,通过上述转换得到的为增量式 PI,增量式 PI 由于仅与最近 3 次的采样值有关,控制量对应的是近几次位置误差的增量,而不是与实际位置的偏差,因此没有误差累加。

6.3.2.4 控制器的 C 语言实现

为方便对控制器的调用和管理,定义结构体变量 Tcontroller：

```
struct_Tcontroller
{
    float ref;
    float out;
    float e[BUFFER_SIZE];
    float u[BUFFER_SIZE];
    int k;
    float kp;
    float ki;
};
typedef struct_Tcontroller Tcontroller;
```

结构体中,ref 存储被控对象的设定值;out 存储当前控制周期被控对象的采样值;e 为误差量数组,存储控制器输入的误差量;u 为控制器输出数组,存储控制器的输出量;因为离散控制器的运算需要前几个周期的状态,所以定义缓冲区位置指针 k,标定当前运算的位置;kp 和 ki 为控制器的比例与积分系数。

由式(6-8)可写出如下 PI 的 C 语言代码：

```
void DoController(Tcontroller * PI)
{
    int k = PI->k;
    PI->e[k] = PI->ref-PI->out;
    PI->u[k] = PI->u[k-1]+
            PI->kp * (PI->e[k]-PI->e[k-1])+
            PI->ki * PI->e[k];
}
```

上述代码是离散控制差分方程的 C 语言直接表现形式,但在实际应用时,还需要考虑缓冲区的越界处理。Tcontroller 结构体中定义的数组即为变量的缓冲区,误差量数组 e 和输出量数组 u 的长度都是 BUFFER_SIZE。按照 SVG 的软件框架,程序在每个控制周期都会调用一次 DoController( )函数,调用后会使 PI->k 增 1。因此,不论 BUFFER_SIZE 有多大,总会有 PI->k 大于 BUFFER_SIZE 的时刻,即所谓的越界,如图 6-29 所示,其中设 BUFFER_SIZE = 16。

对于顺序存储的队列来说,可以采用"先进先出"的数据搬移方法解决缓冲区的越界问题,数据搬移操作如图 6-30 所示。

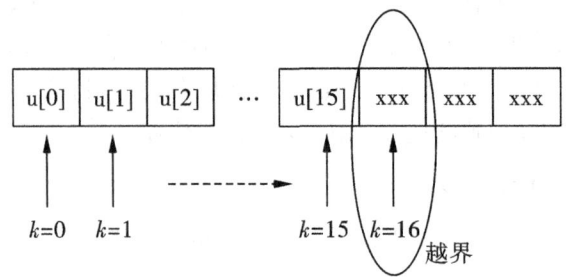

图 6-29 缓冲区越界

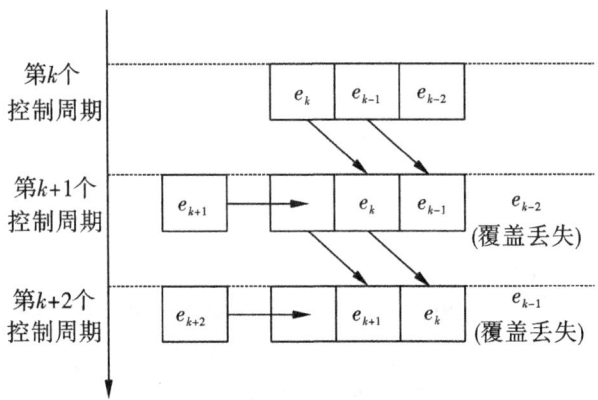

图 6-30 数据搬移缓冲区构建方法

图 6-30 中缓冲区的长度为 3，当有新的数据要进入缓冲区时，原有数据依次后移一位，空出的第一个位置给新的数据，而缓冲区末尾的数据被覆盖丢失，从而解决缓冲区的越界问题。基于"数据搬移"法的 PI 程序实现代码如下：

```
#define BUFFER_SIZE 3
struct_TPI
{
    float ref;
    float out;
    float e[BUFFER_SIZE];
    float u;
    float kp
    float ki;
};
typedef struct_TPI TPI;
//-----数字控制器-----
void DoController(Tcontroller * PI)
```

```
    }
        PI->e[0] = PI->ref-PI->out;
        PI->u = PI->u+PI->kp*(PI->e[0]-PI->e[1])+
                PI->ki*PI->e[0];
    //-----数据搬移-----
        PI->e[2] = PI->e[1];
        PI->e[1] = PI->e[0];
    }
```

至此,数字控制器的 C 语言实现设计完成。

6.3.3 数字滤波器设计

图 6-5 中,SVG 的控制需要使用低通滤波器提取无功轴电流的直流量。利用 MATLAB 的"Filter Designer"工具可以辅助快速地完成低通滤波器的设计,具体设计如下:

在 MATLAB 的"APP"选项卡中选择"Filter Designer"工具,如图 6-31 所示。

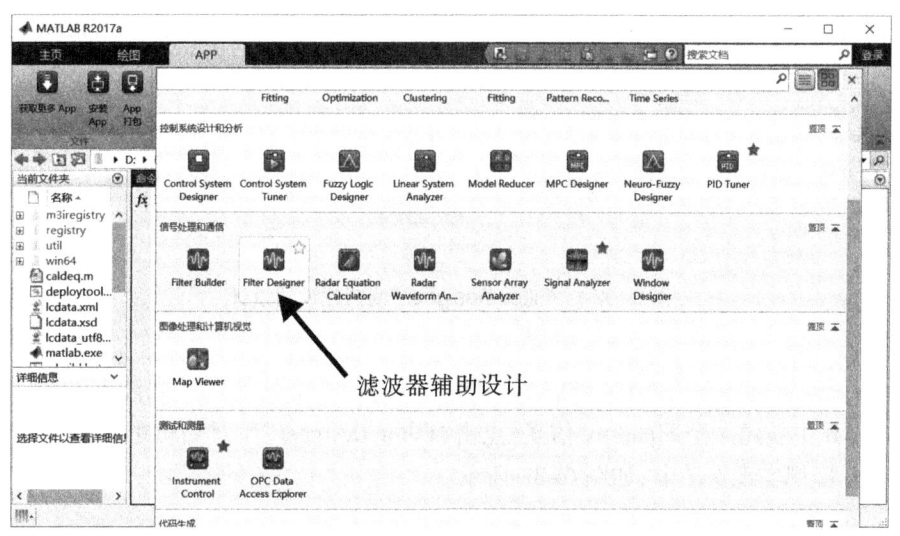

图 6-31 打开"Filter Designer"工具

"Filter Designer"工具提供了低通、高通、带通、带阻四类滤波器的辅助设计,并提供了巴特沃斯、契比雪夫等多种滤波器的设计类型,如图 6-32 所示。

在"Rsponse Type"栏中选择"Lowpass"低通滤波器;在"Design Method"栏中选择"IIR Butterworth"巴特沃斯滤波器;在"Filter Order"栏中选择"Specify order"单选项,填入的数值表示滤波器的阶数,阶数越高滤波效果越好,但计算量也会越大,此处填入"2";在"Frequency Specifications"栏中"Fs"表示采样频率,"Fc"表示滤波器的截止频率。通常功率变换器的采样频率、控制频率以及开关频率均保持一致,因此"Fs"中填入"5000"。由于通过低通滤波器需要获得的是直流量,所以"Fc"的数值可以尽可能低一些,但过低的截止频率会影响 SVG 对负载变化的响应速度,此处将截止频率设置为 10 Hz。最后,点击"Design Filter"按钮完成滤波器设计。

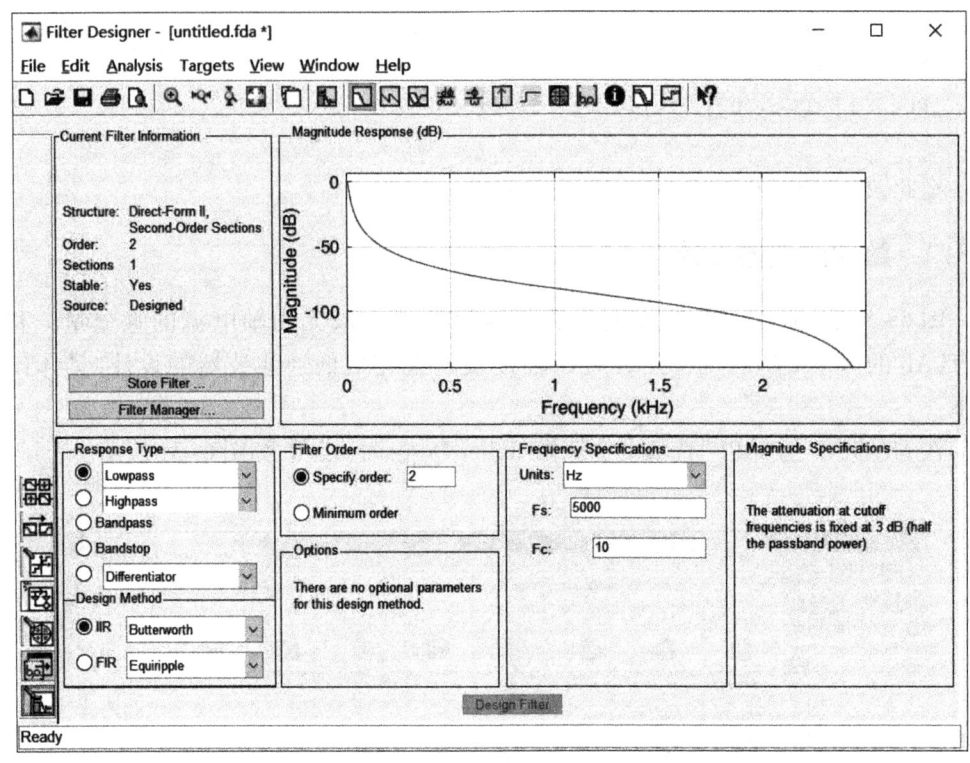

图 6-32 "Filter Designer"低通滤波器设计

为直观地看到滤波器的设计结果,"Filter Designer"工具提供了滤波器的实现模型。在 MATLAB 中新建一个 Simulink 仿真,点击"Filter Designer"工具右侧的"Realize Model"按钮,打开模型实现选项卡,如图 6-33 所示。

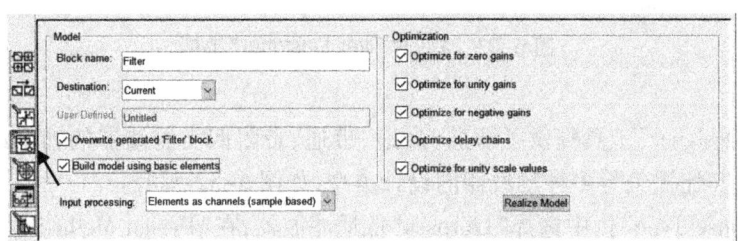

图 6-33 "Realize Model"选项卡

在"Realize Model"选项卡中勾选"Overwrite generated 'Filter' block"选项,则输出的模块会替换掉新建 Simulink 仿真中名为"Filter"的模块;勾选"Build model using basic elements"选项,那么滤波器将会以一个子模块的形式在新建的 Simulink 仿真中被创建出来,子模块将由"gain""延时"等基本模块构成。设置完成后,点击"Realize Model"按钮在新建 Simulink 仿真中生成滤波器模块,如图 6-34 所示。

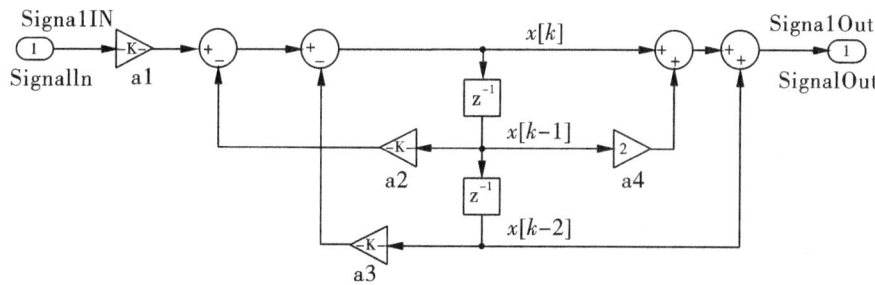

图 6-34 滤波器基本模块实现图

设输入信号为 SignalIn,输出信号为 SignalOut,中间变量为数组 $x[\ ]$,$x[k]$ 为本次计算的结果,$x[k-1]$ 存储的是上次计算的结果,$x[k-2]$ 存储的是上上次计算的结果。按照模块内的参数与滤波器结构,可写出滤波器输入到输出的关系式:

$$\begin{cases} \text{SignalOut} = \text{SignalIn} \times a1 - x[k-1] \times a2 - \\ \qquad\qquad x[k-2] \times a3 + x[k-1] \times a4 + x[k-2] \\ x[k] = \text{SignalIn} \times a1 - x[k-1] \times a2 - x[k-2] \times a3 \end{cases} \quad (6-9)$$

式中,$a1 = 3.91 \times 10^{-5}$,$a2 = -1.98$,$a3 = 0.98$,$a4 = 2$。根据式(6-9)编写 C 语言程序,采用 6.3.2 节相同的方法解决缓冲区的越界问题,即可完成数字滤波器设计。其具体程序实现在此不再赘述。

6.3.4 控制软件设计

SVG 的控制软件部分主要包括软启动、故障保护以及矢量控制,以上算法程序都放在定时器中断服务程序中实现。在实际 SVG 产品设计时,还需要考虑在 while 主循环中设置一些其他的服务子程序,如继电器控制、通信等。下面将对 SVG 主要控制软件的设计原理进行介绍。

6.3.4.1 软启动算法

SVG 的启动过程可分为两个阶段:直流稳压电容预充电与 PWM 直流升压。SVG 上电前直流母线上是没有电压的,上电时一般需要串联电阻对直流稳压电容进行限流充电,在直流母线电压达到启动整定值后,启动 PWM;在 PWM 的作用下,直流母线电压将进一步上升,最终到达稳态的直流电压整定值,完成启动。PWM 启动时,为避免稳态的直流电压整定值与实际值偏差过大造成冲击,需要将母线电压整定值构建成一个斜坡函数,使整定值缓步增大,直到达到稳态的直流电压整定值,从而完成 SVG 补偿前的准备。软启动的实现流程如图 6-35 所示。

同样,在启动 SVG 补偿系统的无功时,SVG 开始的无功电流输出为 0,但检测出的补偿值很可能是一个很大的数值,若令SVG直接跟踪检测的补偿值,会造成SVG的电流环饱和,从而导致SVG的控制进入非线性区间。因此,无功的补偿值也要通过斜坡函数的方式实现补偿的软启动。

6.3.4.2 矢量控制

矢量控制的算法与图6-5相同,设计该部分程序时只需按照6.3.1节的方案2顺序编写即可,实现流程如图6-36所示。

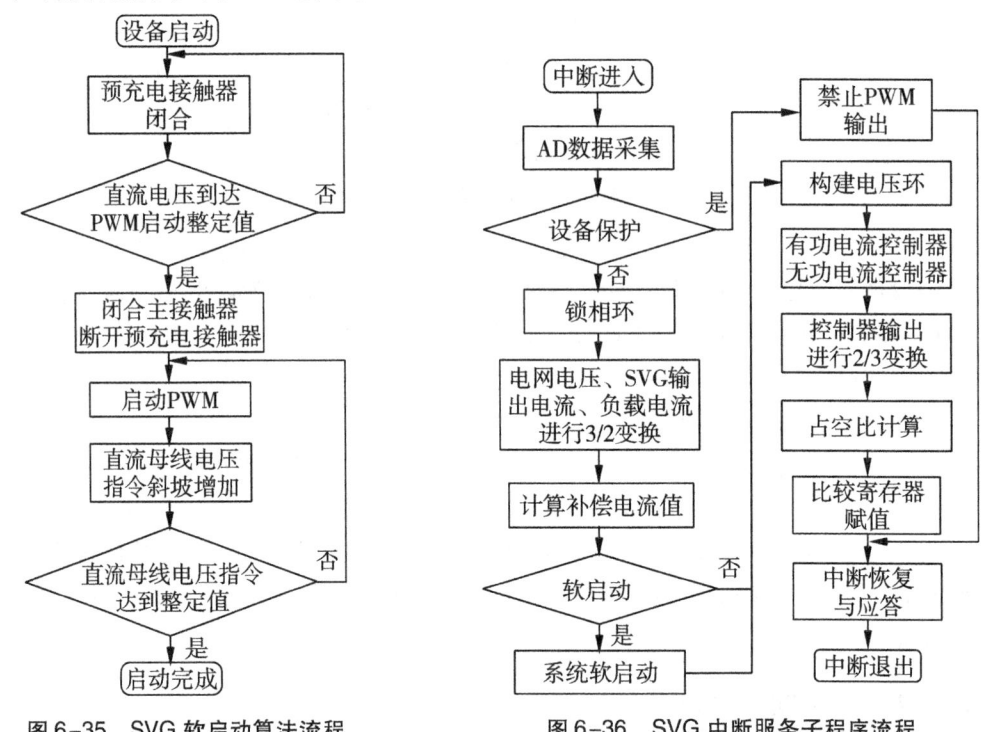

图6-35　SVG软启动算法流程　　图6-36　SVG中断服务子程序流程

6.3.4.3 故障软件保护

故障软件保护设置在中断的AD采样子程序之后,一旦保护采样值超过保护整定值,就立刻停止PWM发波,严重时还需要切断主接触器使SVG脱网。SVG需要考虑的故障包括:电网电压过压、欠压,电网电压缺相、错相,电网电压过频、欠频,直流母线电压过压、欠压,SVG输出电流过流等。一旦超限就需要立刻执行保护处理子程序,禁止PWM发波。需要注意的是,若采用NPC结构的SVG,禁止PWM时,需要处理好关断逻辑避免发生短路。

6.4　实验与结果分析

SVG软启动过程如图6-37所示。直流母线电压经过一个斜坡上升到最终的指令值,在启动PWM的瞬间,存在一个电流的冲击,由于软启动程序的加入,该冲击远小于设备耐压。为检验 SVG 的稳态运行可靠性,在样机制作完成后,进行了一段时间的拷机测试,测试功率为 1.2 倍的额定功率。SVG 无功开环运行,无功由人工给定,三相电流如图 6-38 所示。

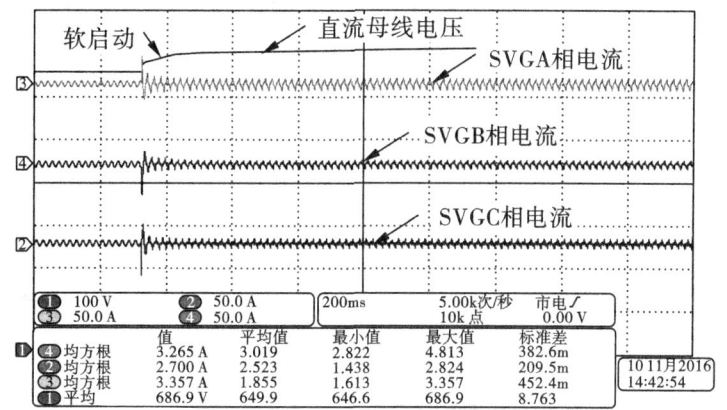

图 6-37　SVG 软启动电流波形

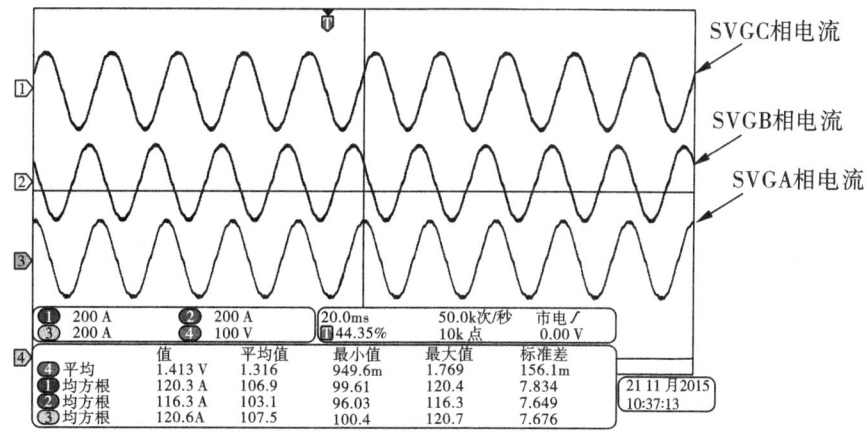

图 6-38　额定功率下交流电流波形

为测试无功补偿的效果,在一小型配网进行了挂网测试,网内主要有 4 台电动机负荷。设备安装前配网由于缺少补偿装置,现场为保障供电电压,工人将配电变压器的二次侧电压调高。SVG 并联在配网变压器的二次侧,利用 Fluke-435 电能质量分析仪完成数据采集,由于负荷在不断地变化,波形采集存在先后差异,使得波形的对应性会有所出入,采集结果如图 6-39 ~ 图 6-44 所示。

图 6-39、图 6-41 所示为补偿前配电变压器二次侧的相电压、相电流波形,图 6-40、图 6-42 为补偿后配电变压器二次侧的相电压、相电流波形。由图 6-39 ~ 图 6-42 可见,补偿前由于网内的感性负荷较多,配网与主电网的相电流交换达到了 56 A,补偿后无功

电流在 SVG 与负荷之间交换,电网电流下降了近一半。同时,电网的电压由于 SVG 容性无功的补偿,也由 238 V 上升到了 241 V。

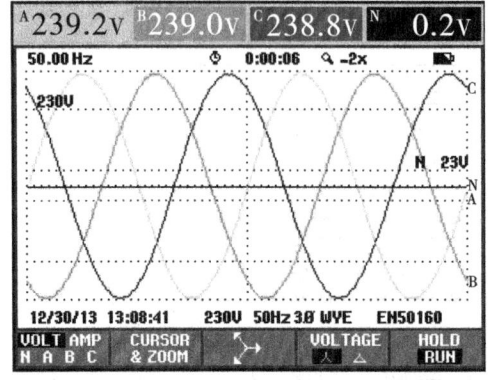

图 6-39　补偿前配电变压器二次侧电压波形　　图 6-40　补偿后配电变压器二次侧电压波形

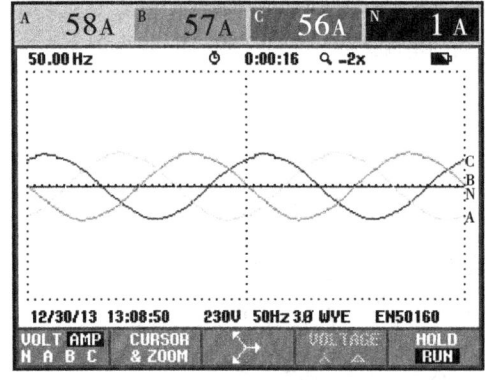 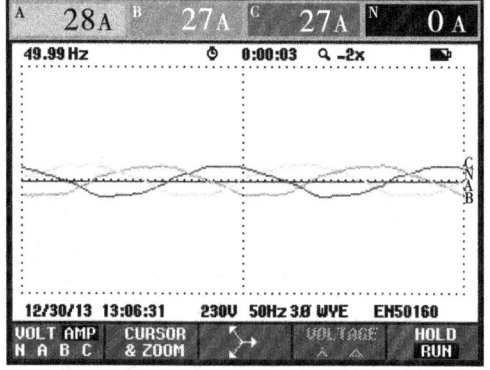

图 6-41　补偿前配电变压器二次侧电流波形　　图 6-42　补偿后配电变压器二次侧电流波形

图 6-43 与图 6-44 显示了补偿前、后配网系统的电能质量。补偿前,配网无功主要为感性无功,总无功约为 35.8 kvar,功率因数为 0.38;补偿后,无功剩余 0.5 kvar,功率因数上升到了 0.99,相电流由补偿前的 54 A 下降到了 32 A。实验结果达到了设计的预期。

图 6-43　SVG 补偿前配网系统电能质量　　图 6-44　SVG 补偿后配网系统电能质量

6.5 本章小结

静止无功发生器可以快速补偿无功功率,是 PWM 整流器的典型应用之一。本章重点介绍了其工作原理与工程设计流程。具体内容如下:

(1)介绍了 SVG 工作原理,结合锁相环技术和负载无功电流检测方法,给出了 SVG 矢量控制系统结构。依据"总分总"设计原则,确定了 SVG 设计流程:系统总体设计→组件设计与调试→系统调试。

(2)SVG 的硬件分为主控板、功率单元、配电单元、人机交互系统等几部分,重点介绍了主控板与功率单元的设计。其中,主控板是整套系统的控制核心,包括嵌入式处理器、模拟量采样电路、通信模块、PWM 驱动电路、数字量输入输出电路以及供电电路等。功率单元是 SVG 无功补偿的具体执行机构,其设计内容包括拓扑选型、功率半导体及其驱动设计、散热设计、直流稳压电容设计、交流输入滤波器设计等。

(3)讲解分析了 SVG 的软件框架,基于前、后台程序框架搭建了 SVG 的主程序框架。同时,结合 MATLAB 软件,讲解了数字控制器和数字滤波器的辅助设计方法,并给出了相应的实验结果。

参考文献

[1] 郑征. 电力电子技术[M]. 北京:电子工业出版社,2015.

[2] 张兴,张崇巍. PWM 整流器及其控制[M]. 北京:机械工业出版社,2018.

[3] 林渭勋. 现代电力电子技术[M]. 北京:机械工业出版社,2007.

[4] 阮新波. 电力电子技术[M]. 北京:机械工业出版社,2021.

[5] 徐德鸿,陈治明,李永东,等. 现代电力电子学[M]. 北京:机械工业出版社,2013.

[6] 郑征,王永帅,张国澎,等. 链式储能系统储能单元能量均衡控制策略[J]. 电网技术,2020,44(5):1673-1683.

[7] 徐德鸿,李睿,刘昌金,等. 现代整流器技术——有源功率因数校正技术[M]. 北京:机械工业出版社,2013.

[8] 陈坚. 电力电子学——电力电子变换和控制技术[M]. 2版. 北京:高等教育出版社,2002.

[9] (美)默罕默德. H. 拉什德. 电力电子学——电路、器件及应用[M]. 罗昉,裴学军,梁俊睿,等,译. 北京:机械工业出版社,2019.

[10] 张兴. 高等电力电子技术[M]. 北京:机械工业出版社,2011.

[11] 陶海军,周犹松,张国澎,等. LCL 型并网逆变器并联谐振机理分析及抑制方法[J]. 上海交通大学学报,2020,54(10):1065-1073.

[12] 阮新波. 多变换器模块串并联组合系统[M]. 北京:科学出版社,2017.

[13] 陈国呈. 新型电力电子变换技术[M]. 北京:中国电力出版社,2004.

[14] (德)Josef Lutz,Heinrich Schlangenotto,Uwe Scheuermann,等. 功率半导体器件——原理、特性和可靠性[M]. 卞抗,杨莺,刘静,译. 北京:机械工业出版社,2013.

[15] 郑征,金建新,陶海军,等. 交直流混合微电网虚拟 APF 的研究[J]. 电力系统保护与控制,2020,48(9):11-17.

[16] 程红,王聪,王俊. 开关变换器建模、控制及其控制器的数字实现[M]. 北京:清华大学出版社,2013.

[17] 阮新波. 脉宽调制 DC/DC 全桥变换器的软开关技术[M]. 2版. 北京:科学出版社,2013.

[18] 王兆安,刘进军. 电力电子技术[M]. 5版. 北京:机械工业出版社,2013.

[19] 张国澎,李子汉,王浩,等. 不平衡电网下隔离型固态变压器非线性一体化控制[J]. 电网技术,2022,46(6):2317-2326.

[20] Robert W. Erickson,Dragan Maksimović. Fundamentals of Power Electronics[M]. 3rd edition. Springer,2020.

[21] 阮新波. LCL 型并网逆变器的控制技术[M]. 北京:科学出版社,2015.

[22] 郑征,李秋思,乔美英.单相两级联H桥整流器负载不平衡度范围研究[J].高电压技术,2019,45(3):846-854.

[23] 张卫平.开关变换器的建模与控制[M].北京:机械工业出版社,2020.

[24] 赵彪,宋强.双主动全桥DC-DC变换器的理论和应用技术[M].北京:科学出版社,2017.

[25] 张卿杰,徐友,左楠,等.手把手教你学DSP——基于TMS320F28335[M].2版.北京:北京航空航天大学出版社,2018.

[26] 阮新波.三电平直流变换器及其软开关技术[M].北京:科学出版社,2006.

[27] 张卫平.开关功率变换器-开关电源的原理仿真和设计[M].3版.北京:机械工业出版社,2014.

[28] 张国澎,李子汉,王浩,等.隔离型交-直流固态变压器前后级一体化滑模控制[J].浙江大学学报(工学版),2022,56(3):622-630.

[29] 陈中.基于MATLAB的电力电子技术和交直流调速系统仿真[M].2版.北京:清华大学出版社,2019.

[30] Altium中国技术支持中心.AltiumDesigner19 PCB设计官方指南[M].北京:清华大学出版社,2020.

[31] 周京华,陈亚爱.高性能级联型多电平变换器原理及应用[M].北京:机械工业出版社,2013.

[32] 赵修科.实用电源技术手册——磁性元器件分册[M].沈阳:辽宁科学技术出版社,2002.

[33] 张国澎,贾赟,陶海军,等.级联整流二维调制多维扩展策略[J].电工技术学报,2020,35(15):3224-3234.

[34] 阮毅,杨影,陈伯时.电力拖动自动控制系统——运动控制系统[M].5版.北京:机械工业出版社,2021.

[35] 裴云庆,杨旭,王兆安.开关稳压电源的设计和应用[M].2版.北京:机械工业出版社,2020.

[36] 王久和.电压型PWM整流器的非线性控制[M].北京:机械工业出版社,2008.

[37] 徐德鸿.电力电子系统建模及控制[M].北京:机械工业出版社,2005.

[38] 何湘宁,陈柯莲.多电平变换器的理论和应用技术[M].北京:机械工业出版社,2006.

[39] (加)吴斌(Bin Wu),(伊朗)迈赫迪·纳里马尼(Mehdi Narimani).大功率变频器及交流传动(原书第2版)[M].卫三民,苏位峰,宇文博,等,译.北京:机械工业出版社,2018.